ABITUR 2016

Original-Prüfungsaufgaben mit Lösungen

Geographie

Nordrhein-Westfalen

2012–2015

STARK

9. ergänzte Auflage
www.stark-verlag.de

Inhalt

Vorwort

Hinweise und Tipps zum Zentralabitur

1 Rahmenbedingungen 1
2 Inhaltliche Schwerpunkte im Fach Geographie für das Abitur 2016 2
3 Leistungsanforderungen 4
4 Anforderungsbereiche und Operatoren 5
5 Tipps für die Anfertigung der Abiturklausur 7
6 Bewertung der Abiturklausur 11
7 Hinweise zur Benutzung dieses Buches 18
8 Die mündliche Abiturprüfung 19

Original-Prüfungsaufgaben Abitur 2012/2013 (abiturrelevante Auswahl)

Grundkurs

Aufgabe 1: Nachhaltige Entwicklung durch Ansiedlung von großflächigem Einzelhandel? – Das Beispiel des Factory Outlet Centers Wertheim (2013/Aufgabe 1) 23

Aufgabe 2: Tourismus als Baustein einer zukunftsfähigen Entwicklung peripherer Räume? – Das Beispiel Grönland (2013/Aufgabe 2) 35

Leistungskurs

Aufgabe 1: Zukunftsfähige touristische Entwicklung in peripheren Räumen? – Das Beispiel Weltnaturerbe Galapagos-Archipel (2012/Aufgabe 2) 47

Aufgabe 2: Industrieansiedlung und grenzüberschreitende Infrastrukturprojekte als Motor regionaler Entwicklung? – Das Beispiel Bratislava/Slowakei (2013/Aufgabe 2) 62

Original-Prüfungsaufgaben Abitur 2014

Grundkurs

Aufgabe 1: Strukturwandel in altindustriellen Räumen – Das Beispiel Neunkirchen/Saarland . . . . . GK 2014-1

Aufgabe 2: Entwicklungen im Transport- und Logistikwesen als Auslöser räumlicher und struktureller Veränderungen – Das Beispiel Duisburger Hafen .... GK 2014-13
Aufgabe 3: Nachhaltige Entwicklung durch Aquakulturen? – Das Beispiel der honduranischen Shrimpsfarmen .... GK 2014-24

Leistungskurs
Aufgabe 1: Strukturen und Prozesse in Metropolen von Schwellenländern – Das Beispiel Rio de Janeiro ..... LK 2014-1
Aufgabe 2: Stadtplanung und –entwicklung in einem der Zentren der Europäischen Union – Das Beispiel Luxemburg-Stadt .... LK 2014-16
Aufgabe 3: Aktuelle Entwicklungstendenzen im Agrarsektor von Entwicklungsländern – Das Beispiel der Region des „Office du Niger“/Mali .... LK 2014-32

Original-Prüfungsaufgaben Abitur 2015

Grundkurs
Aufgabe 1: Wissenschafts- und Technologieparks als Impulsgeber im Struktuwandel? – Das Beispiel Berlin-Adlershof .. GK 2015-1
Aufgabe 2: Strukturen und Prozesse in Städten von Entwicklungsländern – Das Beispiel Karachi .... GK 2015-15
Aufgabe 3: Strukturen und Prozesse landwirtschaftlicher Produktion im globalen Wettbewerb – Kaffeeanbau in Vietnam .... GK 2015-28

Leistungskurs
Aufgabe 1: Rohstoffförderung als zukunftsfähiger regionaler Entwicklungsimpuls für periphere Räume? – Das Beispiel Norilsk/Russland .... LK 2015-1
Aufgabe 2: Energiepolitik als Auslöser agrarstruktureller Veränderungen – Das Beispiel des Maisanbaus in Iowa/USA .... LK 2015-17
Aufgabe 3: Jüngere Entwicklungstendenzen in deutschen Großstädten – Das Beispiel Überseestadt in Bremen ...... LK 2015-34

Autoren

Rainer Koch (Hg.): Hinweise und Tipps, Lösungen Abituraufgaben: GK 2013 – 2015; LK 2014/Aufgabe 1; Sandra Böker: Lösungen Abituraufgaben: LK 2012, 2013 und 2015; LK 2014/Aufgaben 2 und 3

Vorwort

Liebe Abiturientinnen und Abiturienten,

Sie werden bald die schriftliche oder mündliche Abiturprüfung im **Fach Geographie** ablegen. Dieses Buch wird Ihnen dabei helfen, sich erfolgreich darauf vorzubereiten.

Das einführende Kapitel „**Hinweise und Tipps zum Zentralabitur**“ informiert Sie über die offiziellen Rahmenvorgaben, macht Sie mit den unterschiedlichen Arbeitsanweisungen (Operatoren) vertraut und erläutert die verschiedenen Schwierigkeitsstufen (Anforderungsbereiche) innerhalb jeder Aufgabe sowie deren Bewertung. Außerdem erhalten Sie wertvolle **Tipps**, wie Sie die gestellten Aufgaben am besten lösen können. Auch über alles Wissenswerte zur **mündlichen Prüfung** im Fach Geographie werden Sie informiert.
Sollten nach Erscheinen dieses Bandes noch wichtige Änderungen in der Abiturprüfung 2016 vom Ministerium für Schule und Weiterbildung bekannt gegeben werden, finden Sie aktuelle Informationen dazu im Internet unter folgendem Link: *www.stark-verlag.de/pruefung-aktuell.*

Der anschließende **Übungsteil** enthält alle Aufgaben der Abiturjahrgänge 2014 und 2015 sowie ausgewählte Aufgaben aus den Jahren 2012 und 2013 des Zentralabitur-Haupttermins. Anhand dieser Aufgaben können Sie sich auf die **inhaltlichen Vorgaben** vorbereiten und gezielt üben. Außerdem können sie wertvolle Schlüsse auf den Inhalt und die Anforderungen der kommenden Abiturprüfung ziehen.

Konkrete **Bearbeitungshinweise** zeigen, wie Sie am effektivsten an die Aufgaben herangehen. Die **Lösungsvorschläge** geben Ihnen die Möglichkeit, Ihre eigenen Lösungen damit zu vergleichen, um so Ihren Wissensstand zu kontrollieren.

Insgesamt können Sie mit diesem Buch selbstständig die im Unterricht gelernten Inhalte und Methoden wiederholen und sich **effektiv auf das Abitur vorbereiten.**

Autoren und Verlag wünschen Ihnen eine erfolgreiche Prüfung!

Hinweise und Tipps zum Zentralabitur

1 Rahmenbedingungen

1.1 Vorgaben für das Zentralabitur 2016

Seit 2007 werden in Nordrhein-Westfalen die Prüfungsaufgaben für die schriftliche Abiturprüfung zentral vom Schulministerium gestellt. Die mündlichen Prüfungsaufgaben werden weiterhin dezentral von der jeweiligen Schule entwickelt.

Die zentralen Prüfungsaufgaben orientieren sich an drei Vorgaben:
- an den gültigen Richtlinien und Lehrplänen Sekundarstufe II – Gymnasium/ Gesamtschule *(im Internet abrufbar)*,
- an den bundesweit gültigen Einheitlichen Prüfungsanforderungen in der Abiturprüfung (EPA),
- an den jährlichen Vorgaben zu den unterrichtlichen Voraussetzungen für die schriftliche Prüfung im Abitur in der gymnasialen Oberstufe *(siehe Kapitel 2!)*.

Alle für Sie wichtigen Informationen werden auf den folgenden Seiten erläutert. Sollten Sie darüber hinaus an weitergehenden Informationen (z. B. zu einzelnen Erlassen oder zur EPA) interessiert sein, so finden Sie diese im Internet:
www.standardsicherung.schulministerium.nrw.de/abitur-gost/fach.php?fach=9
www.kmk.org/bildung-schule/allgemeine-bildung/sekundarstufe-II-gymnasiale-oberstufe/Abitur.html

1.2 Termine und Zeitrahmen

Die **schriftlichen Abiturprüfungen** im Fach Geographie finden am **8. April 2016 (Leistungskurs)** bzw. am **15. April 2016 (Grundkurs)** statt. Die **mündlichen Prüfungen** im vierten Fach beginnen ab dem **20. April 2016**.
Im schriftlichen Abitur werden Ihnen drei Aufgaben gestellt, von denen Sie eine auswählen und bearbeiten müssen. Im **Grundkurs** stehen Ihnen für Auswahl und Bearbeitung Ihrer Abituraufgabe **insgesamt 210 Minuten** zur Verfügung. Im **Leistungskurs** beträgt der Zeitrahmen **insgesamt 285 Minuten**.

1.3 Aufgabenstruktur

Jede Aufgabe stellt eine thematische Einheit dar. Diese enthält eine zwei- oder dreiteilige Arbeitsanweisung mit verschiedenen Teilaufgaben. **Grund- und Leistungskurs** unterscheiden sich im Hinblick auf den **Umfang** und/oder die **Komplexität** der vorgelegten Materialien. Ansonsten greifen sie bis auf wenige Unterschiede bei den jährlichen Vorgaben zu den inhaltlichen Schwerpunkten *(Kapitel 2!)* auf dieselben inhaltlichen und methodischen Kompetenzen zurück.

1.4 Hilfsmittel

Im Fach Geographie können Sie grundsätzlich folgende Hilfsmittel benutzen:
- den an der Schule in der Qualifikationsphase überwiegend verwendeten Atlas,
- einen Taschenrechner,
- ein Wörterbuch der deutschen Rechtschreibung.

2 Inhaltliche Schwerpunkte im Fach Geographie für das Abitur 2016

(Quelle: Ministerium für Schule und Weiterbildung Düsseldorf 2013; vgl. auch Richtlinien und Lehrpläne Erdkunde Sek. II, Seiten 12–13)

Raumstrukturen und raumwirksame Prozesse in der Wechselwirkung von natürlichen Systemen und Eingriffen des Menschen

- Ursachen und Folgen von Eingriffen in geoökologische Kreisläufe
  - Landwirtschaftliche Intensivierung durch unterschiedliche Bewässerungssysteme in ariden und semiariden Räumen
  - Prozess der Bodendegradation
- Ökologische Prinzipien und zukunftsfähige Maßnahmen in der Industrie, Land-, Forst- oder Fischereiwirtschaft im globalen ökonomischen Zusammenhang
  - Traditionelle und angepasste moderne Formen der Landwirtschaft in semiariden und ariden Räumen
  - Grundprinzipien der ökologischen Landwirtschaft
  - Energieversorgung zwischen Ökologie, Ökonomie und Nachhaltigkeit
  - Dreieck der Nachhaltigkeit
  - Syndromansatz (**nur LK**)
- Das Spannungsfeld von Landschaftszerstörung und -bewahrung im Zusammenhang mit Freizeitgestaltung
  - Standortansprüche unterschiedlicher Tourismusformen
  - Destinationslebenszyklusmodell nach Butler
  - Vier-Phasen-Modell der raum-zeitlichen Entfaltung der Tourismuswirtschaft nach Vorlaufer (**nur LK**)

- Klima- und Vegetationszonen in ihrer unterschiedlichen Bedeutung für die Entwicklung von Räumen
  - Mechanisierung, Intensivierung und Spezialisierung als Kennzeichen einer industrialisierten Landwirtschaft in der gemäßigten Zone, den Subtropen und den Tropen

Raumstrukturen und raumwirksame Prozesse im Spannungsfeld von wirtschaftlichen Disparitäten und Austauschbeziehungen

- Ernährungspotenzial für eine wachsende Weltbevölkerung zwischen Subsistenzwirtschaft und Agrobusiness
  - Subsistenzwirtschaft versus Marktorientierung
  - Merkmale des Agrobusiness
- Wandel von Standortfaktoren in seiner Wirkung auf industrieräumliche Strukturen
  - Hauptphasen des industriellen Strukturwandels
  - Standortentscheidungen und -vernetzung (Cluster) im Zusammenhang mit harten und weichen Standortfaktoren
- Verkehrs- und Kommunikationsnetze in ihrer Bedeutung für die Verflechtung und Gestaltung von Räumen
  - Entwicklung von der Dienstleistungs- zur Informationsgesellschaft vor dem Hintergrund der Globalisierung
  - Prinzipien der Standortverlagerung und der Beschaffungslogistik
- Tertiärisierung als Motor für die räumliche Verteilung von Arbeitsplätzen und Warendistribution
  - Wirtschaftsfaktor Fremdenverkehr in seiner Bedeutung für Zielregionen
  - Merkmale von Global Cities
- Veränderung von Konsummustern und Wertorientierungen als wesentliche Voraussetzungen für nachhaltiges Wirtschaften in der Einen Welt
  - Merkmale von Fairtrade-Projekten
  - Ökobilanzierung, u. a. ökologischer Fußabdruck und ökologischer Rucksack

Raumstrukturen und raumwirksame Prozesse im Spannungsfeld von Aktionen und Konflikten sozialer Gruppen, Staaten und Kulturgemeinschaften

- Raumbedarf und Tragfähigkeit im Zusammenhang mit demographischen Prozessen
  - Demographischer Wandel (mit Modell)
  - Ursachen und Folgen von Wanderungsbewegungen

- Siedlungsentwicklung in Abhängigkeit von soziokulturellen und politischen Leitbildern
  - Grundzüge der Stadtentwicklung in Europa, Modell der europäischen Stadt
  - Stadtentwicklungsprozesse (jeweils mit entsprechenden Modellen)
    - in Nordamerika
    - in Lateinamerika (**nur LK**)
  - aktuelle Leitbilder der Stadtplanung
  - Zentralität als Ausdruck funktionaler Verflechtungen von Stadt und Umland
  - Raumordnungsstrukturen und -ziele, einschließlich modellhafter Darstellungen (**nur LK**)
- Raumwirksamkeit globaler Zusammenarbeit in Abhängigkeit von soziokulturellen Rahmenbedingungen
  - Globale Weltwirtschaftsbeziehungen und globale Disparitäten: Triade, Sonderwirtschafts- und Freihandelszonen, Wege einer gerechten Entwicklung
  - Ziele, Strukturen und Probleme multinationaler Wirtschaftsbündnisse (**nur LK**)
- Zusammenwachsen oder Desintegration von Räumen aufgrund politischer Vorgaben und kultureller Prägung
  - Transformationsprozesse in der Mitte und im Osten Europas
  - Raumordnung und Raumplanung in Europa mit Raumordnungsmodellen

3 Leistungsanforderungen

Folgende allgemeine Kenntnisse und Fähigkeiten müssen Sie bei der Bearbeitung der Abituraufgabe im Fach Geographie nachweisen:

Inhaltsbezogene Kenntnisse und Fähigkeiten
Im Mittelpunkt der Abituraufgabe steht ein bestimmter Raum. Diesen müssen Sie lokalisieren und seine geographischen und topographischen Besonderheiten kennzeichnen können. Ebenso gefordert ist die sachkundige Analyse unter dem geforderten inhaltlichen Schwerpunkt. Hierbei müssen Sie im Unterricht erworbenes Wissen anwenden.

Methodenbezogene Kenntnisse und Fertigkeiten
Sie sollten in der Lage sein, bezogen auf jede Teilaufgabe eine sinnvolle Auswahl aus den vorgelegten Arbeitsmaterialien zu treffen, alle wesentlichen Aspekte herauszuarbeiten und Ihre Erkenntnisse in Ihren Darstellungstext einzubauen. Wichtig ist eine eigene und sinnvolle Zuordnung der Materialien sowie gedankliche Strukturierung des Darstellungstextes.

Folgerichtige Gedankenführung und Argumentation zu den gestellten Teilaufgaben
Damit ist gemeint, dass Ihre Ausführung keine Gedankensprünge oder Widersprüche aufweisen darf und dass Sie die einzelnen Teile Ihrer Darstellung mithilfe sinnvoller Überleitungen oder Verbindungen miteinander verknüpfen.

Fach- und sachgerechte schriftliche Darstellung
Hierzu zählt der korrekte Gebrauch der deutschen Sprache ebenso wie die sichere Beherrschung der Fachsprache.

4 Anforderungsbereiche und Operatoren

Die für die gymnasiale Oberstufe wichtigen **Anforderungsbereiche (AFB) I–III** werden in den bundesweit gültigen Einheitlichen Prüfungsanforderungen in der Abiturprüfung (EPA) erläutert. Diese AFB sind sowohl für die Aufgabenstellung und die in ihnen enthaltenen **Operatoren** wichtig als auch für die Bewertung der Prüfungsleistungen. Diese drei Anforderungsbereiche entsprechen drei Leistungsstufen, die durch unterschiedliche Operatoren angesteuert werden.
In der folgenden **Übersicht** werden die AFB kurz skizziert, im Zusammenhang mit den einzelnen Operatoren erläutert und anhand eines Beispiels verdeutlicht.

Operatoren, die vorrangig Leistungen im AFB I verlangen (Reproduktion)

nennen	Informationen/Sachverhalte ohne Kommentierung wiedergeben	Nennen Sie die technischen Entwicklungen, die den Steinkohleabbau im Ruhrgebiet ermöglichten.
beschreiben	Materialaussagen/Sachverhalte mit eigenen Worten geordnet und fachsprachlich angemessen wiedergeben	Beschreiben Sie das Straßennetz der US-amerikanischen Städte.
darstellen	aus dem Unterricht bekannte oder aus dem Material entnehmbare Informationen und Sachzusammenhänge geordnet (grafisch, verbal) verdeutlichen	Stellen Sie am Beispiel des Duisburger Innenhafens den Strukturwandel im Ruhrgebiet dar.
lokalisieren	Einordnen von Fall-/Raumbeispielen in bekannte topographische Orientierungsraster	Lokalisieren Sie die Nordgrenze des Weizenanbaus auf unterschiedlichen Kontinenten.

Operatoren, die vorrangig Leistungen im AFB II verlangen (Reorganisation und Transfer)

einordnen/ zuordnen	einem Raum/Sachverhalt auf der Basis festgestellter Merkmale eine bestimmte Position in einem Ordnungsraster zuweisen	Ordnen Sie den Entwicklungsstand Costa Ricas den verschiedenen Entwicklungstheorien zu.
kennzeichnen	einen Raum/Sachverhalt auf der Basis bestimmter Kriterien begründet charakterisieren	Kennzeichnen Sie die Wirtschaftsstruktur Japans Anfang der 1950er-Jahre.
analysieren	komplexe Materialien/Sachverhalte in ihren Einzelaspekten erfassen mit dem Ziel, Entwicklungen/Zusammenhänge zwischen ihnen aufzuzeigen	Analysieren Sie die soziale Struktur des Dortmunder Stadtteils Kirchhörde.
erläutern	Sachzusammenhänge mithilfe ergänzender Informationen verdeutlichen	Erläutern Sie die Flurbereinigung in Westdeutschland.
erklären	Begründungszusammenhänge, Voraussetzungen und Folgen bestimmter Strukturen und Prozesse darlegen	Erklären Sie den Vorgang der Suburbanisierung am Beispiel von Los Angeles.
vergleichen	Gemeinsamkeiten und Unterschiede zwischen (vergleichbaren) Strukturen/ Prozessen erfassen und kriterienbezogen verdeutlichen	Vergleichen Sie die Bevölkerungspyramiden von Togo, Brasilien und Deutschland.
anwenden	Theorien/Modelle/Regeln mit konkretem Fall-/Raumbeispiel/Sachverhalt in Beziehung setzen	Wenden Sie die Standorttheorie Alfred Webers auf das Prinzip der Nassen Hütten an.

Operatoren, die vorrangig Leistungen im AFB III verlangen (Reflexion und Problemlösung)

erörtern	einen Sachverhalt unter Abwägen verschiedener Pro- und Kontra-Argumente klären und abschließend eine schlüssige Meinung entwickeln	Erörtern Sie die Folgen der internationalen Arbeitsteilung am Beispiel der deutschen Autoindustrie.
(kritisch) Stellung nehmen	unter Abwägung unterschiedlicher Argumente zu einer begründeten Einschätzung eines Sachverhalts/einer Behauptung gelangen	Nehmen Sie kritisch Stellung zu der Äußerung: „Die Ausweitung des ÖPNV ist die einzige Chance, den Kollaps der europäischen Innenstädte zu verhindern.“
überprüfen	(Hypo-)Thesen/Argumentationen/Darstellungsweisen auf ihre Angemessenheit/Stichhaltigkeit/Effizienz hin untersuchen	Überprüfen Sie die Aussage: „Der Tourismus ist geeignet, die Wirtschaft der Philippinen anzukurbeln.“

beurteilen/ bewerten	auf der Basis von Fachkenntnissen/ Materialinformationen/eigenen Schlussfolgerungen unter Offenlegung/Reflexion der angewendeten Wertmaßstäbe zu einer sachlich fundierten, qualifizierenden Einschätzung gelangen/eine begründete, differenzierte eigene Meinung entwickeln	Beurteilen Sie, ob die Gentrifikation in der Münchner City hinter der allgemeinen Entwicklung zurückgeblieben ist.

Anmerkung: *Lokalisieren, beschreiben, darstellen und vergleichen* sind Operatoren, die je nach Komplexität des zu bearbeitenden Materials/der Zielrichtung der Teilaufgabe auf Leistungen im nächst höheren Anforderungsbereich zielen können.

5 Tipps für die Anfertigung der Abiturklausur

5.1 Auswahl der Aufgabe

Am Tag der schriftlichen Prüfung können Sie aus **drei zur Wahl gestellten Aufgaben eine Aufgabe auswählen**. Hierfür haben Sie **30 Minuten** Zeit. Falls Sie für die Aufgabenauswahl weniger Zeit benötigen sollten, kommt Ihnen dies zugute, denn Sie dürfen auch bereits während der Auswahlzeit sofort mit der Bearbeitung beginnen. Deshalb sollten Sie sich darauf vorbereiten, nach einer sorgfältigen Prüfung von Arbeitsanweisungen und Materialteil aller gestellten Aufgaben eine zügige Entscheidung zu treffen.
Anhand der **Überschrift** wird bereits klar, um welchen **Untersuchungsraum** es sich handelt und welcher **Themenschwerpunkt** angesprochen wird (Landwirtschaft, Tourismus, Strukturwandel, Raumplanung, Stadtentwicklung etc.).
Auch wenn Sie spontan zu einer Aufgabe tendieren: Entscheiden Sie sich nicht vorschnell, **überprüfen** Sie in jedem Fall, ob Ihnen der Materialteil auch liegt!

Tipp: Überlegen Sie, ob ein ähnliches Thema – evtl. bezogen auf einen anderen Raum – bereits in einer Klausur oder in Ihrem Unterricht behandelt wurde oder ob eine der gestellten Abitur-Aufgaben einer Ihnen bekannten Übungsaufgabe in diesem Band ähnelt.

5.2 Zeiteinteilung

Beginnen Sie nicht zu früh mit der **Reinschrift**! Zunächst muss in Ihrem Kopf die Bearbeitung aller Teilaufgaben klar sein. Sie müssen anhand des Materialteils die gesamte Aufgabe gedanklich bewältigt haben und das Ergebnis muss, soweit ein solches in der letzten Teilaufgabe gefordert wird, für Sie feststehen.

Achten Sie auf die erreichbaren **Höchstpunktzahlen**, die hinter den Teilaufgaben angegeben sind, und verwenden Sie nicht zuviel Zeit auf die Teilaufgabe 1 – sie zählt bei der Bewertung weniger als die anderen Teilaufgaben *(siehe Kap. 6!)*.
Je nachdem, wie viele Teilaufgaben zu bearbeiten und welche Arbeitsmaterialien auszuwerten sind, teilen Sie sich am besten die 3-stündige (Grundkurs) bzw. die 4¼-stündige Bearbeitungszeit (Leistungskurs) so ein, dass auch für die letzte Teilaufgabe ausreichend Zeit bleibt. Berücksichtigen Sie, dass Sie für Ihr abschließendes **Fazit** ebenfalls Zeit benötigen.
Für einen letzten **Korrekturgang** sollten Sie am Ende ca. 15 Minuten einplanen. Während dieser Zeit gilt es, formale Aspekte (Rechtschreibung, Zeichensetzung, Layout-Anforderungen wie Deckblattgestaltung, Seitenzahlen-Hinweise u. a.) zu überprüfen. Hier ist auch Gelegenheit, ggf. Lesehilfen in Form von Unterstreichungen und Zwischenüberschriften, soweit nicht schon beim Schreiben geschehen, nachträglich als Gliederungshilfe einzufügen *(siehe auch Kap. 5.4!)*.

5.3 Notizen beim ersten Sichten des Materialteils

Markieren Sie jeden **Operator**, rufen Sie sich ins Gedächtnis, welcher **Anforderungsbereich** hiermit gemeint ist, und halten Sie sich unbedingt daran! So vermeiden Sie Themaverfehlungen.
Arbeiten Sie beim **Sichten des Materials** mit Randanmerkungen und Textmarker, schreiben Sie sich zentrale Fachbegriffe neben das einzelne Material. Machen Sie sich eine Notiz, wo Sie den Atlas zur Unterstützung von Aussagen hinzuziehen. Markieren Sie, welches Material zu welcher Teilaufgabe passt (manche Materialien gehören zu mehreren Teilaufgaben).
Gehen Sie bei der Sichtung alle Materialien von Anfang bis Ende durch, aber arbeiten Sie die Einzelmaterialien in ihren späteren Ausführungen nicht einfach der Reihe nach ab! Denn das würde bedeuten, dass Sie keine **eigenständige gedankliche Strukturierung** vornehmen. Eine solche Strukturierung stellt jedoch eine der im Abitur geforderten Leistungen dar.
Es wird von Ihnen erwartet, dass Sie sich selbstständig im Material bewegen, entsprechend dem von Ihnen gewählten gedanklichen Argumentationsansatz. Das Material ist manchmal bewusst nicht sachlogisch aneinandergereiht, manchmal spielt auch das Format für die Unterbringung auf dem einen oder anderen Blatt eine Rolle. In jedem Fall müssen Sie Ihre methodischen, materialbezogenen Kompetenzen unter Beweis stellen, indem Sie sich von der vorgegebenen **Materialreihenfolge**, wo notwendig, lösen.

5.4 Strukturierung

Überlegen Sie, wie Sie Ihre Abiturklausur **einleiten**: Zu jeder Geographieklausur gehört eine räumliche Einordnung. Ein erster Bezug zum Thema gehört ebenfalls an den Anfang.

Folgende Fragen helfen beim Aufbau der Arbeit:
- Wo lassen sich innerhalb der Teilaufgaben *sinnvolle Abschnitte* einziehen?
- Wie lassen sich *Überleitungen* zwischen den Teilaufgaben herstellen?
- Wie wollen Sie – mit Rückbezug zum Thema – den *Schlussteil* gestalten?

Die Abituraufgaben im Fach Geographie bestehen aus **mehrteiligen Arbeitsanweisungen**. Hinter deren Reihenfolge verbirgt sich eine sachlogische gedankliche Ordnung. Insofern haben Sie hierdurch bereits die gedankliche **Grobgliederung** vorgegeben. Halten Sie sich unbedingt daran – bei jedem Operator *(siehe Kapitel 4!)* sind ganz konkrete Arbeitsanweisungen zu befolgen!
Machen Sie die Bearbeitung einzelner **Hauptgedanken** durch Zwischenüberschriften und Absätze deutlich; fügen Sie auch an mehreren Stellen sogenannte Spitzmarken ein, einzelne mit Lineal (!) unterstrichene Kernbegriffe, die alleine in einer Zeile stehen, quasi als „Unter-Untergliederung".
Unübersichtliche Endlossätze und -absätze ermüden den Leser/ Lehrer; auch das Auge benötigt zwischendurch eine Unterbrechung. Grundsätzlich verdeutlichen **Zwischenüberschriften**, **Absätze** und **Spitzmarken**, dass Ihrer Ausführung eine klare **gedankliche Ordnung** zugrunde liegt.

Tipp: Vergewissern Sie sich in regelmäßigen Abständen, wie die Themenstellung lautet! Nicht selten passiert es, dass man sich so über das gerade wie von alleine aus der Feder Fließende freut, dass man ganz aus den Augen verliert, was das eigentliche Ziel der Darstellung im Sinne von Thema und Arbeitsanweisung ist.

5.5 Hilfsfragen für die Arbeit mit dem Materialteil

Bei der Arbeit mit dem Materialteil können die folgenden Fragen hilfreich sein:

- *Aus welchem Jahr stammt die jeweilige Quelle?*
  Die Antwort macht deutlich, ob das Dargestellte noch aktuell ist oder ob eine Aussage aus einer früheren Zeit stammt.
- *Wer hat die Quelle verfasst?*
  Die Antwort hierauf kann für eine geforderte Bewertung wichtig sein, z. B. wenn eine politisch begründete Meinung gedanklich einzuordnen ist.

- *Welche Querverbindungen gibt es zwischen den einzelnen Materialien?*
  Jedes Klausur-Materialpaket gleicht einem Mosaik: Seine einzelnen Bausteine gehören thematisch zueinander, fügen sich durch Ihre Bearbeitung zu einem Gesamtbild. Arbeiten Sie diese Zusammenhänge heraus und machen Sie sie sprachlich deutlich.
- *Woher stammen meine eigenen Aussagen?*
  Belegen Sie, dass sich das von Ihnen Gesagte aus dem Material ergibt. Zitieren Sie, wo es wichtig ist, kurz und prägnant *(siehe Kapitel 5.6!)*.

5.6 Materialbelege und Zitate

Materialhinweise sind keine Satzglieder, schon gar keine Subjekte. Sie sind einfache Anhänge in Klammern und gehören grundsätzlich an das Ende eines Satzes oder Abschnittes. Fügen Sie solche Belege immer dann ein, wenn Sie einen neuen Sachverhalt vorstellen oder ein neues Argument vortragen – der **Klammerzusatz** macht keine Mühe, beweist aber Ihr **methodisch richtiges Vorgehen** und stellt für Sie selbst eine Rückversicherung dar, dass Ihre Aussage aufgrund des Materials richtig bzw. möglich ist.
Schreiben Sie: „Im Zeitraum von 2008 bis 2013 ist die Bevölkerung um 30 % gestiegen (M 3)“. Nicht: „M 3 zeigt uns, dass die Bevölkerung …“ oder „Die Bevölkerungszunahme kann man an M 3 erkennen“. So vermeiden Sie die Vermischung von Inhalts- und Formebene.

5.7 Der Schluss

Lassen Sie, um im Bild des Hausbaus und Maurers zu sprechen, mit dem letzten Satz zur letzten Teilaufgabe nicht die Kelle fallen: Zwar ist das gedankliche Gebäude vom Grundsatz her fertig und die Argumentation dicht – aber zu einer Ausführung gehört nun einmal ein Abschluss wie zu einem Haus der äußere Verputz. Jede der Teilaufgaben hatte einen eigenen Arbeitsschwerpunkt – und alle hatten etwas mit dem Thema in der Aufgabenstellung zu tun. Dieses Thema ist quasi das Dach, das alle zwei oder drei Gebäudeteile überdeckt.
Deshalb: Formulieren Sie Ihren Schlussteil unter Rückbezug auf die Themenstellung, und fassen Sie die **wesentlichen Teilergebnisse** zu einem **Fazit** zusammen, ohne hierbei bereits Gesagtes mit derselben Formulierung zu wiederholen! „Wie gesagt“ gehört grundsätzlich nicht in eine Ausführung, da Sie damit eine überflüssige Wiederholung auch noch selbst ankündigen würden!

6 Bewertung der Abiturklausur

6.1 Bewertungskriterien

Insgesamt sind maximal **100 Punkte** in einer Abiturklausur im Geographie-Zentralabitur erreichbar. 80 Punkte können Sie über die inhaltlich-methodisch richtige Bearbeitung der Teilaufgaben erreichen, die jeweils mit einer bestimmten Punktezahl bewertet werden und die Sie den Angaben in der Aufgabenstellung entnehmen können. Deshalb ist es unbedingt notwendig, dass Sie **alle Teilaufgaben bearbeiten**! 20 weitere Bewertungspunkte erhalten Sie für die **Darstellungsleistung** *(siehe unten!)*.

Bei der Bepunktung werden folgende **Bewertungskategorien** berücksichtigt *(siehe auch Kapitel 3!)*:
- inhaltliche Leistung,
- methodische Leistung,
- Gedankenführung/Argumentation, sprachliche Leistung/Darstellungsleistung.

Für jede der gestellten Abituraufgaben gibt es einen **exakten Bewertungsschlüssel**, nach dem der korrigierende Lehrer die einzelnen Punkte vergibt. Anhand eines solchen Bewertungsschlüssels für die Aufgabe „Strukturen und Prozesse in Städten von Entwicklungsländern – Das Beispiel Karachi" (GK 2015, Aufgabe 2) in diesem Band können Sie sehen, wie eine Abitur-Aufgabe bepunktet wird. In der rechten Spalte ist die max. erreichbare Punktzahl angegeben.

Kriterien für die Bewertung der Schülerleistungen

a) Inhaltlich-methodische Leistung

	Anforderungen	**max. erreichbare Punktzahl**
	Teilaufgabe 1	
	Der Prüfling	
1	ordnet Karachi **räumlich** ein: – im Süden Pakistans am Arabischen Meer mit Hafen in geschützter Buchtlage, – am westlichen Rand des Indus-Mündungsdeltas (M 1, M 4).	3
	Hinweis: *Im Zentralabitur NRW gibt es für die „Lokalisation/räumliche Einordnung" jeweils maximal 3 Punkte. Stereotype Einordnungen, z. B. nur mithilfe des Gradnetzes, verbieten sich hierbei. Denn eine aufgabenbezogene Einordnung verlangt, dass solche Lagemerkmale angeführt werden, die einen unmittelbaren Bezug zur Themenstellung bzw. zur Problemfrage aufweisen.*	

2	zeigt die wesentlichen Aspekte der **demographischen Entwicklung** Karachis auf: – starker Anstieg der Bevölkerung von 1,4 Mio. (1955) auf 13,1 Mio. (2010), – Zuwachs des Einwohneranteils an der Gesamtbevölkerung Pakistans von 3,8 % auf 7,6 % in demselben Zeitraum, – starke Einwanderungswellen aus Indien seit 1950, – stetiger Anstieg des 10-Jahres-Zuwachses von +1,0 Mio. (1955–1965) bis auf +4,0 Mio. (2005–2015), – Entwicklung zur Megastadt und Primacy (M 2, M 3).	5
3	führt die **phasenweise flächenmäßige Ausdehnung** Karachis an: – Größe und Lage am Rand des östlichen Hafenbeckens im Jahr 1838, – Anwachsen auf ca. 5 x 5 km^2 bis 1922, – kreisförmige Ausdehnung auf ca. 10 x 10 km^2 bis 1955, – Expansion nach N, W und O bis 1980 entlang verkehrsmäßiger Entwicklungsachsen, – gegenwärtige Ausdehnung der städtischen Agglomeration über 50 x 35 km^2 (M 4).	4
4	führt **mögliche Gründe für das Wachstum Karachis** an im Zusammenhang **mit Push- und Pull-Faktoren**, z. B.: – überragende Bedeutung als frühere Hauptstadt und frühe Wirtschaftsmetropole, – Vorhandensein starker regionaler Disparitäten in Pakistan zwischen der Vormachtstadt Karachi und der Peripherie, – differenziertes Arbeitsplatzangebot mit hohem Lohnniveau, – im Landesvergleich herausragendes durchschnittliches Haushaltseinkommen und entsprechende Lebensstandards, – anhaltender Metropolisierungsprozess Karachis (M 1–M 4).	7
5	verdeutlicht Eigenschaften und Auswirkungen der **demographischen und funktionalen Primacy** Karachi, z. B.: – fast doppelt so hohe Einwohnerzahl wie die zweitgrößte Stadt des Landes, d. h. Primacy-Index bei fast 2, – 32 % der gesamtstaatlichen Warenproduktion, – 62 % des pakistanischen Steueraufkommens, – ca. 20 % des BNE bei nur 7,6 % Bevölkerungsanteil, – im Landesvergleich überdurchschnittlich hohe Alphabetisierungsrate, – stetiger Zustrom von Arbeitsmigranten (M 2, M 3, M 5).	4
6	erfüllt ein weiteres aufgabenbezogenes Kriterium (max. 3 Punkte).	

	Hinweis: *Sie sollten Ihre Ausführungen durchgehend an dem geforderten Raumbeispiel ausrichten. Mögliche Bezüge zu Inhalten und zu Vergleichsbeispielen aus dem Unterricht sollten Sie kurz und knapp in diese Ausführungen integrieren. Die Summe aller Punkte, die Sie quasi mithilfe Ihres Wissensspeichers erzielen, darf 10 von 80 nicht übersteigen – schreiben Sie also nicht zu ausführlich über Sachaussagen, die Sie nicht im Materialteil finden!*	
	Summe erste Teilaufgabe	**23**
	Teilaufgabe 2	
	Der Prüfling	
1	verdeutlicht die **problematische sozialräumliche Situation** dieser Metropole eines Entwicklungslandes, z. B.: – mit einem Drittel großer Anteil von sozial Schwachen, – mit 40 % sehr hoher Anteil der in Marginalsiedlungen lebenden Einwohner, – geringes Maß an persönlicher Sicherheit aufgrund hoher Kriminalitäts- und Mordrate (M 5, M 7).	4
2	zeigt die **sozialräumliche Gliederung** und die anhand dessen erkennbaren **Segregations- und Fragmentierungsprozesse** Karachis auf: – deutliches soziales Kern-Rand-Gefälle, – breite Mittelachse mit Einwohnern der höheren (S) und mittleren (N/NO) Einkommensgruppen, – darin eingelagert zahlreiche Gated-Communitys, – zur westlichen und östlichen Peripherie hin weite Bereiche mit Einwohnern der niedrigen Einkommensgruppen, u. a. in unmittelbarer Nähe zu Verkehrslinien und Industrievierteln, – Slums im überwiegenden Bereich des traditionellen Stadtkerns, – darin wie in großen Bereichen der Unterschichtviertel zahlreiche No-Go-Areas, die fast ein Viertel der Stadtfläche ausmachen (M 7).	8
3	zeigt detailliert die **funktionsräumliche Gliederung** Karachis auf: – deutliche Trennung der Grunddaseinsfunktionen, – drei Stadtviertel mit militärischer Nutzung und je einem Militärflughafen, – große zusammenhängende Industrieflächen im Hafenbereich, an den Entwicklungsachsen von Straße und Eisenbahn sowie benachbart zu Stadtbereichen der Unterschicht, – Versorgung und Dienstleistungsangebote in der City und verteilt über das Stadtgebiet, – Versorgungsschwerpunkte in Vierteln der Oberschicht, z. B. in Clifton (M 7).	7

4	zeigt die **Verkehrssituation und Verkehrsstruktur** der Metropole Karachi auf, z. B.: – in kurzer Zeit enormer Anstieg des Individualverkehrs, v.a. von Zweirädern, – unzureichendes ÖPNV-Angebot trotz gestiegenem Busangebot von 2002–2011, – Überlastung der Verkehrsinfrastruktur, erkennbar anhand der geringen Durchschnittsgeschwindigkeit sowie gestiegener Unfallzahlen, – schwerpunktmäßige Ausrichtung des Straßen- und Eisenbahnnetzes auf den Stadtkern, – Anbindung an das überregionale und internationale Verkehrsnetz u. a. durch zwei Seehäfen und den internationalen Flughafen (M 6, M 7).	6
5	ergänzt durch Hinweise auf die **defizitäre Infrastrukturausstattung**, z. B.: – Trinkwasserversorgung für nur 72 %der Einwohner, in den Marginalsiedlungen noch deutlich darunter liegend, – vollkommen ungenügende Abwasserentsorgung mit nur 10 %, – nur 56 % Müllentsorgung, überwiegend auf offenen Müllkippen, – unzureichende medizinische Versorgung, erkennbar an der mit hohen Kindersterblichkeit (52 von 1 000 Geburten), – 32 % Analphabetenquote als Folge unzureichender Bildungseinrichtungen (M 5, M 6).	6
6	erfüllt ein weiteres aufgabenbezogenes Kriterium (max. 4 Punkte).	
	Hinweis: *Am Ende einer jeden Teilaufgabe sollte als Überleitung zum Folgeteil eine Art Zwischenfazit formuliert werden, das die Teilergebnisse mit einem Oberbegriff zusammenfasst.* *Am Ende der ersten Teilaufgabe liefert die Formulierung „demographische und funktionale Primacy“ ein solches Zwischenfazit; am Ende dieses zweiten Bearbeitungsteils könnte dies die Formulierung „allgemeine defizitäre Infrastrukturausstattung“ sein.*	
	Summe zweite Teilaufgabe	**31**
	Teilaufgabe 3	
	Der Prüfling	
1	weist auf die **Bevölkerungsprognose** bis 2025 hin und führt die Kernaussagen des **Karachi Strategic Development Plans 2020** aus dem Jahr 2007 an: – Anstieg der Bevölkerung über 15,5 Mio. 2015 und 17,7 Mio. 2020 auf 20,2 Mio. (2025), – Aussagen zu den Bereichen Wohnen und Bauen, Verkehr, allgemeine Infrastrukturausstattung sowie Bildungswesen (M 3, M 8).	5

2	merkt hierzu **positiv zu wertende Elemente** an, z.B.: – Entlastungsstädte und Wohnungen für Einwohner der unteren Einkommensschichten, – vertikales Bauen im Stadtkernbereich, – Erweiterung des ÖPNV-Angebotes durch Ringbahn, P+R-Angebote u. a., – Maßnahmen zur Verbesserung der allgemeinen Infrastruktur wie Strom- und Trinkwasserversorgung sowie Abwasser- und Müllentsorgung, – konkrete und umfangreiche Vorhaben zur Erweiterung des Bildungsangebotes (M 8).	6
3	weist auf **fragwürdige Elemente des Plan**s hin, z. B: – staatliche Förderung von Bauvorhaben für die Oberschicht, – Schaffen von Fußgängerzonen im Kernstadtbereich, – allgemeine Attraktivitätssteigerung mit der Konsequenz weiterer Pull-Effekte, – Planung mit ausländischen Direktinvestoren, – Nicht-Berücksichtigung des weiteren Städtewachstums (M 8).	5
4	bezieht die Angaben zum **Jahr 2011** im Sinne eines **Zwischenfazits** mit ein, z. B.: – Fertigstellung der Ringbahn im Bereich des weiteren Stadtkerns, – unzureichender Ausbau des ÖPNV-Netzes, erkennbar am ungehemmten weiteren Anstieg des Individualverkehrs, – Unerreichbarkeit des Ziels vollständiger Trinkwasserversorgung bis 2015, – Erreichen des gesetzten Ziels der Abfallentsorgung, allerdings mit der Einschränkung nicht nachhaltiger Entsorgung, – Hinweis auf fehlende Bewertungsgrundlagen zum Bildungswesen (M 5, M 6, M 8).	6
5	äußert sich abschließend zu den **Aussichten auf Erfolg des Karachi Strategic Development Plans:** – Überlegung, inwieweit globale Wirtschaftsentwicklungen die Realisierung der Planungen beeinträchtigen, – Vermutung, dass das weitere Anwachsen der Einwohnerzahl den Großteil der Maßnahmen wirkungslos werden lässt, – deutliche Bedenken, dass aufgrund der Abhängigkeit von ADI die finanziellen Mittel für viele Maßnahmen nicht bereitstehen, – Sorge, dass das negative soziale Klima in der Stadt abschreckend auf Fremdinvestoren wirkt.	4
	Hinweis: *Eine Wiederholung des bisher von Ihnen Geschriebenen ist hier nicht gemeint – es geht vielmehr darum,* ***ein schlüssiges Fazit*** *auf der Grundlage der von Ihnen gewichteten Argumente zu formulieren. Geeignet ist hierbei das Wiederaufgreifen* ***von zentralen Schlüsselbegriffen*** *wie „soziales Klima" oder „Metropole eines Entwicklungslandes".*	

6	erfüllt ein weiteres aufgabenbezogenes Kriterium (max. 3 Punkte).	
	Summe dritte Teilaufgabe	**26**
	Summe inhaltliche Leistung (Teilaufgaben 1–3)	**80**

b) Darstellungsleistung

	Anforderungen	**max. erreichbare Punktzahl**
	Der Prüfling	
1	strukturiert seinen Text schlüssig, stringent sowie gedanklich klar und bezieht sich dabei genau und konsequent auf die Aufgabenstellung.	5
2	bezieht beschreibende, deutende und wertende Aussagen schlüssig aufeinander.	4
3	belegt seine Aussagen durch angemessene und korrekte Nachweise (Zitate u. a.).	3
4	formuliert unter Beachtung der Fachsprache präzise und begrifflich differenziert.	4
5	schreibt sprachlich richtig (Grammatik, Orthographie, Zeichensetzung) sowie stilistisch sicher.	4
	Summe der Darstellungsleistung	**20**
	Gesamtsumme Teil (a) und Teil (b)	**100**

Hinweis:
Bei deutlichen Verstößen gegen die sprachliche Richtigkeit muss die Note abschließend um ein bis zwei **Notenpunkte** gemäß § 13,2 APO-GOSt abgesenkt werden.

6.2 Anforderungen an die Darstellungsleistung

Neben dem inhaltlich-sachlichen Ertrag kommt der sprachlichen Richtigkeit eine große Bedeutung zu. Hierbei sind folgende Kriterien von Bedeutung:

- *Verwendung einer präzisen und differenzierten Sprache:* Missbrauchen Sie Hilfsverben nicht als Vollverben; benutzen Sie Synonyme statt Wiederholungen; variieren Sie beim Satzbau, wählen Sie Nebensatzkonstruktionen statt Hauptsatzketten.
- *Verwendung von Fachbegriffen:* Auch im Fach Geographie hat jedes Kind einen Namen: Belegen Sie also jedes Phänomen mit einem Fachbegriff. Zur Erinnerung: In Ihrem Geographiebuch gibt es, meist am Ende, ein Begriffs- oder Sachregister mit Erläuterungen. („City" heißt z. B. „City" und nicht „Stadt", denn „Stadt" ist anders definiert.)
- *Hypothesen/Vermutungen:* Kennzeichnen Sie ungesicherte Aussagen, Vermutungen und Hypothesen als solche, grenzen Sie diese gegen gesicherte Aussagen ab (z. B: „Es ist zu vermuten ...", „ Es könnte sein, dass ..." oder „Für eine gesicherte Aussage fehlen folgende Informationen: ...").
- *Syntaktisch korrekte Schreibweise:* Schreiben Sie in vollständigen Sätzen, achten Sie auf die richtige Wortstellung, variieren Sie Satzanfänge.
- *Stilistisch korrekte Schreibweise:* Unterlassen Sie umgangssprachliche Formulierungen, verwenden Sie ausschließlich Hoch- und Fachsprache.
- *Wissenschaftspropädeutik:* Stellen Sie Ihre Zitier- und Belegkompetenz unter Beweis.
- *Sachgerechte Strukturierung:* Zeigen Sie, dass Sie den Materialteil verstanden haben und die Einzelmaterialien gut in Ihre Argumentation einbauen können.

6.3 Formale Anforderungen

Berücksichtigen Sie bei Ihrer Ausführung die Anforderungen an die äußere Form und die sprachliche Richtigkeit. Denn: Gravierende Verstöße gegen diese Gebote führen zu Bewertungsverlusten von ein bis zwei Notenpunkten. Wenn Sie bedenken, wie viel Mühe Sie sich bezüglich des Inhaltes und der Methode geben – ein nachträgliches Abwerten z. B. von Note 2 auf 3+ oder von Note 3 auf 4+ wäre doch mehr als ärgerlich.

- *Rechtschreibung:* Beachten Sie die Vorschriften zur Rechtschreibung. Im Klausurraum liegt eine angemessene Anzahl von Rechtschreibduden aus: Schlagen Sie einfach darin nach, wenn Sie unsicher sind.
- *Zahlen:* Schreiben Sie die Zahlen von null bis zwölf aus und nicht als Ziffern.

- *Deckblatt-Vorgabe:* Berücksichtigen Sie die Regelung, die an Ihrer Schule getroffen wurde.
- *Layout-Vorgabe:* Beachten Sie diese – an manchen Schulen darf z. B. nur eine halbe Seite je Bogen beschrieben werden, dient der Rest als halbseitiger Rand.
- *Zeilenende:* Respektieren Sie den Rand, trennen Sie Wörter, schreiben Sie nicht über den Rand hinaus.
- *Seitenzahlen:* Fügen Sie ab Seite 2 diese am Fuß jeder Seite bei – nummerieren Sie die Seiten erst am Schluss, wenn keine Einschübe mehr erfolgen.
- *Sauberkeit:* Streichen Sie sauber durch, setzen Sie zu Streichendes in eckige Klammern oder fügen Sie eine entsprechende Fußnote zur Erklärung bei.
- *Nachträge:* Setzen Sie diese als Fußnoten durchnummeriert an den Schluss jeder Teilaufgabe oder einheitlich ganz an den Schluss, eventuell auf ein eigenes Blatt. Quetschen Sie solche Zusätze nicht nachträglich in den Text oder an den Rand.
- *Kopf- und Fußzeile:* Diese gehören zum Seitenaufbau – sie sind ebenfalls kein geeigneter Platz für Zusätze oder Nachträge.

7 Hinweise zur Benutzung dieses Buches

Zu Beginn aller in diesem Buch abgedruckten Lösungsvorschläge steht, auf welchen **inhaltlichen Schwerpunkt** sich die Aufgabe bezieht. Vor jeder Teilaufgabe finden Sie **Hinweise**, wie Sie am besten an die Aufgabe herangehen.
Strukturierungshinweise in der **Marginalspalte** am Rand helfen Ihnen dabei, die vorgeschlagene Aufgabenlösung nachzuvollziehen, und erleichtern Ihnen so das Lernen. In den ausformulierten Lösungsvorschlägen werden wesentliche Fachbegriffe durch **Fettdruck** hervorgehoben.
Die **Bewertung** Ihrer Abiturklausur können Sie anhand der Aufgabe 1 des Grundkurses 2012 (Das Beispiel Duisburg – Hochfeld) nachvollziehen.

Den besten Trainingserfolg werden Sie bei folgender Vorgehensweise erreichen:

1. Simulieren Sie die tatsächliche Klausursituation, indem Sie den vorgesehenen **Zeitrahmen** berücksichtigen und – ohne den Lösungsteil anzusehen – die Aufgabenstellung bearbeiten (GK: 3 Zeitstunden, LK: 4 ¼ Zeitstunden).
2. Überprüfen Sie die eigene Ausführung anhand des abgedruckten Lösungsvorschlages. Hierbei ist wichtig, dass Sie den Bezug zwischen der jeweiligen Materialaussage und Ihrer eigenen Auswertung kritisch nebeneinanderstellen.
3. Überarbeiten Sie die Passagen, die Ihnen beim ersten Mal nicht optimal gelungen sind. Dies kann u. a. bedeuten, dass Sie sich das eine oder andere Einzelmaterial noch einmal genau ansehen und dieses so intensiv wie nur möglich auswerten.

8 Die mündliche Abiturprüfung

Eine mündliche Abiturprüfung gibt es in jedem Fall im 4. Abiturfach. Daneben sind weitere mündliche Prüfungen im 1.–3. Abiturfach möglich, wenn die in den Abiturklausuren erzielten Noten um vier oder mehr Punkte von der Vornote (= Durchschnittsnote Q1 bis Q2) abweichen oder Sie sich für eine freiwillige mündliche Prüfung melden, z. B. um Ihren Abiturdurchschnitt zu verbessern. Für mündliche Prüfungen im 1.–3. Fach gilt, dass sie nicht dem Stoffgebiet der von Ihnen gewählten Abiturklausur entsprechen dürfen. Es gelten ansonsten grundsätzlich dieselben Kriterien für die Bewertung wie bei den schriftlichen Anforderungen, wobei der sprachlichen Darstellung aufgrund der Kommunikationssituation eine besondere Bedeutung zukommt.

Die Prüfung dauert ca. 30 Minuten und besteht aus zwei Teilen (jeweils 10 bis 15 Minuten). Inhaltlich ist der gesamte Stoff der Qualifikationsphase relevant. Im **ersten Prüfungsteil** wird Ihnen eine materialgestützte Aufgabe gestellt, die aus einer oder mehreren Teilaufgaben bestehen kann. Für die Bearbeitung in einem Vorbereitungsraum haben Sie genau 30 Minuten Zeit. Während dieser Zeit sollen Sie einen 10 bis 15 Minuten langen geschlossenen Vortrag vorbereiten. Die Kürze der Vorbereitungszeit schließt aus, dass Sie Ihren Vortrag schriftlich ausformulieren; vielmehr ist es notwendig, ähnlich wie bei der Sichtungsphase in der Klausur, durch sinnvolles Markieren und knappe Anmerkungen im Materialteil sowie auf dem Aufgabenblatt den Vortrag vorzubereiten. Beim Vortrag können Sie sich auf die Materialien sowie auf Ihre stichwortartigen Aufzeichnungen beziehen.
Im **zweiten Prüfungsteil**, der als Gespräch angelegt ist, werden Hintergrundwissen und die Fähigkeit, größere Sachzusammenhänge darzustellen, gefordert.

8.1 Der erste Prüfungsteil

Die größten Schwierigkeiten bei der mündlichen Abiturprüfung liegen erfahrungsgemäß im ersten Teil: Hier wird ein mindestens 10-minütiger zusammenhängender, gegliederter Vortrag gefordert. Da es für solch lange Vorträge kaum echte Übungsmöglichkeiten im Unterricht gibt, zumindest nicht für jeden Einzelnen, fehlt es weitgehend an konkreten Vorerfahrungen.

Tipps für die 30-minütige Vorbereitung

- *Zügige Bearbeitung:* Beginnen Sie sofort konzentriert mit der Bearbeitung.
- *Themenstellung:* Was ist die Zielrichtung der geforderten Bearbeitung? Wie lautet das Thema?
- *Operatoren:* Welche konkreten Anforderungen werden gestellt? Bei Mehrteiligkeit: Welche Gliederungshilfe bieten die Teilaufgaben?

- *Einstieg:* Nehmen Sie die räumliche Einordnung vor und verdeutlichen Sie den Themenschwerpunkt.
- *Atlas:* Welche Karten sind für die räumliche Einordnung oder für einzelne Aspekte zusätzlich hilfreich?
- *Materialteil:* Fachbegriffe an den Rand schreiben, Quellen-Anmerkungen ergänzen, Stichworte für den Vortrag festlegen; im Material wichtige Stellen oder Zahlenwerte/Verläufe markieren. Wichtige Materialien müssen Sie u. U. bei mehr als nur einer Aufgabenstellung hinzuziehen. Denken Sie nie: „Einmal benutzt = abgehakt".
- *Strukturierung:* Nummerieren Sie Ihre Markierungen, damit Sie anhand dieser Reihenfolge Ihren Vortrag gestalten können.
- *Thema/Fazit:* Themenformulierungen beinhalten häufig regelrechte Fragestellungen; bei anderen deutet die letzte Aufgabenstellung auf eine Lösung/Bewertung/Beantwortung hin. Gestalten Sie deshalb den Schluss Ihrer Ausführung mit einem klaren Fazit, in dem Sie eine eindeutig formulierte Antwort geben.

Tipps für den Vortrag

- *Zeitmanagement:* Legen Sie eine Armbanduhr neben Ihr Konzept, schreiben Sie, bevor Sie zu sprechen beginnen, den konkreten Zeitraum für Ihren Vortrag auf Ihr Konzept – so haben Sie klare zeitliche Anhaltspunkte.
- *Grobstruktur:* Nennung der Aufgabenstellung – Einleitung – Bearbeitung der Teilaufgaben – Schlussteil.
- *Leitfaden*: Nutzen Sie Ihre Anmerkungen aus dem Vorbereitungsraum.
- *Materialbezug:* Verdeutlichen Sie während des Vortrages, woher Sie Ihre Aussagen beziehen (z. B.: „Die Probleme des kernstädtischen Verkehrs werden besonders deutlich, wenn man anhand von M X das Straßennetz innerhalb der ehemaligen Stadtmauer betrachtet: Hier erkennt man …" usw.). Damit lenken Sie Blick und Gedanken aller Anwesenden so auf den Sachverhalt, wie Sie es wünschen.
- *Sprechweise:* Sprechen Sie möglichst frei und hinreichend laut. Sprechen Sie unbedingt klar und deutlich.
- *Satzbau:* Vermeiden Sie „Endlossätze", an deren Beginn Sie sich beim Sprechen selbst nicht mehr erinnern.
- *Fachsprache:* Beweisen Sie, dass Sie Ihre „Vokabeln" gelernt haben, indem Sie diese verwenden. Die Adressaten Ihres Vortrags sind Geographie-Lehrer bzw. -Lehrerinnen, also allesamt Fachleute – bedenken Sie dies!

- *Blickkontakt:* Ein gelegentlicher Blick zu Ihrem Prüfer oder zu den anderen Kommissionsmitgliedern zeugt von souveränem Umgang mit Situation und Kommunikationsregeln.
- *Logische Verknüpfung:* Verbinden Sie Ihre Gedanken durch Konjunktionen und Subjunktionen, d. h. stellen Sie sprachlich unter Beweis, dass Sie in der Lage sind, kausale Beziehungen, Wechselbeziehungen, Abhängigkeiten, Folgen, Folgerungen, Widersprüche, zeitliches Nacheinander usw. im Rahmen Ihres Vortrages zu verdeutlichen („Und … und … und …“ sind hierfür ungeeignete Satzanfänge).
- *Tafelskizze:* Manchmal ist sie geeignet, das Gesagte zu unterstützen. Dies sollte nur wenige Sekunden dauern (z. B. zwei Kurvenverläufe als Ergebnis einer vorgegebenen Tabelle). Dadurch stellen Sie Ihre methodischen Darstellungskompetenzen unter Beweis.
- *Training:* Üben Sie auch dieses Procedere mehrfach während der Qualifikationsphase – einen Teil dieser Verfahrensweisen können Sie ebenso bei Einzel- oder Gruppenvorträgen nutzen.

Training / Vorbereitung

Wenn Sie einzelne Teilaufgaben der Klausuren dieses Bandes nehmen und die hierzu passenden zwei bis vier Materialien (mehr werden es in der mündlichen Prüfung nicht sein), dann können Sie den ersten Prüfungsteil simulieren. Halten Sie die Vorbereitungszeit exakt ein, ziehen Sie zwei Kursmitglieder als fiktive Prüfungskommission hinzu und lassen Sie sich von diesen anschließend begründet rückmelden, ob sie Ihren Vortrag verstanden haben bzw. wo nicht.

8.2 Der zweite Prüfungsteil

Die zeitliche Dauer entspricht derjenigen des ersten Teils: 10–15 Minuten je nach Verlauf. In diesem zweiten Teil der Prüfung muss der Prüfer/die Prüferin das Thema aus einem anderen Kurshalbjahr der Qualifikationsphase wählen. Meistens erfolgt durch den Prüfer eine Überleitung von Ihrem Vortrag zu diesem zweiten Teil. Im weiteren Verlauf sollen Sie Ihre Kommunikationskompetenzen im Rahmen eines Fachgespräches unter Beweis stellen: Zeigen Sie sich also als gewandter Gesprächspartner, der adressatengerecht und sachkundig die Fragen und Impulse aufgreift und möglichst selbstständig und tiefgründig damit umgeht.

Tipps für das Prüfungsgespräch

- *Sprechanteil:* Je eigenständiger und umfassender Sie mit den Fragen und Impulsen umgehen, desto besser! Begnügen Sie sich nicht mit Kurzantworten, führen Sie länger aus.

- *Erfassen der Frageintention:* Achten Sie auf die Operatoren und auf fachliche Kernbegriffe! Führen Sie sinnvolle Beispiele oder Vergleiche aus dem Unterricht an, zeigen Sie Ihr Hintergrund- und Allgemeinwissen. Aber schweifen Sie nicht ab, bleiben Sie beim Thema.
- *Gesprächsaufbau durch den Prüfer:* In der Regel gestaltet der Prüfer ein solches Gespräch nach dem Prinzip „Vom Einfachen zum Schwierigen, vom Einzelfallbeispiel zum Allgemeinen/Modellhaften". Wenn Sie einen Bezug zu einer Ihnen passend erscheinenden Theorie oder zu einem aus dem Unterricht bekannten Modell selbst herstellen können: Tun Sie dies!
- *Unterrichtsbezüge:* Hintergrund aller Fragen und Impulse ist das gemeinsam aus dem Unterricht Bekannte. Stellen Sie also, wo möglich, Vergleiche zu dem im Unterricht Behandelten an, weisen Sie auf Gemeinsamkeiten und Unterschiede hin. Machen Sie somit deutlich, dass Sie den Gesprächsgegenstand der Prüfung in größere Zusammenhänge einordnen können.
- *Verständnisproblem:* Sollten Sie mit einer einzelnen Frage einmal nichts anfangen können: Verlieren Sie keine Zeit, bitten Sie an einer solchen Stelle um eine kurze ergänzende Erläuterung. Aber fragen Sie nicht bei jeder Frage nach!
- *Unterbrechungen:* Lassen Sie sich nicht irritieren. Der Prüfer möchte Ihnen entweder zurück auf den Haupt(frage)weg helfen oder den Themenschwerpunkt wechseln, was vielleicht nur daran liegt, dass die Prüfungszeit allmählich knapp wird: Werten Sie solche Unterbrechungen in jedem Fall als für Sie günstig und hilfreich.
- *Mimik und Gestik der Prüfer:* Lassen Sie sich nicht durch Äußerlichkeiten irritieren. Denken Sie daran, dass jeder Prüfer i. d. R. eine Reihe von Prüfungen nacheinander abnimmt und nehmen Sie Blicke o. Ä. nicht persönlich.

Training/Vorbereitung

Nicht jede/r aus Ihrem Geographie-Grundkurs wird Geographie als 4. Fach gewählt haben. Vereinbaren Sie mit Ihrem Kurslehrer/Ihrer Kurslehrerin mindestens einmal im Verlauf der Q2 die Simulation eines Prüfungsgespräches unter Abiturbedingungen. Ggf. können Sie mit anderen Mitgliedern Ihres Kurses wechselseitig üben; berücksichtigen Sie dabei die jeweiligen Kurshalbjahresthemen und die inhaltlichen Schwerpunkte.

Viel Erfolg!

Grundkurs Geographie (NRW) – Abiturprüfung 2013 (1)
Aufgabe 1

Thema
Nachhaltige Entwicklung durch Ansiedlung von großflächigem Einzelhandel? – Das Beispiel des Factory Outlet Centers Wertheim

Aufgabenstellung	Punkte
1. Lokalisieren Sie Wertheim und erläutern Sie die Voraussetzungen für die Ansiedlung des FOC Wertheim sowie dessen Entwicklung.	37
2. Nehmen Sie kritisch Stellung zu den Folgen des FOC Wertheim im Kontext nachhaltiger räumlicher Entwicklung.	43

Zugelassene Hilfsmittel
- der an der Schule in der Qualifikationsphase überwiegend verwendete Atlas, in einer für alle Prüflinge gleichen Auflage
- Wörterbuch zur deutschen Rechtschreibung
- Taschenrechner

Materialgrundlage

M 1 Atlaskarten nach Wahl

M 2 Wertheim und FOC Wertheim im Gewerbe- und Sondergebiet Almosenberg

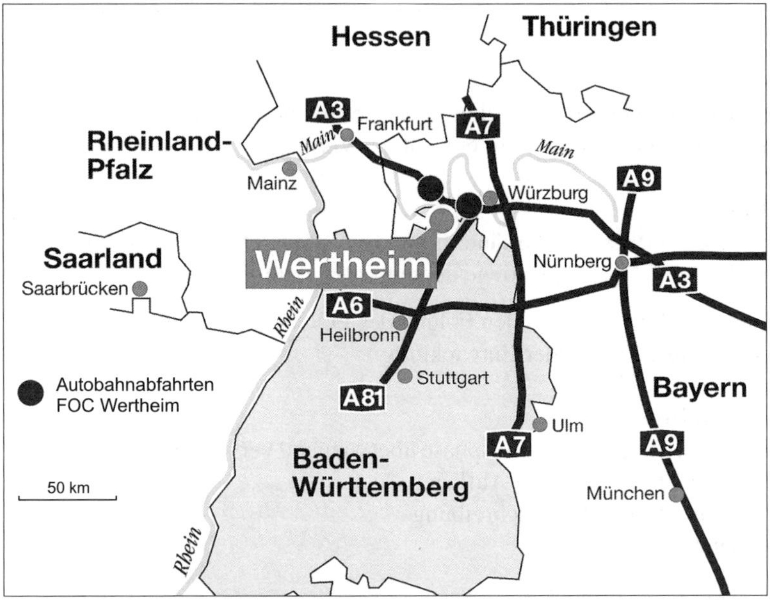

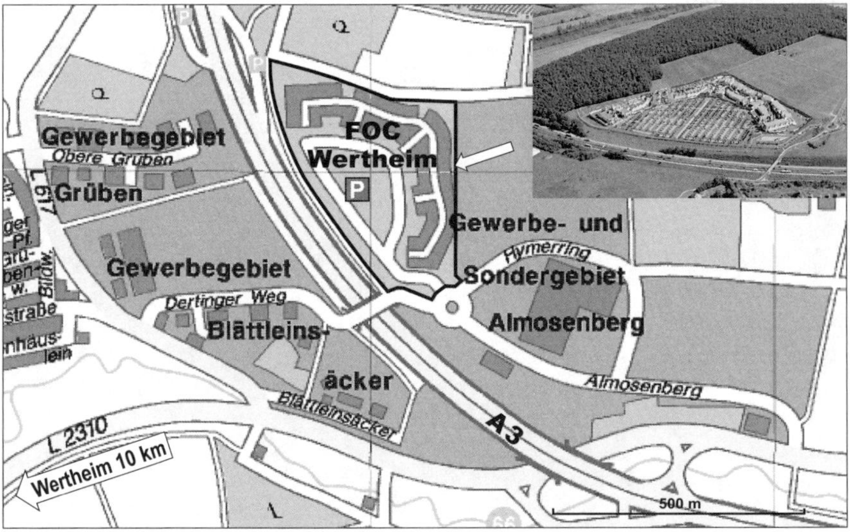

Quellen: http://www.wertheim.de/site/Wertheim/get/documents/wertheim/doks/Wirtschaftsförderung/ Anfahrtsplan_Mai_2013.pdf, Kartografie: © Städte-Verlag E. v. Wagner & J. Mitterhuber GmbH – 70736 Fellbach, www.1001-stadtplan.de

M 3 Factory Outlet Center in Deutschland

1997: Ministerkonferenz für Raumordnung: FOC beruhen auf dem „*Zusammenschluss von Herstellern über eine Betreiberorganisation*"; sie bieten „*in baulich konzentrierter Form überwiegend hochwertige Markenartikel unter Ausschaltung des Groß- und Zwischenhandels mit erheblichen Preisnachlässen direkt dem Verbraucher*" an, und zwar solche, „*die bisher das typische Sortiment des innerstädtischen Handels prägen*", mit einer „*Angliederung von Restaurants und Freizeiteinrichtungen*" sowie in Anbindung an „*touristische Attraktionen und schöne Landschaften*". Sie „*sind entsprechend der Leitvorstellung einer nachhaltigen Raumentwicklung nur in Großstädten/Oberzentren an integrierten Standorten und in stadtverträglichen Größenordnungen zulässig*"; „*negative Auswirkungen auf die [...] urbane Qualität der Städte [sind] auszuschließen*". Auf dieser Grundlage wird über Einrichtung bzw. Erweiterung eines FOC entschieden, nachdem die Gemeinde einen entsprechenden Flächennutzungsplan vorgelegt hat.

2003: Eröffnung des FOC Wertheim (12 ha) im Gewerbegebiet Almosenberg (53 ha) als drittes FOC in Deutschland mit zunächst 10 Läden, in dem „*typisch fränkischen Fachwerkstil erbaut und auf spielerische Art & Weise in die herrliche Gegend des lieblichen Taubertals integriert*" (Homepage); Einrichtung eines kostenlosen Bus-Pendelverkehrs zwischen Wertheim und dem FOC (bis 2009 insg. rd. 34 000 Fahrgäste).

Standortansprüche des international tätigen FOC-Betreibers: ca. 3 Mio. markenbewusste Kunden. Zielvorgabe: zwei FOC-Besuche pro Jahr von Besuchern mit einer Pkw-Fahrzeit von bis zu einer Stunde mit einer Aufenthaltsdauer von je 4–5 Stunden.

Gutachter prognostizieren dem Betreiber des FOC für 2010 bei Investitionen von 75 Mio. € 1,5 Mio. Besucher und 50–65 Mio. € Umsatz/Jahr, davon Käufer aus

Zone I	(= Fahrzeit < 30 Minuten ≙ < 40 km)	30–50 %,
Zone II	(= Fahrzeit 30–60 Minuten ≙ 40–80 km)	bis 25 %,
Zone III	(= Fahrzeit 60–90 Minuten ≙ 80–120 km)	bis 30 %,
Zone IV	(= Fahrzeit > 30 Minuten ≙ > 120 km)	etwa 10 %.

2011: sechs FOC in Deutschland (zum Vergleich: Spanien 15, Italien 20, Großbritannien 40)

Quelle: http://www.kommunen-in-nrw.de/mitgliederbereich/mitteilungen/detailansicht/dokument/ministerkonferenz-fuer-raumordnung-zu-factory-outlet-centern.html
sowie die bei den anderen Materialien genannte Literatur zu Wertheim (Zugriff 12. 12. 2011)

M 4 Wohlstand in Deutschland 2009 (siehe Farbabbildungen)

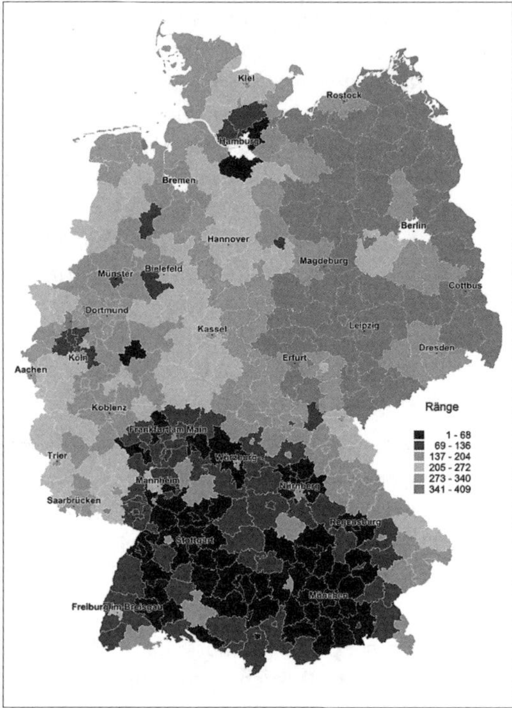

Untersucht und nach dem erreichten Rang geordnet wurden die 409 kreisfreien Städte und Kreise Deutschlands (ohne die drei Stadtstaaten) im Hinblick auf 39 ökonomische und strukturelle Indikatoren.

Quelle: IW Consult GmbH

M 5 Die Stadt Wertheim: grundlegende Daten

Gemeindefläche	2010: 13 863 ha, davon: 1 861 ha Siedlungs- und Verkehrsfläche 5 786 ha Landschafts- und Naturschutzgebiete
Einwohnerzahl	2000: 24 332 2005: 24 474 2010: 23 558 Prognose 2025: 22 517
Einrichtungen	rd. 200 Einzelhandelsbetriebe; im Altstadtkern: historischer Marktplatz, Fachwerkhäuser, Reste einer mittelalterlichen Stadtmauer und Burg; Kreisstadt: Ämter, Schulen, Archive, Museen, Mainhafen
zentralörtlicher Rang	Mittelzentrum
sozialversicherungspflichtig Beschäftigte	2000: 9 892 2010: 10 127
Steuerkraft je Einwohner (Baden-Württemberg = 100)	2000: 104 2010: 119
Tourismus	2003: 35 556 Übernachtungsgäste 2005: 49 556 Übernachtungsgäste 2010: 62 420 Übernachtungsgäste, davon rd. ein Drittel aus dem Ausland, zzgl. rd. 400 000 Tagesgäste

Quellen:
http://www.statistik-bw.de/Veroeffentl/Statistische_Berichte/3126_10001.pdf;
http://www.wertheim.de/servlet/PB/show/1271944/2006-jahresberichte_fvg.pdf;
http://www.fafo-bw.de [mit weiterführenden Links] (Zugriff jeweils 17. 11. 2011)

M 6 Das Gewerbe- und Sondergebiet Almosenberg

2004	FOC: 36 Läden, rd. 350 Arbeitsplätze; Genehmigung einer Erweiterung um 15 Läden (auf 11 800 m^2; Investitionsvolumen: 10 Mio. €) mit dann 450 Arbeitsplätzen
2006	Eröffnung von „Europas größtem Freizeitcenter" für Caravan-Urlauber (80 000 Besucher/Jahr); FOC: 73 Läden, 480 Beschäftigte (davon rd. ein Viertel Teilzeitkräfte)
2007	FOC: 97 Läden, 634 Beschäftigte (rd. ein Fünftel Teilzeitkräfte)
2009	Eröffnung eines Kletterparks (2,5 ha) auf einer angrenzenden Waldfläche
2010	FOC: Jahresumsatz 67,5–75 Mio. €; 2 Mio. Besucher; 115 Läden; 725 Beschäftigte (rd. ein Viertel Teilzeitkräfte, nahezu keine Ausbildungsplätze); Angebotsstruktur: Mode/Bekleidung 60–70 %, je ca. 10 % Schuhe/Lederwaren, Glas/Porzellan/Haushalt, Spielwaren, Sportartikel; Antrag des FOC-Betreibers auf Erweiterung von bisher 13 500 m^2 auf 19 400 m^2 Verkaufsfläche; Ankauf eines 5,5 ha großen Nachbarareals (u. a. für weitere Parkplätze); Ergebnisse eines von der Stadt Wertheim in Auftrag gegebenen Verkehrsgutachtens im Hinblick auf eine Erweiterung der Verkaufsfläche des FOC: • 8 650 statt wie bisher 7 800 Zu- und Abfahrten/Tag ins FOC an einem Werktag; in samstäglichen Spitzenzeiten ca. 1 050 Autobewegungen/Stunde; • notwendiger Ausbau der Zufahrtsstraßen
2011	Zustimmung der Gemeinde zu einem Ausbau des FOC auf 16 800 m^2, nicht durch eine Flächenausdehnung, sondern durch Nutzung bisher leer stehender oder als Lager genutzter Nebenräume; 10. Oktober: „Das Land wird [so Baden-Württembergs Ministerpräsident Kretschmann] die FOC-Erweiterungspläne in Wertheim nicht genehmigen […]. Damit steht die Landesregierung zu den Vorgaben der Landes- und Regionalplanung und in engem Schulterschluss mit dem Handelsverband sowie dem Bund Naturschutz."

Quellen:
http://www.factory-outlet-city.com/de/wertheim/center_infos.html;
http://www.textilwirtschaft.de/news/topnews/pages/Wertheim-Village-soll-groesser-werden_63715.html;
http://www.einzelhandel.de/pb/site/hde/node/1449370/Lde/index.html [Zitat] (Zugriff jeweils 12. 12. 2011)

M 7 Kundenstruktur des FOC Wertheim

Herkunft	2004 (in %)	2010 (in %)
Zone I (bis 30 min)	27,8	24,1
Zone II (30 bis 60 min)	21,1	19,6
Zone III (60 bis 90 min)	21,0	19,3
Zone IV (über 90 min)	30,1	37,0
Summe	**100,0**	**100,0**

Besucher (2010):

- Aufenthaltsdauer im FOC bei rd. 60 % 1–3 Stunden
- Nettoeinkommen bei zwei Dritteln über dem deutschen Durchschnitt

Quelle: http://www.wertheim.de/servlet/PB/show/1373479/Anlage%201_GMA_B_SO_E_110905.pdf (Zugriff 12. 12. 2011)

M 8 Entwicklung des städtischen Einzelhandels in Zentren der Umgebung

	Verkaufsfläche des Einzelhandels (m^2)			Umsätze im Einzelhandel (Mio. €)			durch das FOC abgeschöpfter Umsatz in % des jeweiligen örtlichen Umsatzes	
	2000	2005	2010	2000	2005	2010	2005	2010
Würzburg	73 000	k. A.	94 800	339,1	312,0	383,9	1,7	1,3
Aschaffenburg	48 000	k. A.	62 600	170,2	170,0	206,1	0,8	0,9
Wertheim (ohne FOC)	7 000	6 200	7 100	24,2	23,0	24,8	1,5	2,3
Tauber-bischofsheim	5 600	k. A.	4 940	19,7	17,5	15,4	0,6	1,5
Miltenberg	6 900	6 100	7 050	24,5	22,6	22,9	0,7	0,7
zum Vergleich: Deutschland insgesamt	106 Mio.	114 Mio.	122 Mio.	376 Mrd.	362 Mrd.	362 Mrd.		

Quellen:
http://www.wertheim.de/servlet/PB/show/1373479/Anlage%201_GMA_B_SO_E_110905.pdf;
http://kpmg.de/docs/trends_im_handel_2010_de.pdf (Zugriff jeweils 17. 11. 2011)

Die Aufgabe bezieht sich auf die folgenden **inhaltlichen Schwerpunkte:**

- Verkehrs- und Kommunikationsnetze in ihrer Bedeutung für die Verflechtung und Gestaltung von Räumen
  - Prinzipien der Standortverlagerung und der Beschaffungslogistik
- Siedlungsentwicklung in Abhängigkeit von soziokulturellen und politischen Leitbildern
  - Zentralität als Ausdruck funktionaler Verflechtungen: Strukturen und Raumordnungsziele, einschließlich modellhafter Darstellungen

Lösungsvorschlag

Teilaufgabe 1

Der Operator „erläutern“ (Anforderungsbereich II) verlangt, dass Sie aus dem Material entnehmbare Zusammenhänge verdeutlichen. In dieser Teilaufgabe sollen Sie im Anschluss an die räumliche Einordnung darlegen, welche Standortfaktoren die Ansiedlung des FOC Wertheim begünstigt haben und wie es sich bisher entwickelt hat (M 1–M 6).

Lage

Die Mittelstadt Wertheim liegt an der Mündung der Tauber in den Main, der an dieser Stelle die Landesgrenze zwischen Baden-Württemberg und Bayern bildet. Nur 20 km westlich verläuft die Landesgrenze zu Hessen. Die Stadt befindet sich in erreichbarer Nähe der Zentren Würzburg (30 km), Darmstadt (65 km), Offenbach (65 km), Heilbronn (70 km), Heidelberg (70 km), Frankfurt a. M. (80 km), Fulda (100 km), Pforzheim (105 km), Erlangen (110 km), Nürnberg (120 km) und Stuttgart (120 km), die somit allesamt innerhalb der Erreichbarkeitszonen I–IV des Factory Outlet Centers (FOC) Wertheim liegen (M 1, M 3).

Lokale Gegebenheiten

Das 2003 **als drittes in Deutschland eröffnete FOC Wertheim** liegt 10 km nordöstlich der Stadt im 53 ha großen Gewerbe- und Sondergebiet Almosenberg, inmitten eines bis dato ausschließlich land- und forstwirtschaftlich genutzten Gebietes mit hinreichend angrenzender Flächenreserve, benachbart zu weiteren Gewerbegebieten jenseits der A3. Das FOC ist von der Stadt Wertheim aus direkt erreichbar über den Dertinger Weg und zusätzlich verkehrsmäßig angebunden durch einen kostenlosen Bus-Pendelverkehr, der intensiv genutzt wird. Es weist eine für FOCs typische „baulich konzentrierte Form“ (Fläche: 12 ha) sowie den „typisch fränkischen Fachwerkstil“ auf (M 3) und passt sich damit in die touristisch stark frequentierte Urlaubsregion des Main- und Taubertals ein. Die ca. 62 000 Übernachtungsgäste (2010) sowie ca. 400 000 jährlichen Tagesgäste, die u. a. auch wegen der **Attraktivität der Stadt Wertheim** kommen dürften, stellen ein zusätzliches Käuferpotenzial dar (M 5).

Verkehrsmäßige Anbindung

Das FOC ist unmittelbar an der A 3 gelegen, ca. 1 km von der nächsten Autobahnabfahrt entfernt und durch die L 2310 sowie die L 617 an das regionale und lokale Straßennetz angebunden (M 2). Überregional ermöglichen die weiteren Autobahnen A 6, A 81 und A 7 gute Verbindungen vor allem nach Süden innerhalb eines zeitlichen Radius von 1–1½ Stunden Fahrzeit per Pkw; aus diesem **Einzugsgebiet** stammt die von den Gutachtern benannte Zielgruppe der 1,5 Mio. Einkaufspendler (M 2, M 3). Diese südlichen Einzugsbereiche zählen zu den **kaufkräftigsten Städten und Kreisen Deutschlands**, die allesamt obere Plätze im bundesdeutschen Wohlstandsranking einnehmen (M 4).

Somit erfüllte das FOC Wertheim von Anfang an diejenigen Vorgaben der Ministerkonferenz für Raumordnung aus dem Jahr 1997, in der konkrete Aussagen zu Größe, Baustil, Warenangebot und Preisstruktur ebenso ausgewiesen sind wie solche zur Einbettung in die Landschaft, zu ergänzenden Freizeiteinrichtungen und zum gastronomischen Angebot.

Entwicklung bis 2010

Die Verträglichkeit mit den traditionellen städtischen und gewerbemäßigen Strukturen gehört jedoch ebenso zu den Genehmigungsvoraussetzungen auf der Grundlage vorgelegter Flächennutzungspläne (M 3). Wertheim hat eine Einwohnerzahl von ca. 24 000 bei leicht abnehmender Tendenz seit 2000 und den Status eines Mittelzentrums. Das FOC Wertheim erfüllt daher nicht die zentralörtliche Bedingung, „nur in Großstädten/Oberzentren an integrierten Standorten und in stadtverträglichen Größenordnungen" genehmigt werden zu können. Möglicherweise ist die relativ große Entfernung zu Großstädten außer Würzburg ein Grund für diese Ausnahme (M 1, M 2).

Betrachtet man die **Entwicklung des FOC** seit der Eröffnung, so fallen zum einen die mehrfache Flächenerweiterung, die stetige Zunahme an Läden von ursprünglich 36 auf 115 im Jahr 2010 auf, zum anderen das hiermit zusammenhängende wachsende Angebot an Freizeiteinrichtungen. Nach und nach entstanden ein Caravan-Zentrum mit 80 000 Besuchern jährlich (2006) und ein Kletterpark auf einer angrenzenden 2,5 ha großen Waldfläche (2009).

Unter den genannten Gesichtspunkten scheint das FOC Wertheim ein Erfolg zu sein.

Teilaufgabe 2

Der Operator „nehmen Sie kritisch Stellung" (Anforderungsbereich III) fordert von Ihnen eine reflektierte Auseinandersetzung mit den von Ihnen aufgezeigten Sachverhalten. Sie sollen abwägen, ob die Ansiedlung des FOC Wertheim einen Beitrag zur nachhaltigen Entwicklung in der Region leistet (M 2–M 8).

Positive ökonomische Folgen

In ökonomischer Hinsicht ergeben sich zwischen 2003 und 2010 erkennbar positive Folgen durch die Errichtung des FOC Wertheim: Die Errichtung der Gesamtanlage und die jeweiligen Erweiterungen haben sich positiv auf die Beschäftigungs- und Auftragslage des Bausektors ausgewirkt. Die **Zunahme der Geschäfte** hat zu einem Anwachsen der Arbeitsplätze geführt, wobei allerdings seit 2007 der Zuwachs der Arbeitskräfte überproportional aus Teilzeitkräften besteht. Zudem fällt auf, dass es kaum Ausbildungsplätze gibt, was unter Nachhaltigkeitsaspekten negativ zu bewerten ist (M 6). Die Anzahl der sozialversicherungspflichtig Beschäftigten in Wertheim ist seit 2000 um 2,4 % gestiegen, die **Steuerkraft** hat erkennbar zugenommen (Index 104 : 119). Somit ist das gesamte Steueraufkommen der Gemeinde Wertheim in dieser Zeit deutlich gewachsen, wozu neben dem Warenverkauf auch die Umsätze in der Gastronomie und im angegliederten Freizeitbereich beigetragen haben, u. U. auch die zahlenmäßig gestiegene Anzahl von Urlaubern/Übernachtungsgästen (M 5, M 6).

Negative Auswirkungen im regionalen Umfeld

Der ortsansässige **Einzelhandel in Wertheim** und den nahe gelegenen Gemeinden Tauberbischofsheim und Miltenberg hat unter der Ansiedlung des FOC in geringem Umfang gelitten. So sind dort die Verkaufsflächen bis 2005 insgesamt geschrumpft, aber in Wertheim und Miltenberg eventuell im Zuge einer geänderten Verkaufs- und Marktstrategie bis 2010 über den ursprünglichen Wert wieder angestiegen. In Relation zum Bundesdurchschnitt ist der Umsatz in Miltenberg und Tauberbischofsheim überdurchschnittlich zurückgegangen, wofür eine Abschöpfung des Umsatzes durch das FOC Wertheim um 0,7 bzw. 1,5 % mit die Ursache ist, da sich ein Teil des in der Breite eingeschränkten Warenangebots des FOC sicherlich mit demjenigen in diesen Orten deckt, z. B. Glas/Porzellan/Haushalt (M 6, M 8). In Wertheim selbst bietet die Zugkraft des FOC für den ortsansässigen Einzelhandel die Chance, Käufer in den Ortskern zu ziehen, die ansonsten Wertheim zum Einkaufen nicht aufgesucht hätten. Die positiven Verkaufsflächen- und Umsatzzahlen ab 2005 scheinen dies zu bestätigen (M 8).

Zwischen den **Prognosen** der Gutachter im Hinblick auf Quellgebiete, Besucherzahlen und Verweildauer im FOC Wertheim und den tatsächlichen statistischen Werten des Jahres 2010 gibt es erkennbare Unterschiede: So ist die Anzahl der aus dem Nahraum und den Zonen II und III einpendelnden FOC-Besucher deutlich unter den Prognosewerten geblieben. Allerdings ist der relative Anteil der von weiter her (Zone IV) kommenden Besucher 2010 mit 37 % fast viermal so hoch wie erwartet. Die durchschnittliche Verweildauer liegt in etwa im erwarteten Bereich, wobei Kurzaufenthalte von 1–3 Stunden gegenüber längeren Aufenthalten leicht überwiegen. Hierbei ist die **Kaufkraft der FOC-Besucher** wie erwartet überdurchschnittlich hoch verglichen mit dem Bundesdurchschnitt (M 7). Sowohl die **Besucherzahl** mit 2 Mio. als auch der **Jahresumsatz** mit 67,5–75 Mio. € im Jahr 2010 übertrifft die Prognosen der Gutachter aus dem Jahr 2003 (M 3).

Negative ökologische Begleiterscheinungen

In ökologischer Hinsicht bedeutet die hohe Frequentierung des FOC eine deutlich höhere Belastung für die benachbarten Anwohner und die gesamte Gemeinde: Die gestiegene Nachfrage nach Parkplätzen verdeutlicht das **Verkehrsproblem**, das sich auch auf den Zufahrtswegen in überfüllten Straßen, hohem Verkehrsaufkommen (= Lärmbelastung) und hohem Schadstoffausstoß (= Luftbelastung) bemerkbar macht. Für 25 % weniger Besucher ausgelegt überschritt das FOC Wertheim bereits im Jahr 2010 die Auslastungsgrenzen. Straßenausbau und Parkplatzerweiterungen mit dem hierfür notwendigen Flächenverbrauch sind die Folge, **Flächenversiegelung** und **Landschaftszersiedelung** ebenfalls (M 2, M 6).

Lokal und regional unterschiedliche Perspektiven

So überrascht es nicht, dass einem weiteren Antrag des FOC-Betreibers aus dem Jahr 2010 auf **Flächenerweiterung** um ca. 40 % auf dann 19 400 m^2 von der Landesregierung keine Zustimmung erteilt wurde, sowohl aus raumplanungs- als auch speziell aus Naturschutzgründen (M 6). Gleichwohl wird die Belastung im Zuge einer durch die Gemeinde genehmigten Verdichtung steigen, die nämlich einer Nutzungsintensivierung auf den bereits bestehenden Flächen zugestimmt hat. Hier konkurrieren zwei Zielstellungen miteinander, die zum einen den lokalen ökonomischen Zugewinn im Blick haben, zum anderen den regionalen Interessensschutz und Ausgleich. Inwiefern eine intensivere Auslastung des bisherigen Standortes dessen Attraktivität steigert oder gefährdet, muss abgewartet werden.

Die bisherigen **Gesamtentwicklungen** im Raum Wertheim ergeben eine unterschiedliche Bewertung der Teilbereiche Ökonomie, Ökologie und Soziales. Ebenso zeigen sich unterschiedliche Konsequenzen für verschiedene Gemeinden in Abhängigkeit von deren räumlicher Entfernung zu Wertheim. **Aufgabe der Regional- und Raumplanung** wird es sein, nicht nur die ökonomischen Vorteile durch das FOC in und für Wertheim im Blick zu behalten, sondern die gesamträumlichen Auswirkungen, die vom Standort des FOC Wertheim ausgehen. Fazit

Grundkurs Geographie (NRW) – Abiturprüfung 2013 (2)
Aufgabe 2

Thema

Tourismus als Baustein einer zukunftsfähigen Entwicklung peripherer Räume? – Das Beispiel Grönland

Aufgabenstellung

	Punkte
1. Lokalisieren Sie Grönland und kennzeichnen Sie Gunst- und Ungunstfaktoren für eine touristische Nutzung der Insel.	24
2. Erläutern Sie Entwicklung, Struktur und wirtschaftliche Bedeutung des Tourismus in Grönland.	28
3. Erörtern Sie die Perspektiven des Grönlandtourismus.	28

Zugelassene Hilfsmittel

- der an der Schule in der Qualifikationsphase überwiegend verwendete Atlas, in einer für alle Prüflinge gleichen Auflage
- Wörterbuch zur deutschen Rechtschreibung
- Taschenrechner

Materialgrundlage

M 1 Atlaskarten nach Wahl

M 2 Steckbrief Grönland

- Landfläche: 2,17 Mio. km^2, davon 2011 eisfrei: 0,41 Mio. km^2
- Pflanzenwelt: überwiegend Gebirgs- und Tundren-Vegetation; Vegetation sehr trittempfindlich; Boden im Sommer tiefgründig auftauend
- Tierwelt: fischreiche Meere, in denen zudem Robben, Walrosse und Wale leben; ebenso fischreiche Binnengewässer (u. a. Forellen); an Land u. a. Eisbären, Polarfüchse, Polarwölfe, Rentiere, Moschusochsen, Lemminge und über 50 Vogelarten
- Nationalpark Grönland: im Nordosten der Insel gelegen; Größe 0,97 Mio. km^2
- Ilulissat-Fjord mit dem Sermeq-Kujalleq-Gletscher seit 2004 UNESCO Weltnaturerbe
- Einwohnerzahl: 56 676 (Januar 2003); 56 749 (Januar 2012), davon 16 181 in Nuuk
- Migrationssaldo: 2003 bis 2011 in allen Jahren negativ; Höchstwert: –566 Personen (2007)
- Ethnische Gruppen: Inuit 88 %, Dänen und andere 12 % (2010)
- Historische Entwicklung:
  1721–1953/1979 Grönland dänische Kolonie/Provinz
  1979–2009 Selbstverwaltung und innere Autonomie
  ab 21. 06. 2009 weitgehende Eigenständigkeit; nur Außen- und Verteidigungspolitik bleiben in dänischer Verantwortung
- Abwasserklärung: Abwasser wird über beheizbare Leitungen ungeklärt ins Meer geleitet
- Müllentsorgung: Müll wird in der Regel in Deponien endgelagert, seltener verbrannt; Schrott und Sondermüll wird zur Entsorgung nach Dänemark verschifft
- Dauer von Abbauprozessen in Grönland: organisches Material (z. B. Biomüll) weniger als 5–10 % pro Jahr; Dauer der Zersetzung von in Wasser eingeleitetem Erdöl: mehrere Jahre (in wärmeren Regionen dauert dies mehrere Monate)

Quellen:
Lindner, Paul; Exklusive Einsamkeit. In: Praxis Geographie 41 (2011) H. 10, S. 50;
Statistics Greenland: Greenland in Figures 2012;
http://www.stat.gl/dialog/main.asp?lang=en&version=2012&link=GF&subthemecode=o1&colcode=o
(Zugriff 23. 06. 2012)

M 3 Klima Grönlands

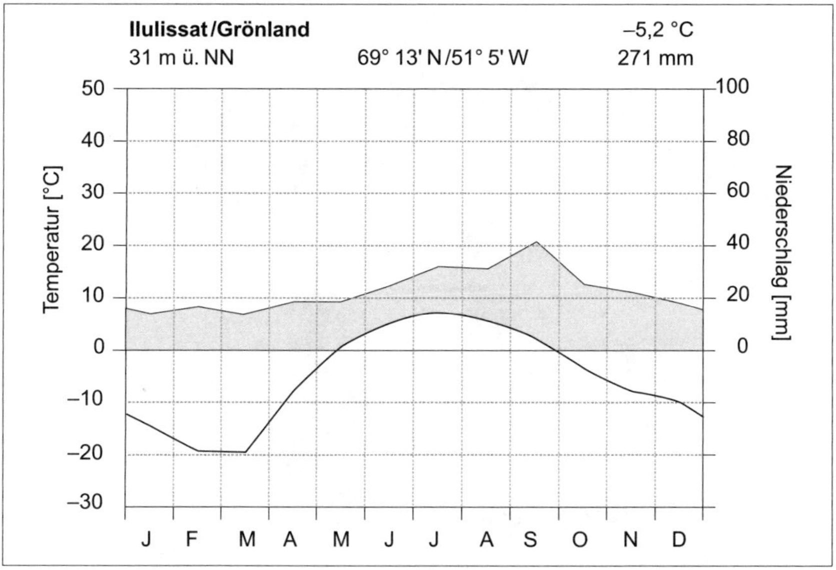

Dauer des Polartages

Nördliche Breite	Tage ohne Sonnenuntergang (= Polartag)
66,5°	1
70°	65
80°	145

Quellen:
© 2002 Schroedel Verlag GmbH, Hannover, Datenquelle: CLIMATE 1. The Global Climate Data Atlas; Müller, Manfred J.: Handbuch ausgewählter Klimastationen der Erde. Trier 1996, S. 378 und 380; htttp://www.greenlandicu.de/Winter/polarlicht.html; http://dbbm.fwu.de/fwu-db/presto-image/beihefte/46/024/4602499.pdf (Zugriff jeweils 02. 06. 2012)

M 4 Touristische Aktivitäten auf Grönland (Auswahl)

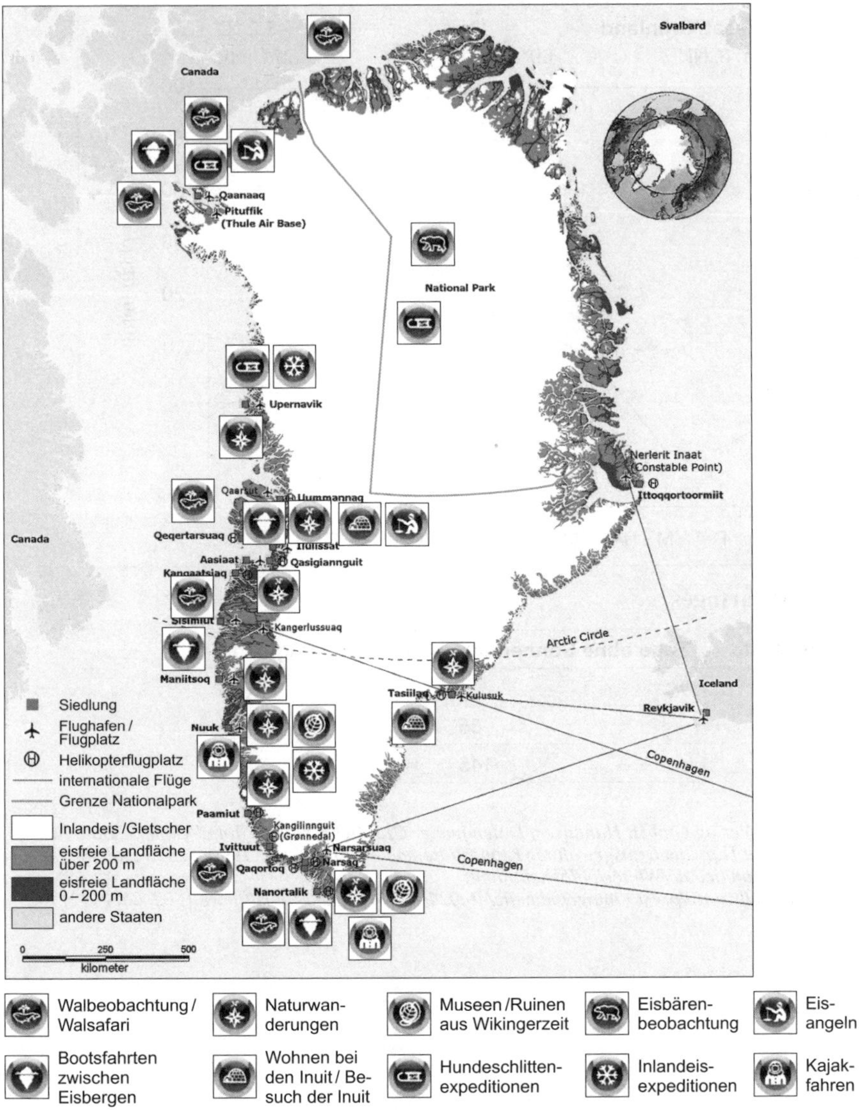

Quellen (verändert): Basiskarte: http://www.nationsonline.org/oneworld/map/greenlandmap2.htm (Zugriff 12. 7. 2012); Touristische Aktivitäten – Barth, Sabine: Grönland. Ostfildern: DuMont Reiseverlag 2012; Diebold, Alfred: Nordmeerkreuzfahrten und Hurtigruten. Berlin: Trescher Verlag 2011, S. 221–285; Lindner, Paul: Exklusive Einsamkeit. In: Praxis Geographie 41 (2011) H. 10, S. 48

M 5 Tasiilaq – ein typischer Touristenort auf Grönland

Ortschaft Tasiilaq mit Pensionen und Ferienwohnungen

Das einzige Hotel in Tasiilaq

Kreuzfahrtschiff im Hafen von Tasiilaq

Quellen: http://www.americapictures.net/wp-content/uploads/2012/07/ Tasiilaq-Housing-Photo-Greenland.jpg (Zugriff 10. 09. 2012), Chrissy from Chicago, USA; http://commons.wikimedia.org/wiki/File:Tasiilaq_Greenland_-_hotel.jpg?uselang=de,
 www.americapictures.net/wp-content/uploads/2012/07/Tasiilaq-Harbour-Pier-Greenland.jpg (Zugriff 10. 09. 2012)

M 6 Daten zum Grönland-Tourismus

Ankünfte ausländischer Touristen

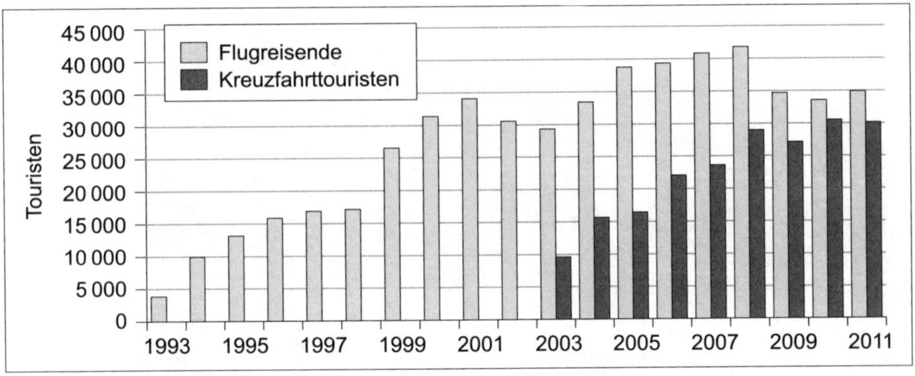

Anmerkung: Vor 2003 keine Angaben zu Kreuzfahrttouristen verfügbar

Merkmal	Anteile (in %)	
Herkunft der Grönland-Touristen (2011)	Dänemark	59,6
	Deutschland	6,1
	USA	4,7
	Sonstige Staaten	29,6
Zeitliche Verteilung der Ankünfte ausländischer Touristen auf Grönland (2011)	Januar – März	14,4
	April – Juni	28,3
	Juli – September	47,1
	Oktober – Dezember	10,2
Verteilung der Grönland-Touristen nach Unterkunftsarten (2007)	Privatunterkünfte	36
	Hotels / Seemannsheime	26
	Zelt / Hütte	12
	Sonstiges*	26
Altersstruktur der Grönland-Touristen (2008)	unter 20 Jahre	4
	20 – 39 Jahre	28
	40 – 59 Jahre	42
	60 Jahre und älter	26
Aufenthaltsdauer	im Durchschnitt 15 Tage (im Sommer länger, im Winter kürzer)	

* Jugendherbergen; Hochschulen, die ihre Zimmer im Sommer an Touristen vermieten; Schiffe usw.

Kosten (Beispiele 2012)

- „Höhepunkte Grönlands" per Postschiff oder Flug – 13 Tage – ab 4 859 €
- Kreuzfahrt ab Travemünde (inkl. Island) – 20 Tage – 4 995 bis 16 930 €

Quellen:
Seghorn, Tima: Analyse der touristischen Marketingplanung der Destination Grönland. München: Grin Verlag 2007, S. 56;
http://www.fs.fed.us/rm/pubs/rmrs_p026/rmrs_p026_043_053.pdf (Zugriff 02. 06. 2012);
http://www.stat.gl/pub/en/TR/2010/content/Tourism.htm;
http://www.slideshare.net/Timothy212/market-analysis-of-tourism-20062007 (Zugriff jeweils 12. 07. 2012)

M 7 Eckdaten der grönländischen Wirtschaft

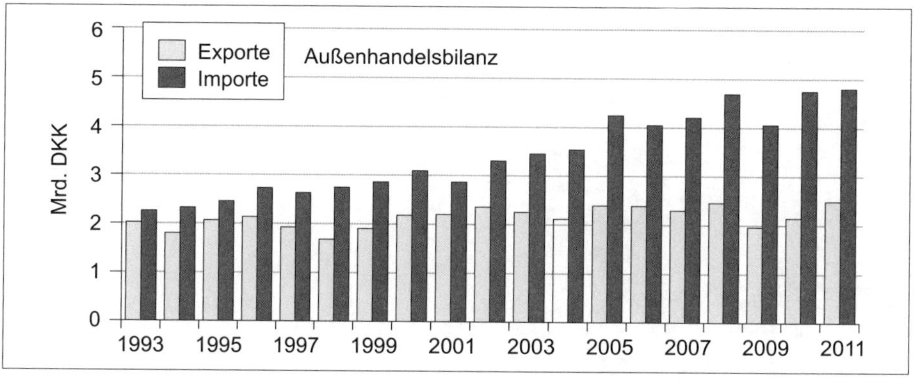

Anmerkungen:
DKK = Dänische Krone (Währung in Grönland; 1 DKK = 0,135 € [März 2012])
Der Anteil von Fisch und sonstigen Meerestieren am Export liegt seit 1993 stets über 90 %, z. B. 2011: 92,5 %
Importe beinhalten auch Nahrungs- und Genussmittel, Pflegeprodukte usw. für Touristen

Beschäftigungsstruktur 2010

Landwirtschaft, Jagd, Fischfang	Bergbau, Industrie und Bausektor	Handel, Hotels und Restaurants	Verkehr (inkl. Touristentransporte)	Sonstige Dienstleistungen (inkl. öffentlicher Dienst)
4,9 %	13,3 %	20,8 %	8,5 %	52,5 %

Anmerkung: Gesamtbeschäftigtenzahl 2010: 28 386

Verfügbares Bruttoinlandsprodukt Grönlands*

Landwirtschaft, Jagd, Fischfang	Bergbau, Industrie und Bausektor	Handel, Hotels und Restaurants	Verkehr (inkl. Touristentransporte)	Sonstige Dienstleistungen (inkl. öffentlicher Dienst)	Zuschüsse Dänemarks
7 %	13 %	9 %	10 %	38 %	23 %

* Erwirtschaftetes BIP (1,53 Mrd. €) + Zuschüsse Dänemarks (0,47 Mrd. €) = verfügbares BIP (2 Mrd. €)

Quellen:
http://bank.stat.gl;http://unstats.un.org/unsd/snaama/resCountry.asp; Statistics Greenland: Greenland in Figures 2012, http://www.stat.gl/dialog/main.asp?lang=en&version=2012&link=GF&subthemecode=o1&colcode=o (Zugriff jeweils 10. 09. 2012);Lindemann, Rolf: Kalaallit Nunaat – „Das Land der Grönländer". In: Praxis Geographie 41 (2011) H. 12, S. 9

M 8 Bodenbedeckung und Eisschmelze in Grönland (siehe Farbabbildungen)

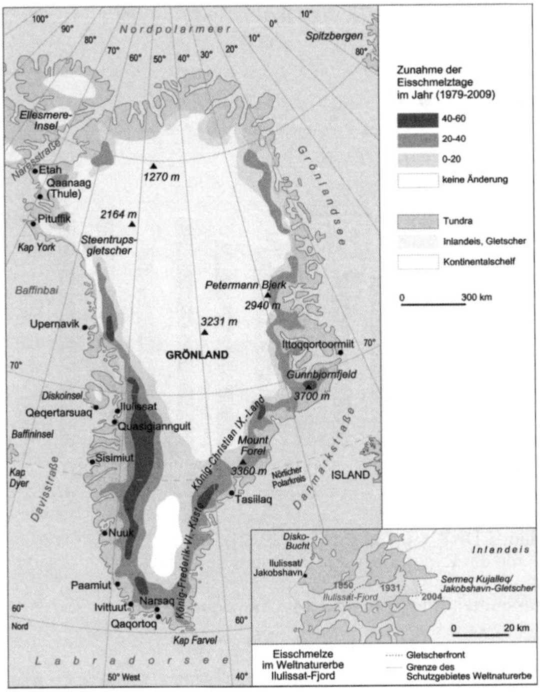

Quelle: © cartomedia, Karlsruhe

Die Aufgabe bezieht sich auf die folgenden **inhaltlichen Schwerpunkte:**

- Das Spannungsfeld von Landschaftszerstörung und -bewahrung im Zusammenhang mit Freizeitgestaltung
  - Standortfaktoren für unterschiedliche Tourismusformen
  - Formen angepassten und sanften Tourismus
- Tertiärisierung als Motor für die räumliche Verteilung von Arbeitsplätzen und Warendistribution
  - Wirtschaftsfaktor Fremdenverkehr in seiner Bedeutung für Zielregionen

Lösungsvorschlag

Teilaufgabe 1

Der Operator „kennzeichnen" (Anforderungsbereich II) verlangt, dass Sie einen Raum oder einen Sachverhalt auf der Grundlage bestimmter Kriterien begründet charakterisieren. In dieser Teilaufgabe sollen Sie im Anschluss an die räumliche Einordnung darlegen, welche Voraussetzungen eine touristische Nutzung Grönlands ermöglichen bzw. erschweren (M 1–M 6).

Lage

Peripher zum europäischen und nordamerikanischen Kontinent **gelegen** weist Grönland große Entfernungen zu den Metropolen und Staaten der nördlichen Halbkugel auf: Ca. 3 000 km sind es von der Südspitze bis London, 3 500 km bis Berlin oder Lissabon, 4 500 km bis Moskau, 2 500 km bis zum kanadischen Montreal, 3 000 km bis New York (M 1). Für Touristen **erreichbar** ist die Insel somit fast ausschließlich **per Flugzeug**. Direkte Fluglinien von Island (Reykjavik) und Dänemark (Kopenhagen) gibt es zu fünf bzw. zwei Flughäfen, die allesamt an der Küste der Südhälfte liegen. Flughäfen/Flugplätze in der Nordhälfte wie Upernavik oder Qaanaaq oder kleinere im Süden sind nur per Inlandflug zu erreichen (M 4).

Bis auf die Südspitze Kap Farvel liegt Grönland nördlich des 60. nördl. Breitengrades und reicht bei Kap Morris Jesup weit über den 80. nördl. Breitengrad hinaus (M 1, M 8). Die seit 2009 **überwiegend selbstständige Insel**, nur noch außen- und verteidigungspolitisch zu **Dänemark** gehörend, reicht im Westen bei Etah fast bis an die kanadischen Ellesmere-Inseln bei ca. 73 w. L., nur getrennt durch die etwa 50 km breite Naresstraße (M 8). Baffinbai im Westen, Labradorsee im Süden, Danmarkstraße im Südosten, Grönlandsee im Osten sowie das Nordpolarmeer umschließen die Insel, die nördlich des Nördlichen Polarkreises bis auf die Küstengebiete mit Inlandeis bedeckt ist (M 1).

Natürliche Gegebenheiten als Standortfaktor

Diese großen **Inlandeisflächen und Gletscher**, die mehr als 80 % der Landfläche ausmachen, sowie weitere natürliche Gegebenheiten sind die eigentlichen touristischen Attraktionen; dazu gehören Naturerscheinungen wie Polartag und Polarlichter während der Polarnacht, die besondere **Flora und Fauna** an Land und im Meer, **Buchten und Fjorde** wie der Ilulissat-Fjord, seit 2004 UNESCO-Weltnaturerbe, **Eisberge** und nicht zuletzt der Nationalpark im Nordosten der Insel, der sich auf ca. 40 % der Landmasse erstreckt. Kein Wunder, dass Wal- und Eisbärenbeobachtungen,

Naturwanderungen, Inlandeisexkursionen und Hundeschlittenexpeditionen, Bootsfahrten zwischen Eisbergen und Kajakfahren oder Eisangeln und Wohnen bei den Inuit touristische Attraktionen darstellen (M 2 bis M 4).

Ungünstige Verkehrsinfrastruktur und hohe Preise

Über ein geschlossenes Straßennetz verfügt die Insel nicht; der Transport ist von daher schwierig, die Erreichbarkeit unterschiedlicher Standorte ohne Benutzung des Flugzeuges eher schlecht bzw. sehr zeitaufwändig. Aufgrund der Temperaturen im Winterhalbjahr, die bereits auf 69° n. Br. wie in Ilulissat zwischen September und Mai durchschnittlich unter 0 °C aufweisen, ist die **touristische Hauptsaison auf max. vier Monate beschränkt**; der eigentliche Schwerpunkt liegt im dritten Quartal (M 3). Lage und Aussehen der Hotels und Unterkünfte wirken wenig attraktiv (M 5). Berücksichtigt man zudem den Preis für einen zweiwöchigen Urlaub mit Transport per Postschiff oder Flugzeug bzw. eine dreiwöchige Kreuzfahrt, so reduziert sich der Kreis möglicher Grönland-Touristen. Die im Vergleich mit mittelmeerischen Zielgebieten oder solchen in der Südsee niedrigen Besucherzahlen spiegeln diese **Ungunstfaktoren** ebenso wider wie die im globalen Vergleich mit anderen Destinationen niedrigere Verweildauer (M 6).

Teilaufgabe 2

Der Operator „erläutern“ (Anforderungsbereich II) verlangt von Ihnen, dass Sie die aus dem Material entnehmbaren Zusammenhänge verdeutlichen. In dieser Teilaufgabe sollen Sie aufzeigen, wie sich der Tourismus auf Grönland entwickelt hat, welche Strukturmerkmale er besitzt und welchen Beitrag zur Gesamtwirtschaft er leistet (M 1–M 7).

Entwicklung von Art und Umfang des Tourismus

In der **Anfangsphase des Tourismus** zwischen 1993 und 1998 waren max. knapp 17 000 Besucher jährlich zu verzeichnen, die fast ausschließlich per Flugzeug reisten. Danach stieg der Tourismus sprunghaft an bis auf den Höchstwert im Jahr 2008 mit 70 000 Besuchern, wovon fast 30 000 als Kreuzfahrttouristen die Insel ansteuerten. Der **Kreuzfahrttourismus** stellt den neuesten Trend dar; er trat erstmals 2003 mit 10 000 Urlaubern pro Jahr deutlich in Erscheinung und bewegt sich seit 2008 um 30 0000 jährlich. Insgesamt zeigen sich Schwankungen seit 2008, die wahrscheinlich den weltwirtschaftlichen Entwicklungen geschuldet sind (M 6). Gleichwohl liegt die Gesamtzahl der jährlichen Besucher deutlich über der Anzahl der grönländischen Einwohner, die seit 2003 bei nur knapp 57 000 stagniert (M 2).

Beherbergungsangebot und Zielgruppen

Der **Großteil der Touristen** kommt quasi aus dem Inland, d. h. **aus Dänemark** (fast 60 %); weitere größere touristische Kontingente weisen Deutschland (6,1 %) und die USA (4,7 %) auf. Die neben den Kreuzfahrern überwiegend als Abenteuertouristen einzustufenden Urlauber wohnen vor allem in Privatunterkünften, Zelten und Hütten (fast 50 %), weniger in Hotels und Seemannsheimen (26 %). Der private Sektor hat mit fast 40 % insgesamt einen nicht unerheblichen Anteil an der Unterbringung der Gäste (M 6). In Anbetracht des Hochpreissegmentes erstaunt es nicht, dass das Alter der Grönlandtouristen überdurchschnittlich hoch ist: Die über 40-Jährigen machen fast 70 % aus, der Anteil der über 60-Jährigen liegt bei 26 %. Der hohe Stellenwert von **Naturerfahrung und -erlebnis** passt zu dieser Zielgruppe.

Tourismus als unverzichtbarer Wirtschaftsbereich

Trotz der geringen Besucherzahlen hat der Tourismus für Grönland eine große Bedeutung. So machen unmittelbar und mittelbar mit dem Tourismus zusammenhängende Beschäftigungsbereiche mehr als 80 % aus. Das verfügbare BIP stammt zu 57 % aus dem tertiären Sektor – größtenteils aus Einnahmen durch den Tourismus. Die geringen Beschäftigungsanteile des primären und sekundären Sektors machen deutlich, dass es zum Tourismus eigentlich keine Alternative gibt – die hohen jährlichen Zuschüsse Dänemarks unterstreichen dies (M 7). Auch die Entwicklung der Außenhandelsbilanz zwischen 1993 und 2011 lässt erkennen, dass Grönland auf Einnahmen aus dem Tourismus angewiesen ist: Das jährliche Handelsdefizit ist bis auf Ausnahmen seit 1998 stetig gestiegen und hat 2010 mit 4,8 Mrd. DKK den seit 1993 um 2,3 Mrd. DKK mehr oder weniger stagnierenden Exportwert um mehr als das Doppelte überstiegen (M 7).

Teilaufgabe 3

Der Operator „erörtern“ (Anforderungsbereich III) verlangt von Ihnen das begründete Abwägen zwischen Pro und Kontra mit dem Ziel einer eigenen Urteilsbildung am Schluss. In dieser Teilaufgabe wird von Ihnen ein Urteil erwartet bezüglich der Frage, ob der Tourismus auf Grönland ein Baustein einer zukunftsfähigen Entwicklung sein kann (M 2–M 8).

In Anbetracht der Größe des Raumes und der bisher nur geringen jährlichen Touristenzahl erscheint eine **nachhaltige Nutzung** durch Tourismus möglich. Seine Ausweitung stößt jedoch im Hinblick auf Klima und Bodenbeschaffenheit an natürliche Grenzen. Zwar weist die Insel eine große Anzahl natürlicher Attraktionen auf, z. B. trägt die Ernennung zum **Weltnaturerbe** oder die **Einrichtung eines Nationalparks** zur Attraktivitätssteigerung bei. Der „Markt" für solche Angebote ist jedoch klein, das notwendige finanzielle Urlaubsbudget ein deutliches Hemmnis für den Großteil der potenziellen Touristen. Nicht zuletzt wirken sich negative globale ökonomische Entwicklungen unmittelbar auf den Tourismussektor aus, erst recht auf ein solch hochpreisiges Segment. Der Kreuzfahrttourismus mit seiner fast durchgängig positiven Entwicklung bietet Aussicht auf weiteren Erfolg, zumal die ökologische Gesamtbelastung hierdurch eher gering ausfällt.

Naturausstattung als Schwäche – Kreuzfahrttourismus als Chance

Unklar ist, wie sich die **Folgen eines möglichen Klimawandels** auf den Tourismus auswirken werden: Bereits bis 2009 war anhand der Zunahme der Eisschmelztage erkennbar, dass vor allem im Süden in der Nähe der Hauptstandorte des Tourismus die natürlichen Grundlagen der Insel in Gefahr gerieten. Die Front des Jakobshavn-Gletschers zog sich im Weltnaturerbe Ilulissat-Fjord bis 2004 um 25 km gegenüber ihrer Lage im Jahr 1850 und um ca. 6 km seit 1931 zurück, wobei die zum Landesinneren stark zunehmende Eisdicke zu berücksichtigen ist (M 8).

Klimawandel als Bedrohung der natürlichen Grundlagen

Die in großen Teilen **gering entwickelte Infrastruktur** hemmt einen weiteren Ausbau des Tourismus. Hierzu zählen Abwasser- und Müllentsorgung, die ihrer Art nach nicht den Anforderungen eines labilen Ökosystems in einem subpolaren Raum entsprechen (M 2). Hierzu zählen ebenso Gebäude- und Verkehrsinfrastruktur, deren Zustand weitgehend dem hochpreisigen Tourismus im globalen Vergleich nicht angemessen ist, was einer Erweiterung des Interessentenkreises entgegensteht.

Das **naturgeographische Potenzial**, das für die Hauptzielgruppe von ausschlaggebender Bedeutung ist und damit Grönlands stärksten positiven Faktor darstellt, ist gleichzeitig auch seine Schwäche. Ökologische Labilität, möglicher Klimawandel und überdurchschnittlich hohe Urlaubspreise begrenzen den Tourismus. Dessen starke Ausweitung wäre gleichbedeutend mit der Gefährdung und Zerstörung seiner natürlichen Grundlagen.

Fazit

Leistungskurs Geographie (NRW) – Abiturprüfung 2012 (2)
Aufgabe 1

Thema
Zukunftsfähige touristische Entwicklung in peripheren Räumen? –
Das Beispiel Weltnaturerbe Galapagos-Archipel

Aufgabenstellung	Punkte
1. Lokalisieren Sie den Galapagos-Archipel und kennzeichnen Sie das touristische Potenzial.	24
2. Erläutern Sie Entwicklung, Struktur und wirtschaftliche Bedeutung des Tourismus im Galapagos-Archipel.	31
3. Erörtern Sie die Zukunftsperspektiven der touristischen Entwicklung des Weltnaturerbes Galapagos-Archipel unter Einbezug einer modellhaften Darstellung der Tourismusentwicklung.	25

Zugelassene Hilfsmittel
- der an der Schule in der Qualifikationsphase überwiegend verwendete Atlas, in einer für alle Prüflinge gleichen Auflage
- Wörterbuch zur deutschen Rechtschreibung
- Taschenrechner

Materialgrundlage

M 1 Atlaskarten nach Wahl

M 2 Auszug aus der Weltnaturerbe-Konvention der UNESCO (1972)

Artikel 2

Im Sinne dieses Übereinkommens gelten als „Naturerbe“

- […]
- geologische und physiogeographische Erscheinungsformen […], die den Lebensraum für bedrohte Pflanzen- und Tierarten bilden, welche aus wissenschaftlichen Gründen oder ihrer Erhaltung wegen von außergewöhnlichem universellem Wert sind;
- Naturstätten […], die aus wissenschaftlichen Gründen oder ihrer Erhaltung oder natürlichen Schönheit wegen von außergewöhnlichem universellem Wert sind.

Artikel 4

Jeder Vertragsstaat erkennt an, dass es in erster Linie seine eigene Aufgabe ist, Erfassung, Schutz und Erhaltung in Bestand und Wertigkeit des in seinem Hoheitsgebiet befindlichen, in den Artikeln 1 und 2 bezeichneten Kultur- und Naturerbes sowie seine Weitergabe an künftige Generationen sicherzustellen. Er wird hierfür alles in seinen Kräften Stehende tun […].

Quelle: Deutsche Übersetzung aus dem Bundesgesetzblatt, Jahrgang 1977, Teil II, Nr. 10

M 3 Der Galapagos-Archipel 2009 (siehe Farbabbildungen)

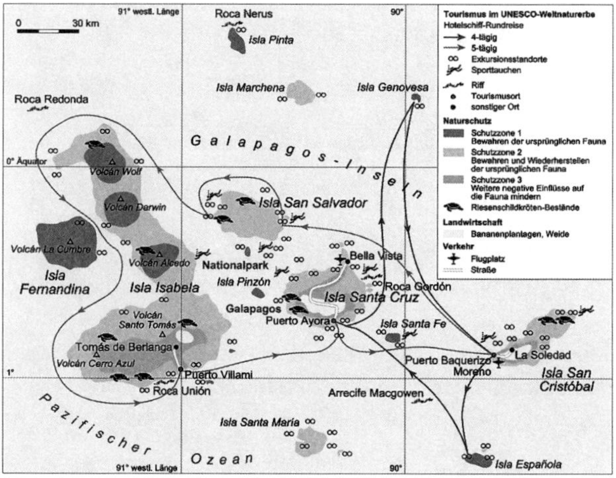

Quelle: © cartomedia, Karlsruhe

M 4 Die historische Entwicklung des Galapagos-Archipels

- 1835 besucht Charles Darwin die Insel, wo er wichtige Anstöße für seine Evolutionstheorie erhält
- 1959 richtet Ecuador den *Nationalpark Galapagos* ein; Gründung der *Charles Darwin Foundation* (internationale Nichtregierungsorganisation; Aufgabe: Erhalt des Ökosystems von Galapagos)
- 1968 gehören 97 % des Inselareals zum *Nationalpark Galapagos;* Ausbau des Flugplatzes auf der Insel Baltra (nördlich der Isla Santa Cruz); Beginn eines regelmäßigen zivilen Flugverkehrs
- Seit 1978 stehen die Galapagos-Inseln auf der UNESCO-Liste des Weltnaturerbes
- 1988 Eröffnung des Flughafens auf der Isla San Cristóbal
- 2007 wird das Weltnaturerbe Galapagos von der UNESCO als gefährdet eingestuft; Grund: Gefährdung durch Touristen und illegale Siedler; Expansion der Ölimporte und des Verkehrsaufkommens; Gefahr des Einschleppens fremder Tier- und Pflanzenarten, die einheimische Arten gefährden und verdrängen
- Reaktion darauf: Initiative „Galapagos 2020" initiiert u. a. durch das Entwicklungsprogramm der UN und das Umweltministerium Ecuadors; geplante und ab 2007 umzusetzende Maßnahmen:
  - Einrichtung eines Fonds zur Bekämpfung eingeschleppter Arten
  - aufwendige Versuche, eingeschleppte Arten zurückzudrängen
  - Reduzierung der Erlaubnisse für Tauchen, Schnorcheln, Segeln und Sportfischen
  - strengere umweltschonende technische Maßnahmen wie Wasserrecycling auf den Schiffen
  - Verbesserung der Schulung und Kontrolle der Tourführer
  - Kontrolle illegaler Immigration durch Einführung einer Identifikationskarte ab 2007
- Pro-Kopf-Einkommen auf Galapagos 2009: 4 716 US-$ (zum Vergleich: Durchschnitt Ecuador 3 776 US-$; Galapagos steht unter den 24 Provinzen Ecuadors an 4. Stelle)
- 2010 wird das Naturerbe Galapagos von der UNESCO als nicht mehr gefährdet eingestuft; Grund: Schutzmaßnahmen der Regierung Ecuadors (u. a. zwangsweise Rücksiedlung illegaler Zuwanderer, intensivere Kontrolle des Tourismus, Ausbau der Energiegewinnung aus Sonnen-/Windkraft)

Eigene Zusammenstellung nach: Vorlaufer, K.: Tourismus in Entwicklungsländern. Darmstadt: Wissenschaftliche Buchgesellschaft 1996, S. 228;
Brodengeier, E.: Galapagos – Weltnaturerbe in Gefahr. In: Klett-Magazin Geographie, 2009, H. 2, S. 6f.; http://www.galapagos.org/2009/doc1.html (Zugriff 11. 06. 2010)

M 5 Klima, Landschaft, Flora und Fauna im Galapagos-Archipel

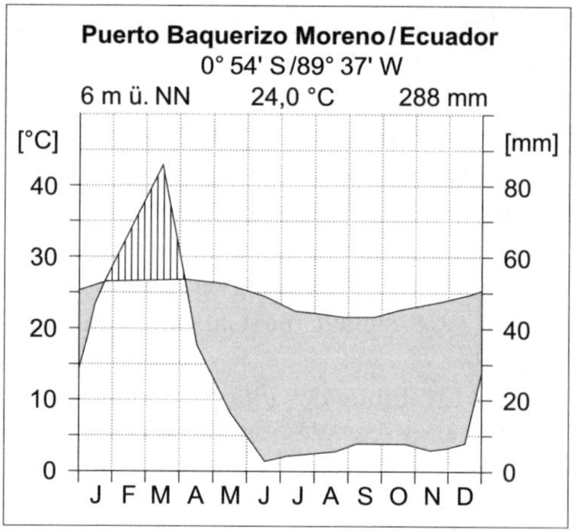

- Küsten: in weiten Teilen zerklüftetes Lavagestein; in geringen Teilen Sandstrände
- höhere Lagen der größeren Inseln: ganzjährig Niederschläge / Nebel; Regenwald / Nebelwald
- Tier / Pflanzen: große Zahl nur hier vorkommender Arten, u. a. Galapagos-Finken, Riesenschildkröten
- wegen kalter Meeresströmung fehlen ausgedehnte Korallenriffe; teils starke Unterwasserströmung
- Wassertemperaturen im Mittel zwischen 22 und 26 °C, regional auch unter 20 °C
- im Meer z. B. Seelöwen, Meeresschildkröten, 500 Fischarten, wovon 20 % nur hier vorkommen

Eigene Darstellung nach: S. Rivas-Martínez, Centro de Investigaciones Fitosociológicas. http://www.globalbioclimatics.org/plot/ec-puert.htm;
Eibl-Eibesfeldt, Irenäus: Galapagos. Die Arche Noah im Pazifik. München: Piper Verlag 1960

M 6 Touristische Rahmenbedingungen im Galapagos-Archipel

- Reisemotive der Galapagos-Touristen (Umfrage 2007):
  einzigartige Flora und Fauna 77,2 %, Empfehlung von Bekannten 9,5 %, „Will sehen, was Darwin sah" 6,3 %
- Anreise per Flugzeug über Quito oder Guayaquil
- Flugkapazität: 500 – 800 Plätze / Tag (bis 2010); 600 – 950 Plätze / Tag (2011)
- Reisekostenbeispiele pro Person ab Quito / Guayaquil: 4 Nächte 1 315 €; 7 Nächte 2 349 €
- Gebühr bei Einreise in Nationalpark (2011): 100 US-$ (Ausländer), bis 6 US-$ (Ecuadorianer) pro Person; Verwendung: 60 % Verwaltung / Erhalt Nationalpark, 25 % Inselgemeinden, 15 % Sonstiges

Kennzeichen des Tourismuskonzepts seit Einrichtung des Nationalparks Galapagos:
- Festlegung einer offiziellen Besucherhöchstgrenze: 1975: 12 000; 1988: 45 000; 2009: 100 000
- Hotelschiff-Tourismus; weitgehender Verzicht auf Hotels und touristische Infrastruktur an Land

- Touristen können in Gruppen von 10–15 Personen und in Begleitung eines lizenzierten Führers über markierte Wege nur rund 40 vorgegebene Exkursionsstandorte besuchen
- Aufgaben der Führer: Information über Fauna und Flora; Kontrolle über Einhaltung der Nationalpark-Regeln

Eigene Zusammenstellung nach:
Karrasch, Heinz: Galápagos: fragiles Naturparadies und Ökotourismus. In: Geographische Rundschau 55 (2003) H. 3, S. 28 ff.; http://galapagospark.org/nophprg.php?page=programas_turismo_tributo (Zugriff 26. 02. 2011); Galapagos Report 2007□/2008, S. 77, http://www.ingalapagos.com/overview.htm (Zugriff 11. 06. 2010)

M 7 Entwicklung des Tourismus im Galapagos-Archipel

		1982	1991	2006	2007
Hotelschiffe*	Anzahl	40	67	80	83
	Bettenkapazität	597	1 048	1 805	1 834
	Übernachtungen an Bord	k. A.	145 408	363 226	k. A.
Hotels**	Anzahl	18	26	65	89
	Bettenkapazität	214	880	1 668	2 157
	Übernachtungen	k. A.	55 000	131 958	k. A.
Pensionen u. ä.	Bettenzahl	k. A.	1 486	1 811	k. A.
Restaurants, Bars		20	31	114	122
Durchschnittlicher Aufenthalt der Touristen im Archipel (Tage)		> 5	4,6	3,3	k. A.

* Schiffe mit behördlicher Lizenz zur Beherbergung von Touristen; Daten in Spalte 1982 für 1981
** Verteilung der Hotelbetten 2007: Santa Cruz 1 128, San Cristobal 630, Isabella 357, Santa Maria 42

Eigene Zusammenstellung nach:
Watkins, Graham; Gruz, Felipe: Galapagos at risk, S. 5, http//www.darwinfoundation.org/files/library /pdf/2007/Galapagos_at_Risk_7-4-07-EN.pdf (Zugriff 20. 02. 2011);
Galapagos Report 2007□/2008, S. 69, 82 und 84, http://www.ingalapagos.com/overview.htm (Zugriff 11. 06. 2010)

Zahl der Galapagos-Touristen nach Unterbringungsart	**2007**	**2010**
Hotelschiff	99 892	79 657
Hotel	43 286	75 888
Pensionen und sonstige Unterkünfte	18 682	17 751
Summe	161 860	173 296

Eigene Zusammenstellung nach:
http://galapagospark.org/documentos/EIAs/EIA_HotelParaiso_Feb2011.pdf (Zugriff 10. 06. 2011); http://galapagospark.org/onecol.php?page=turismo_estadisticas (Zugriff 26. 02. 2011)

M 8 Anzahl und Herkunft der Galapagos-Touristen

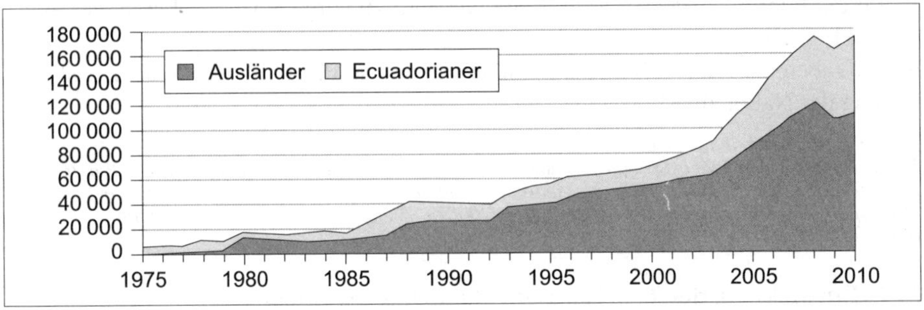

Herkunftsländer ausländischer Touristen 2009:

- USA: 44 461
- Großbritannien: 10 953
- Deutschland: 7 129
- Kanada: 6 946
- Australien: 3 549
- Frankreich: 3 162
- Sonstige: 30 514

Eigene Zusammenstellung nach:
http://galapagospark.org/documentos/Informe_ingresco_turistas_2009.pdf.pdf (Zugriff 26. 02. 2011);
http://galapagospark.org/onecol.php?page=turismo_estadisticas (Zugriff 02. 04. 2011)

M 9 Bevölkerungsentwicklung der Provinz Galapagos

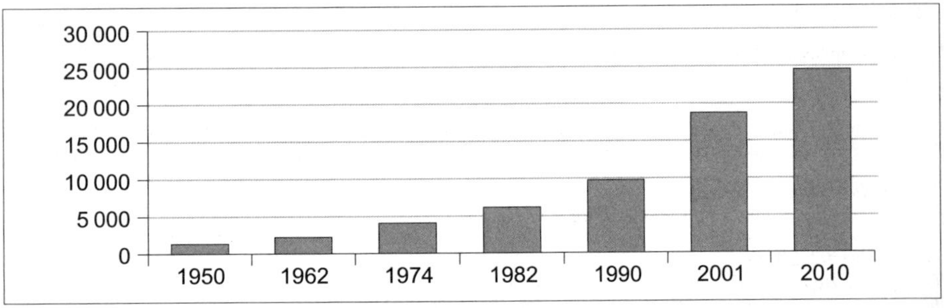

Anmerkungen:
Angabe für 2010 Prognosen
bewohnte Inseln: Santa Cruz, San Cristobal, Isabella, Santa Maria sowie Baltra (Militärgarnision)
höchste offizielle Zuwanderungswerte: 843 Zuwanderer (2006) und 674 Zuwanderer (2000)
Migrationsgründe (Befragung 2009): 43,1 % wirtschaftliche Gründe; 44,3 % Heirat/Familienzusammenführung; 12,6 % Sonstiges

Eigene Zusammenstellung nach:
http://www.inec.gob.ec/web/guest/ecu_est/est_soc/cen_pob_viv (Zugriff 26. 02. 2011);
http://www.inec.gob.ec/web/guest/ecu_est/est_soc/enc_hog/ecv_gal (Zugriff 11. 06. 2011)

M 10 Wirtschaftsfaktor Tourismus im Galapagos-Archipel

Verteilung der Einnahmen aus dem Galapagos-Tourismus 2006 (Gesamthöhe: 482 Mio. US-$)

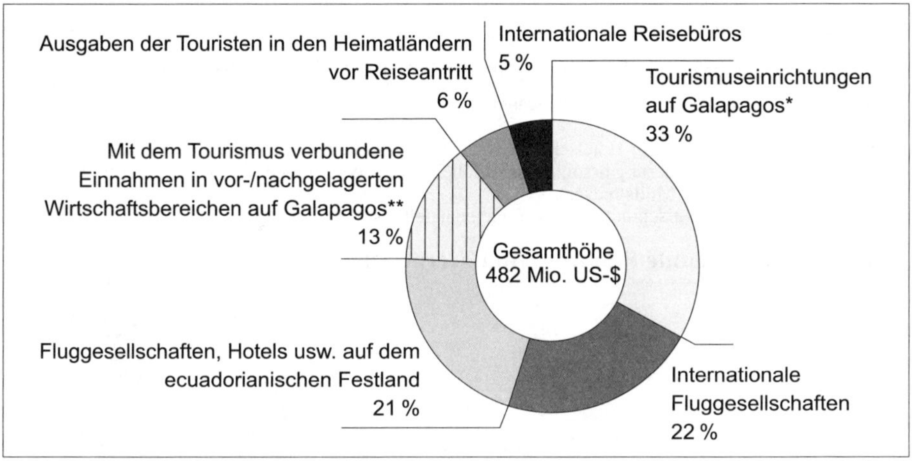

* Davon fließen rund 60 % an Hotelschiffbesitzer, die im Ausland bzw. auf dem ecuadorianischen Festland leben.

** Hierzu zählen z. B. öffentliche und soziale Dienstleistungen, Banken, Telekommunikation, Handel, Landwirtschaft.

Eigene Darstellung nach: Galapagos Report 2006-2007, S. 47, http://www.galapagos.org/wp-content/uploads/2012/04/socio6-tourism-and-galapagos- economy.pdf (Zugriff 11. 06. 2011)

Stellenwert ausgewählter Wirtschaftsbereiche auf Galapagos

Wirtschaftsbereiche	**Bruttowertschöpfung 2007 (in Mio. US-$)**	**Erwerbstätige 2009**
Land- /Forstwirtschaft, Fischerei	2,4	1 556
Groß- und Einzelhandel*	46,2	1 573
Hotels und Restaurants*	7,1	1 357
Transport (inkl. Hotelschiffe) und Kommunikation*	34,7	1 672
Öffentlicher Dienst (inkl. Militär)	4,3	1 401
Sonstige	12,2	3 426
Insgesamt	106,9	10 985

* vom Tourismus dominierter Wirtschaftsbereich

Eigene Zusammenstellung nach:
http://www.bce.fin.ec/frame.php?CNT=ARB0000175 (Zugriff 21. 05. 2011);
http://www.inec.gob.ec/web/guest/ecu_est/est_soc/enc_hog/ecv_gal (Zugriff 11. 06. 2011)

M 11 Umweltaspekte im Galapagos-Archipel

Von den Hotelschiffen praktizierten 2007	
eine ordnungsgemäße Müllsammlung und Müllentsorgung im Hafen*	82 %
Abwasseraufbereitung**	48 %
Verfahren zur Reduzierung der Gefahr einer Einschleppung fremder Tier- / Pflanzenarten	69 %
Erzeugung von Ökostrom (z. B. aus Solarzellen)	0 %

* Seit 2006 im Haupthafen der Hotelschiffe auf der Isla Santa Cruz verbessertes Müllmanagement: Mülltrennung, Kompostierung organischer Abfälle, Abtransport von Glas, Plastik usw. zum Festland; 2008 wurden 18 % des Mülls recycelt.

** Fehlt diese, wird das verschmutzte Wasser unbehandelt ins Meer geleitet.

Eingeschleppte fremde Pflanzen- und Tierarten nach Galapagos

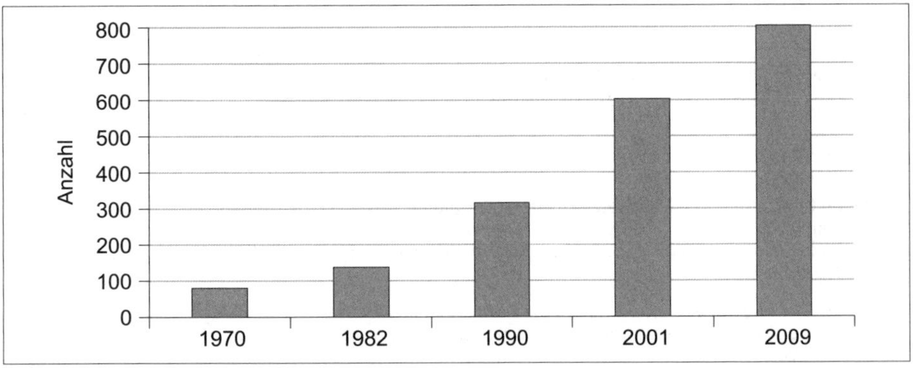

Eigene Zusammenstellung nach:
http://www.markuskappeler.ch/tex/texs/galapagos.html (Zugriff 11. 06. 2011);
Plan de Control total de Especies Introducidas,
http://www.feigalapagos.ort/docs/publicaciones/Plan%20de%20Control%20Total/Plan%20de%20Control%20Total.pdf (Zugriff 11. 06. 2011)

Die Aufgabe bezieht sich auf die folgenden **inhaltlichen Schwerpunkte:**

- Das Spannungsfeld von Landschaftszerstörung und -bewahrung im Zusammenhang mit Freizeitgestaltung
  - Standortfaktoren für unterschiedliche Tourismusformen
  - Drei-Phasen-Modell der raum-zeitlichen Entfaltung der Tourismuswirtschaft nach Vorlaufer und Tourismusmodell nach Butler
  - Formen angepassten und sanften Tourismus
- Tertiärisierung als Motor für die räumliche Verteilung von Arbeitsplätzen und Warendistribution
  - Wirtschaftsfaktor Fremdenverkehr in seiner Bedeutung für Zielregionen

Lösungsvorschlag

Teilaufgabe 1

Der Operator „lokalisieren“ (Anforderungsbereich I) erfordert zunächst die Einordnung des Raumbeispiels Galapagos-Archipel in Ihnen bekannte Orientierungsraster. Anschließend sollen Sie gemäß den Anforderungen an den Operator „kennzeichnen“ (Anforderungsbereich II) auf der Grundlage naturgeographischer und räumlicher Merkmale das touristische Potenzial aufzeigen (M 1–M 6).

Lage

Der Galapagos-Archipel ist eine aus zwölf Inseln bestehende Inselgruppe, die im Pazifischen Ozean liegt. Der Großteil des Archipels befindet sich südlich des Äquators zwischen 0° und 1° s. B und erstreckt sich von etwa 89° w. L bis 92° w. L. Die größte Insel ist die Isla Isabela. Weitere größere Inseln sind die Isla Fernandina, die Isla San Salvador, die Isla Santa Cruz sowie die Isla San Cristóbal. Politisch gesehen zählt die Inselgruppe zu Ecuador, dessen Küste sich östlich hiervon befindet und ca. 1 000 km entfernt ist (M 1, M 3).

Touristisches Potenzial

Die Lage am **Äquator** bietet günstige klimatische Voraussetzungen mit einer Jahresdurchschnittstemperatur von 24 °C, einer **Temperaturamplitude** von nur 5–6 °C und geringen Niederschlägen von 288 mm im Jahr, die hauptsächlich von Dezember bis April fallen. In den höheren Lagen auf den größeren Inseln fallen aufgrund des Regenwaldklimas ganzjährig Niederschläge (M 5).

Der Galapagos-Archipel ist vulkanischen Ursprungs und weist eine **einzigartige Flora und Fauna** auf. Er ist Lebensraum für verschiedene bedrohte Pflanzen- und Tierarten, die nur hier vorkommen, z. B. für die Riesenschildkröten. Aufgrund der **hohen Wassertemperaturen**, die im Durchschnitt zwischen 22 °C und 26 °C liegen und nur regional auch unter 20 °C sinken, kann die Meeresfauna auf Tauchgängen erkundet werden. Hierzu gibt es vor allem an den Küsten der größeren Inseln Sporttauchstationen. Die Flora und Fauna an Land kann an zahlreichen Exkursionsstandorten erkundet werden (M 3 – M 5).

Nationalpark Galapagos

Wegen der einzigartigen Tier- und Pflanzenwelt gehören 97 % des Inselareals seit 1968 zum **Nationalpark Galapagos**, seit 1978 steht der Inselarchipel auf der UNESCO-Liste des Weltnaturerbes. Aus diesem Grund ist eine spezifische touristische Infrastruktur entwickelt worden, die die Erhaltung des Weltnaturerbes berücksichtigt (M 2, M 4).

Der Archipel kann per Flugzeug über Quito oder Guayaquil erreicht werden. Seit 1968 gibt es einen regelmäßigen **Flugverkehr** zur Isla Santa Cruz, im Jahre 1988 wurde zusätzlich ein Flughafen auf der Isla San Cristóbal eröffnet. Die Flugkapazität ist jedoch beschränkt, sodass 2010 und 2011 täglich nur unter 1 000 Touristen auf die Inseln gelangen konnten (M 3, M 4, M 6).

Infrastruktur und Erreichbarkeit

Auf den Inseln gibt es kein ausgebautes **Straßennetz**. Auf den Inseln Isabela, Santa Cruz und San Cristóbal gibt es jeweils eine Straße, die zwei Orte miteinander verbindet. Auf Santa Cruz stellt sie die Anbindung vom Flughafen im Norden zum Tourismusort Puerto Ayora im Süden dar. Darüber hinaus gibt es neben drei kleineren Orten nur drei Tourismusorte auf den Inseln Isabela, Santa Cruz und San Cristóbal, die durch eine **Schiffsroute** miteinander verbunden sind. Zur Erkundung des Inselarchipels gibt es das Angebot, verschiedene Inseln auf einer Hotelschiff-Rundreise anzusteuern. Eine 4-tägige Rundreise verbindet die vier östlich gelegenen Inseln Santa Cruz, San Cristóbal, Genovesa und Espanola, eine 5-tägige Reise steuert die vier größten Inseln an (M 3).

An Land können die Inseln nur in Begleitung von **lizenzierten Führern** auf markierten Wegen erkundet werden. Die Führer geben einerseits Informationen zu Flora und Fauna, sind aber auch dafür zuständig, die Einhaltung der Nationalpark-Regeln zu überwachen (M 6).

Einschränkung des touristischen Potenzials

Die wenig ausgebaute touristische Infrastruktur stellt gleichzeitig einen Faktor dar, der die Attraktivität für den Tourismus verringert. Denn hierdurch ist zum Beispiel die Erreichbarkeit der Inseln eingeschränkt. Des Weiteren müssen Touristen aufgrund der Auflagen für den Aufenthalt auf Galapagos eine Einschränkung ihres Bewegungsspielraums vor Ort in Kauf nehmen. Eine weitere Einschränkung des touristischen Potenzials ist durch die naturgeographischen Voraussetzungen gegeben. Die Küsten bestehen in weiten Teilen aus zerklüftetem Lavagestein, während Sandstrände kaum vorhanden sind. Aufgrund der kalten Meeresströmung gibt es keine ausgedehnten Korallenriffe und teilweise gibt es starke Unterwasserströmungen (M 5, M 6).

Reiseziel für Naturinteressierte

All diese Merkmale machen deutlich, dass der Galapagos-Archipel ein Reiseziel für Touristen ist, für die die Einzigartigkeit der Flora und Fauna im Vordergrund steht und die auch bereit sind, Einschränkungen auf sich zu nehmen.

Teilaufgabe 2

Der Operator „erläutern“ (Anforderungsbereich II) verlangt von Ihnen, dass Sie aus dem Material entnehmbare Zusammenhänge verdeutlichen. In dieser Teilaufgabe sollen Sie zunächst die Entwicklung des Tourismus auf Galapagos sowie die touristischen Strukturen aufzeigen und anschließend auf die wirtschaftliche Bedeutung eingehen (M 2–M 10).

Struktur des Tourismus

Die Besonderheiten des Galapagos-Archipels haben eine spezifische Struktur des Tourismus hervorgerufen. Es gibt unterschiedliche **Beherbergungstypen**, nämlich neben Hotels und Pensionen auch Hotelschiffe. Die letzte Form dominierte bis 2006 in Bezug auf die Anzahl, auf die Bettenkapazität und die Zahl der Übernachtungen. 80 Hotelschiffe standen 65 Hotels gegenüber. Auf den Hotelschiffen verbrachten 2007 etwa ein Drittel mehr Touristen ihren Urlaub auf Galapagos als in Hotels und Pensionen (M 6, M 7).

Die durchschnittliche Aufenthaltsdauer hat sich von mehr als 5 Tagen im Jahr 1982 und 4 bis 5 Tagen im Jahr 1991 auf 3,3 Tage im Jahr 2006 reduziert. Es dominiert der Auslandstourismus: Die meisten Touristen – nämlich 44 461 – kamen 2009 aus den USA, mit weitem Abstand gefolgt von Touristen aus Großbritannien (10 953), Deutschland (7 129) und Kanada (6 946) (M 3, M 8).

Sanfter Tourismus im UNESCO-Weltnaturerbe

Die strukturellen Besonderheiten sind auch auf den Status der Inseln als **Weltnaturerbe der UNESCO** zurückzuführen. Im Jahre 2007 wurde dieses als gefährdet eingestuft, da die Einzigartigkeit nicht nur durch den Tourismus bedroht wurde, sondern auch durch illegale Siedler oder die Expansion der Ölimporte und ein steigendes Verkehrsaufkommen. Daraufhin entstand die Initiative „Galapagos 2020“, die der touristischen Nutzung strengere Beschränkungen auferlegte. Diese beinhaltete neben Maßnahmen, die das Einschleppen von fremden Arten verhindern soll, auch eine Einpassung des Tourismus in das Nationalpark-Konzept sowie die Orientierung an der Weltnaturerbe-Konvention der UNESCO. So wurden weiterhin die Beschränkungen der Besucherzahlen aufrechterhalten und die Flugkapazitäten mit 500–800 Plätzen pro Tag bis 2010 gering gehalten, aber auch die Genehmigungen für den Wassersport reduziert. Darüber hinaus wurden umweltschonende technische Maßnahmen sowie Wasserrecycling auf den Hotelschiffen eingeführt und die Touristenführer besser geschult sowie ihre Arbeit kontrolliert.

Berücksichtigt man alle genannten Maßnahmen, kann man den Tourismus auf Galapagos als **sanften Tourismus** bezeichnen.

Dem Problem der illegalen Einwanderung wurde mit der Einführung einer Identifikationskarte begegnet (M 2, M 4, M 6).

Naturerlebnis im Mittelpunkt

Die Form des Tourismus, die sich auf Galapagos entwickelt hat, und die ergriffenen Maßnahmen zum Schutz der Natur werden auch durch die Motive der Touristen bestätigt. In einer Umfrage aus dem Jahr 2007 gaben 77,2 % der Galapagos-Reisenden an, wegen der einzigartigen Flora und Fauna die Inseln zu bereisen, 9,5 % kamen auf Empfehlung von Bekannten und 6,3 % wollten „sehen, was Darwin sah". Das Naturerlebnis hat also gegenüber einem Bade- oder Taucherlebnis Priorität. Außerdem erschwert die **periphere Lage** des Archipels die Anreise und ist auch ein Grund für die **hohen Preise**. So kosten 4 Nächte pro Person ab Quito/ Guayaquil beispielsweise 1 315 €, 7 Nächte sogar 2 349 €. Eine Einreisegebühr, die für ausländische Touristen bei 100 US-$ liegt und vor allem für die Erhaltung des Nationalparks und für die Inselgemeinden verwendet wird, kommt hinzu (M 1, M 6).

Zunahme des Tourismus seit den 1970er-Jahren

Dennoch ist in der touristischen Entwicklung eine Zunahme seit den 1970er-Jahren festzustellen. So ist ein deutlicher **Wachstumstrend** bei den Fernreisen, seit 2000 auch beim Inlandstourismus zu verzeichnen. In den 1970er-Jahren war die Anzahl der ausländischen Touristen sehr niedrig, von 1979 bis 1980 gab es einen sprunghaften Anstieg auf ca. 16 000, in den folgenden Jahren sank die Zahl wieder auf ca. 15 000 (1985). Von 1985 bis 2002 ist ein stetiger, aber moderater Anstieg und in den Jahren 2003 bis 2008 ein steiler Anstieg zu verzeichnen. Innerhalb der drei Jahre hat sich die Zahl der ausländischen Touristen verdoppelt von ca. 60 000 auf 120 000. Durch die Weltwirtschaftskrise ist die Zahl der Reisenden etwas eingebrochen, sie hat sich aber 2010 wieder erholt. Die Entwicklung der Anzahl der ecuadorianischen Touristen verläuft weitgehend parallel zur Entwicklung der Anzahl der ausländischen Touristen. Erst ab 2005 wächst der Anteil der einheimischen Touristen, etwa zwei Drittel der Touristen kommen aber weiterhin aus den ausländischen Quellgebieten (M 8).

Ausweitung der touristischen Infrastruktur

Im Rahmen dieses Wachstumstrends ist eine Ausweitung der **touristischen Infrastruktur** zu erkennen. Einerseits wird eine Verlagerung der Beherbergung von Hotelschiffen zu Hotels deutlich. Zwar hat sich die Anzahl der Hotelschiffe von 1982 bis 2007 von 40 auf 83 Schiffe mehr als verdoppelt. Die Anzahl der Hotels hat sich aber fast verfünffacht von 18 Hotels im Jahr 1982 auf 89 im Jahr 2007. Somit lag 2007 die Bettenzahl in Hotels über der auf Hotelschiffen (M 7). Andererseits wirkt sich das Wachstum auf die touristische Infrastruktur an Land aus. Denn auch die Anzahl an Restaurants und Bars ist gewachsen: im Zeitraum von 1982 bis 1991 eher moderat und im Zeitraum von 1991 bis 2006/2007 sprunghaft. Mit 122 Gastronomieeinrichtungen hat sich die Anzahl von 1982 bis 2007 versechsfacht (M 7).

Große wirtschaftliche Bedeutung des Tourismus

Die große **wirtschaftliche Bedeutung** des Tourismus auf Galapagos zeigt sich in verschiedenen Bereichen. Fast die Hälfte der Einnahmen aus dem Galapagos-Tourismus (46 %), die 2006 bei 482 Mio. US-$ lagen, entfallen auf die tourismusbasierten Wirtschaftsbereiche. 33 % der Einnahmen fließen in die Tourismuseinrichtungen auf Galapagos, allerdings gehen hiervon rund 60 % an Hotelschiffbesitzer im Ausland oder auf dem ecuadorianischen Festland und tragen so nur indirekt zur Bruttowertschöpfung auf Galapagos bei. Ein Anteil von 13 % der Einnahmen geht an die vor- und nachgelagerten Wirtschaftsbereiche des Tourismus, wie z. B. Hotels und Restaurants, Groß- und Einzelhandel sowie Transport, auch auf Hotelschiffen, und Kommunikation. Insgesamt umfassten die drei vom Tourismus dominierten Bereiche eine Bruttowertschöpfung von 88 Mio. US-$ im Jahr 2007 und 4 602 Beschäftigte. Der Bereich des primären Sektors sowie der öffentlichen Dienstleistungen, die auch von den Einnahmen durch den Tourismus profitieren, sorgten im gleichen Jahr für eine Bruttowertschöpfung von 6,7 Mio. US-$ und zählten 2 957 Erwerbstätige. Neben den Hotelschiffbesitzern im Ausland und auf dem ecuadorianischen Festland schöpfen jedoch vor allem die internationalen Reisebüros (5 %) sowie die internationalen und ecuadorianischen Fluggesellschaften und Hotels auf dem ecuadorianischen Festland Gewinn von den Einnahmen aus dem Tourismus ab (zusammen 48 %) (M 10).

Dennoch wirkt sich der Wirtschaftsfaktor Tourismus positiv auf das **Pro-Kopf-Einkommen** auf Galapagos aus. Im Jahr 2009 lag es bei 4 716 US-$, während das durchschnittliche Pro-Kopf-Einkommen in Ecuador mit 3 776 US-$ deutlich darunter lag. Galapagos steht damit an 4. Stelle der 24 ecuadorianischen Provinzen (M 4).

Bevölkerungszunahme

Durch den Tourismus haben sich folglich die **Einkommensmöglichkeiten** auf Galapagos verbessert, was eine **Zunahme der Bevölkerung** zur Folge hatte. Von 1950 bis 2010 ist die Bevölkerung kontinuierlich von ca. 2 000 auf fast 25 000 angestiegen. Im Jahr 2006 wurde der höchste offizielle Zuwanderungswert von 843 Migranten erreicht, im Jahr 2000 waren es 674. In einer Befragung von 2009 nannten 43,1 % der Befragten wirtschaftliche Gründe als Migrationsmotiv, 44,3 % kamen aufgrund einer Heirat oder Familienzusammenführung. Der illegalen Zuwanderung wurde unter anderem durch zwangsweise Rücksiedlung der Migranten weiter vorgebeugt. Insgesamt bestätigt die Bevölkerungsentwicklung die wirtschaftliche Bedeutung des Tourismus auf Galapagos (M 4, M 9).

Teilaufgabe 3

Der Operator „erörtern" (Anforderungsbereich III) verlangt von Ihnen das begründete Abwägen zwischen Pro und Kontra mit dem Ziel einer abschließenden eigenen Urteilsbildung. In dieser Teilaufgabe wird von Ihnen erwartet, dass Sie beurteilen, ob der Tourismus auf Galapagos positive oder negative Zukunftsperspektiven hat, und dass Sie hierzu eines der Ihnen aus dem Unterricht bekannten Modelle der touristischen Entwicklung (z. B. Butler, Vorlaufer) hinzuziehen (M 2–M 4, M 6–M 11).

Positive Perspektiven

Dem **Wirtschaftsfaktor Tourismus** kommt auf Galapagos eine große Bedeutung zu und es sprechen einige Aspekte für eine positive Entwicklung dieses Wirtschaftsbereiches. Nach wie vor weist die Branche einen Wachstumstrend auf, der auch durch die Weltwirtschaftskrise 2009 kaum gebremst wurde. Des Weiteren sind die Bemühungen zur Bewahrung des Weltnaturerbe-Status als positiv zu bewerten. Die Maßnahmen, die im Rahmen der Initiative „Galapagos 2020" eingeleitet wurden, haben sich so positiv ausgewirkt, dass 2010 der Galapagos-Archipel von der UNESCO als nicht mehr gefährdet eingestuft wurde. Hervorzuheben sind in diesem Zusammenhang die intensiveren Kontrollen des Tourismus und der Einsatz **umweltschonender Technik** wie Wasserrecycling auf Schiffen und **regenerativer Energien**, die dem Konzept des sanften Tourismus entsprechen (M 4).

Negative Perspektiven

Dennoch gibt es einige problematische Aspekte, die den Konflikt zwischen **Ökologie** und **Ökonomie** verdeutlichen und die die künftige Entwicklung des Tourismus beeinträchtigen könnten. Der Ausbau der touristischen Infrastruktur und die Verlagerung des Tourismus an Land dienen dazu, das touristische Potenzial der Inseln ökonomisch auszuschöpfen, langfristig ist jedoch eine Gefährdung des Naturraums auf Galapagos und somit auch des Status als Weltkulturerbe der UNESCO zu befürchten. Eine weitere Beschränkung des Tourismus und die einseitige Ausrichtung auf gut situierte, naturorientierte Bildungsurlauber kann allerdings das wirtschaftliche Wachstum bremsen.

Der Anstieg der Touristenzahlen wirkt sich negativ auf das Ökosystem aus. Trotz intensiver Kontrollen und des Einsatzes von Verfahren zur Reduzierung der Anzahl der **eingeschleppten fremden Pflanzen- und Tierarten**, die allerdings nur auf 69 % der Hotelschiffe praktiziert werden, ist diese kontinuierlich gestiegen; im Jahr 2009 lag sie bereits bei 800. Diese Arten gefährden langfristig durch ihre Überlegenheit im Ökosystem die einheimischen Arten. Außerdem gibt es weitere Defizite im **Ökomanagement:** Zwar ist auf 82 % der Hotelschiffe eine ordnungsgemäße Müllsammlung, -trennung und -entsorgung üblich, die auch in den Häfen praktiziert wird, allerdings wurden 2008 nur 18 % des Mülls recycelt. Ein weiteres Problem stellt die Abwasseraufbereitung dar, die auf 48 % der Schiffe praktiziert wird. Bei den übrigen 52 % aber wird das verschmutzte Wasser unbehandelt ins Meer geleitet. Die Erzeugung von Strom aus regenerativen Energiequellen, z. B. von Solarstrom, fehlte 2007 auf allen Hotelschiffen (M 11).

Modell von Butler

Vergleicht man die Entwicklung des Tourismus auf Galapagos mit dem modellhaften Verlauf nach **Butler**, sind deutliche Parallelen festzustellen. Da durch das Tourismuskonzept aber nur bestimmte Zielgruppen angesprochen werden, ist eine Entwicklung zum Massentourismus nicht zu befürchten. Dennoch ist eine Ausweitung auf den Hoteltourismus als **Erneuerungsphase** einzuordnen, die einen weiteren Anstieg der Touristenzahlen mit sich bringen kann. Angesichts der Sensibilität des Ökosystems bestünde dann aufgrund der steigenden ökologischen Belastung die Gefahr eines raschen Verfalls.

Fazit: Qualitätstourismus als Perspektive

Galapagos muss trotz der negativen Aspekte weiterhin auf den Tourismus setzen, da er für Ecuador einen **positiven Wirtschaftsfaktor** darstellt. Allerdings darf hierbei nicht allein der ökonomische Profit im Vordergrund stehen, sondern es muss eine Balance gefunden werden zwischen den Bedürfnissen der Touristen und denen des fragilen Ökosystems. Dieses kann am besten durch eine Schwerpunktsetzung auf Qualitätstourismus gelingen. Ein weiterer Ausbau der touristischen Infrastruktur an Land und die Verlagerung auf Hoteltourismus sollte daher verhindert werden, damit der Hauptreisegrund zum Archipel, nämlich die Einzigartigkeit der Flora und Fauna, weiterhin Bestand hat.

Leistungskurs Geographie (NRW) – Abiturprüfung 2013 (2)
Aufgabe 2

Thema
Industrieansiedlung und grenzüberschreitende Infrastrukturprojekte als Motor regionaler Entwicklung? – Das Beispiel Bratislava/Slowakei

Aufgabenstellung Punkte

1. Lokalisieren Sie die Region Bratislava und kennzeichnen Sie deren Eignung als Industriestandort in der zweiten Hälfte der 1990er-Jahre. 19
2. Erläutern Sie die wirtschaftliche Entwicklung der Region Bratislava vor dem Hintergrund der Gesamtentwicklung der Slowakei seit 1995. 36
3. Erörtern Sie die Chancen und Risiken des „Twin City"-Konzeptes für die Region Bratislava sowie für die Gesamtslowakei. 25

Zugelassene Hilfsmittel
- der an der Schule in der Qualifikationsphase überwiegend verwendete Atlas, in einer für alle Prüflinge gleichen Auflage
- Wörterbuch zur deutschen Rechtschreibung
- Taschenrechner

Materialgrundlage

M 1 Atlaskarten nach Wahl

M 2 Daten zur Slowakei

1989	Beginn der „Samtenen Revolution": Veränderungsprozess von der kommunistisch regierten *Tschechoslowakei* zu einem demokratisch gestalteten Staat
1993	Auflösung der *Tschechoslowakei*; Unabhängigkeit der Slowakei (Slowakische Republik)
2004	Beitritt der Slowakei zur EU
2007	Wegfall der Grenzkontrollen zu Österreich
2009	Beitritt zur Euro-Zone; der Euro ersetzt die bisherige Landeswährung *Slowakische Krone* (SKK)

Die Regionen der Slowakei

Region	Einwohner-zahl 2010 (Mio.)	BIP/Einwohner (Euro)		Arbeitslosenrate (%)		Migrations-saldo 2001–2010
		1995	2009	1995	2010	
Bratislava	0,63	7 716	28 443	5,6	4,6	+27 719
Trnava	0,56	4 070	12 928	13,9	8,2	+17 127
Trenčin	0,60	3 437	10 265	9,7	9,5	–638
Nitra	0,71	3 159	9 928	16,6	11,8	+8 261
Žilina	0,70	2 977	10 038	12,3	10,9	–739
Banská Bystrica	0,65	3 039	8 425	15,6	18,9	–2 442
Prešov	0,81	2 359	6 654	17,4	17,8	–10 887
Košice	0,78	3 170	9 022	18,4	16,8	–3 345
Slowakei	5,44	3 602	11 609	14,0	12,5	+35 056
Österreich	8,39	22 000	32 900	6,6	6,9	k. A.
Bundesland Wien	1,71	31 800	42 600	7,3	8,8	k. A.

Quellen:http://www.bratislava.de/Start/Slowakei/Slowakei_Historie/Slowakei_Historie_Verlauf/slowakei_histori e_verlauf.html;
http://europa.eu/about-eu/eu-history/index_de.htm (Zugriff jeweils 28. 04. 2012);
http://www.esacademic.com/pictures/eswiki/66/Bratislava_kraj.png (Zugriff 02. 08. 2012);
http://px-web.statistics (verschiedene Statistiken) (Zugriff 25. 02 2012 und 01. 05. 2012);
http://www.statistik.at/web_de/statistiken/volkswirtschaftliche_gesamtrechnungen /regionale_gesamtrechnungen/nuts2-regionales_bip_und_hauptaggregate/index.html (Zugriff 01. 05. 2012);
OECD (Hrsg.): OECD Economic Survey 1999: Slovak Republic. Paris 1999, S. 124

M 3 Das Dreiländereck Österreich/ Slowakei/Ungarn 2010 (siehe Farbabbildungen)

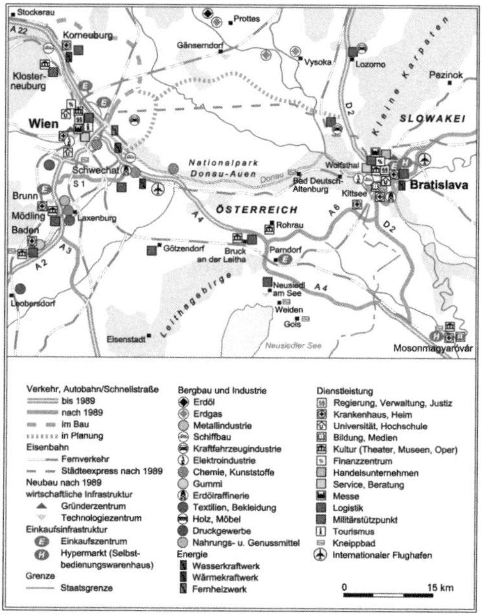

Quelle: © cartomedia, Karlsruhe

M 4 Eckdaten der slowakischen Wirtschaft im internationalen Vergleich

Arbeitskosten im verarbeitenden Gewerbe

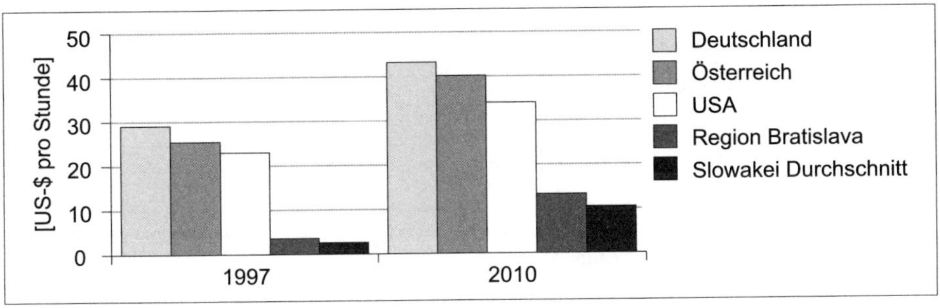

Arbeitsproduktivität (BIP in KKS* je geleisteter Arbeitsstunde; EU-27 = 100)

	1995	2010
Deutschland	131	124
Österreich	122	115
Slowakei	46	75
Region Bratislava	68	104

* KKS = Kaufkraftstandard; eine Kunstwährungseinheit, die Unterschiede zwischen den Preisniveaus verschiedener Länder ausgleicht. Ein KKS erlaubt in unterschiedlichen Ländern die Anschaffung des gleichen Volumens von Gütern und Dienstleistungen.

Steuersatz auf Unternehmensgewinne

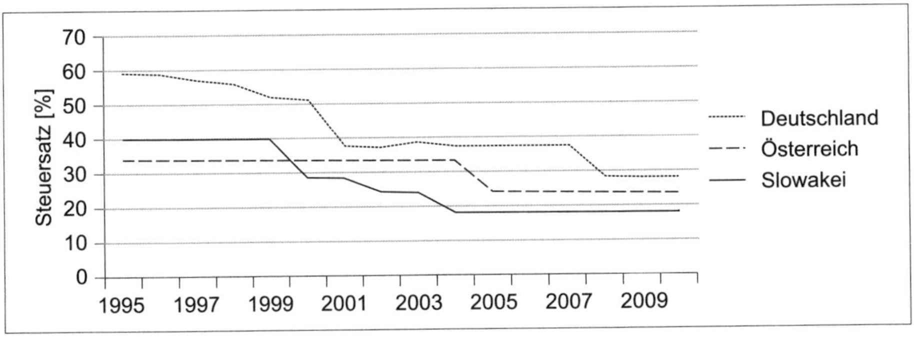

Quellen:
http://www.bls.gov/news.release/pdf/ichcc.pdf;
http://www.siov.sk/ext_dok-slovak_repbackstud/9964c;
http://www.boerse-express.com/wiki/Kaufkraftstandard;
http://www.imf.org/external/pubs/ft/wp/2009/wp09145.pdf;
http://px-web.statistics.sk;
http://www.bpb.de/system/files/pdf/IFJ4RN.pdf;
http://fritz.breuss.wifo.ac.at/Breuss_DE_AT_Stellung_in_EU_2008.pdf (Zugriff jeweils 28. 04. 2012)

M 5 Entwicklung von VW Slovakia

1974	Eröffnung der Automobilwerke Bratislava (BAZ) im Nordwesten von Bratislava
1991	Gründung von VW Bratislava (Joint Venture zwischen VW, BAZ und der Regierung der Slowakischen Republik)
1997	3 000 Beschäftigte arbeiten bei VW Bratislava
1998	VW Bratislava wird Teil der neuen VW-Tochter VW Slovakia
1999	VW-Werk in Bratislava: 5 000 Beschäftigte; Exportquote 99,5 %; Importquote Autobauteile über 80 %
2000	Eröffnung eines VW-Werkes für die Produktion von Getriebe- und Fahrwerkskomponenten im südöstlich von Šilina gelegenen Martin
2004	Eröffnung VW-Werk in Košice (nur Vorbereitung von VW-Fahrzeugen für den russischen Markt)
2006	drei Zuliefererparks nahe dem VW-Werk Bratislava; Importquote Autobauteile z. B. beim Polo 40,5 %
2010	Investitionen von ca. 1,9 Mrd. Euro durch VW in der Slowakei von 1991 bis 2010; Produktionspalette in Bratislava: VW Touareg, Audi Q7 und Porsche Cayenne (nur Karosserie); Exportquote 99,6 %; rund 25 % der Arbeitnehmer im VW-Werk Bratislava stammen aus Österreich
2011	Produktionsbeginn der New Small Family (VW up!, Seat Mii, Skoda Citigo) exklusiv in Bratislava; Beschäftigte bei VW Slovakia: 8 400, davon über 80 % in Bratislava

Quellen:
http://de.volkswagen.sk/de/unternehmen/zahlen_und_Fakten.html;
http://www.sario.sk/?automotive-industry (Zugriff jeweils 14. 09. 2011);
http://de.volkswagen.sk/de/unternehmen/geschichte.html;
http://de.volkswagen.sk/de/unternehmen/standorte.html (Zugriff jeweils 28. 04. 2012)

M 6 Pkw-Produktion in der Slowakei

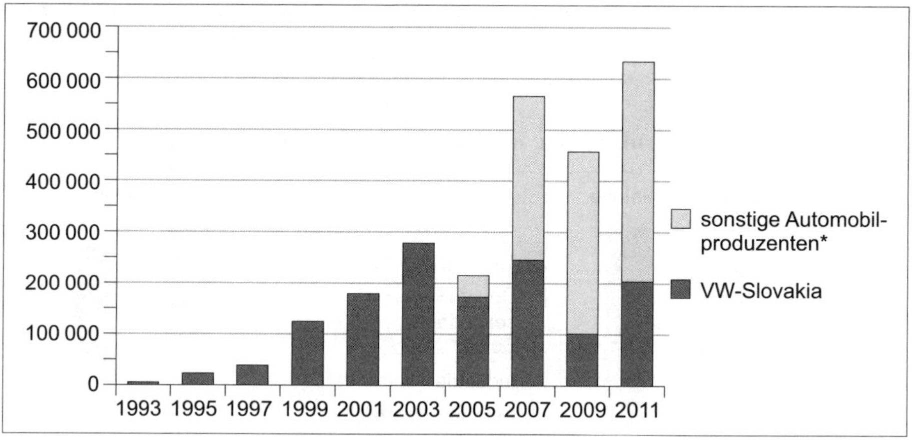

* Sonstige Automobilproduzenten in der Slowakei: seit 2003 PSA Peugeot Citroën Slovakia mit einem Werk in Trnava; seit 2004 KIA Motors Slovakia mit einem Werk in Šilina

Quellen:
http://www.sario.sk/?automotive-industry (Zugriff 14. 09. 2011);
http://www.estandort.com/automobilindustrie-ist-motor-der-slowakischen-wirtschaft/;
http://de.volkswagen.sk/de/unternehmen/zahlen_und_Fakten.html;
http://oica.net/category/production-statistics/ (Zugriff jeweils 28. 04. 2012)

M 7 Summe ausländischer Direktinvestitionen in der Slowakei

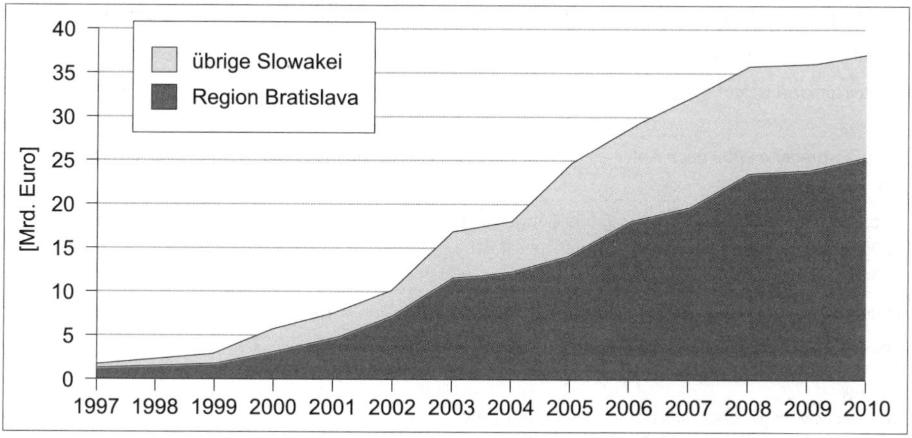

Quellen:
http://px-web.statistics.sk;
http://www.uvvg.ro/studiaeconomia/images/2001/v1/14.%20REGIONAL%20DISPARITIES%20IN%20SLOVAK%20REPUBLIC%20AT%20NUTS%203%20LEVEL%20FROM%20DIRECT%20FOREIGN%20INVESTMENTS%20POINT%20OF%20VIEW.pdf (Zugriff jeweils 22. 06. 2012);
http://edice.vos.cz/files/swf/BC_MikulaskovaAJ_HM_2012.swf (Zugriff 02. 08. 2012)

M 8 Beschäftigungsstruktur der Region Bratislava und der Slowakei

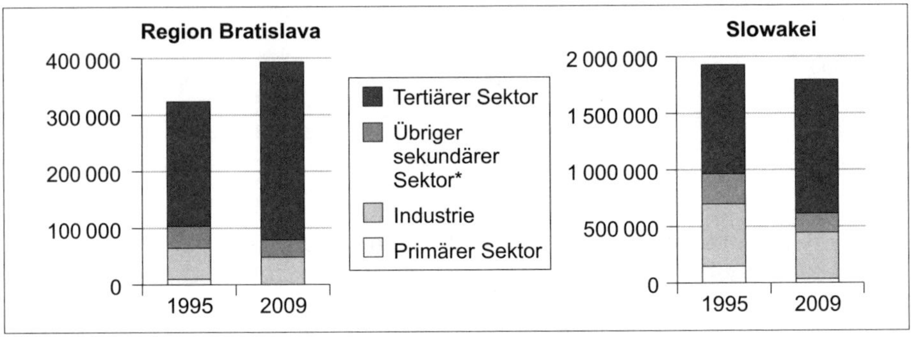

* Bergbau, Handwerk, Elektrizitäts-, Gas- und Wasserversorgung, Baugewerbe

Quelle: http://px-web.statistics.sk (Zugriff 13. 09. 2011 und 02. 08. 2012)

M 9 Strukturdaten der Regionen Wien und Bratislava

	Bundesland Wien	**Region Bratislava**
Arbeitsproduktivität 2006 (BIP /Erwerbstätigem in €)	75 129	29 058
Bruttostundenlohn 2009 (€)	14,40	4,20
Anteil tertiärer Sektor an Bruttowertschöpfung 2009 (%)	83,1	79,1
Größte Branche 2006 nach Anteil an Gesamtbeschäftigten	Unternehmensnahe Dienstleistungen	Transport und Logistik
Beschäftigte im Bereich Forschung und Entwicklung 2009 (% der Erwerbsbevölkerung; Durchschnitt EU-27: 0,53 %)	1,20	0,14
Internationale Kongresse 2011	181	9
Binnenkaufkraft (Indexwert; Zürich = 100)	70,9	35,1

Quellen:
http://www.wien.gv.at/statistik/pdf/wi-standort2012.pdf;
http://wug.akwien.at/WUG_Archiv/2009_35_3/2009_35_3_0421.pdf (Zugriff jeweils 01. 08. 2012)

M 10 „Twin City“ Wien–Bratislava

2006	Start der engeren Zusammenarbeit Wien – Bratislava; Projekte großteils im Rahmen der EU-Förderschiene Interreg III a gefördert; rund 100 000 Pendler zwischen Wien und Bratislava
2010	Unterzeichnung Twin-City-Vereinbarung zwischen Wien und Bratislava

Verkehrsprojekte im Zusammenhang mit dem „Twin City“-Konzept (siehe Farbabbildungen)

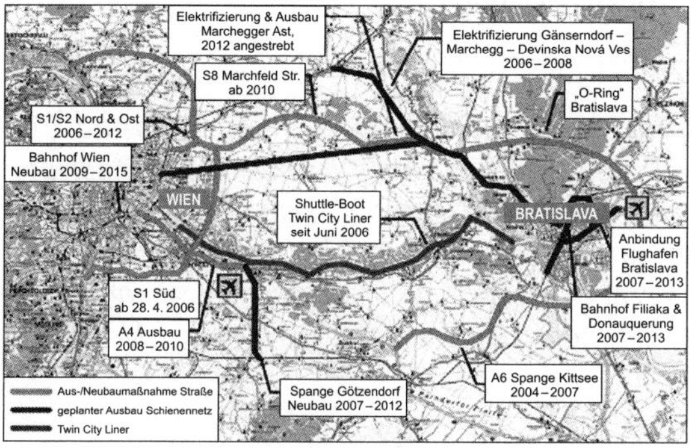

Quelle: BMVIT, Der Standard

Weitere Projekte im Rahmen des „Twin City“-Konzeptes (teils bereits umgesetzt; Stand Mai 2012)

- gemeinsame Aus- und Weiterbildungsprojekte von Firmen und Verwaltungsinstitutionen
- wechselseitige Studienaufenthalte und Praktika von Lehrlingen, Lehrkräften und Werkmeistern/-meisterinnen aus der Autoindustrie in den beiden Partnerländern
- Kooperation der 20 Universitäten/Hochschulen in der Region Wien mit den 6 Universitäten/Hochschulen in der Westslowakei
- Kooperation von Industrieunternehmen, Finanzinstitutionen und Wirtschaftsverbänden, unter anderem über die Industrieplattform „Twin City Wien–Bratislava“
- Schaffung von Informations- und Kommunikationsplattformen im Internet

Quellen:
http://images.derstandard.at/20060421/bratislavawien.jpg;
http://www.wienholding.at/event/mediaroom-news/id/1989;
http://www.iv-mitgliederservice.at/iv-all/publikationen/file_287.pdf;
http://www.iv-mitgliederservice.at/iv-all/publikationen/file_323.pdf (Zugriff jeweils 01. 05. 2012)

Die Aufgabe bezieht sich auf die folgenden **inhaltlichen Schwerpunkte:**
- Wandel von Standortfaktoren in seiner Wirkung auf industrieräumliche Strukturen
  - Standortentscheidungen im Zusammenhang mit harten und weichen Standortfaktoren
- Zusammenwachsen oder Desintegration von Räumen aufgrund politischer Vorgaben und kultureller Prägung
  - Transformationsprozesse im Osten Europas

Lösungsvorschlag

Teilaufgabe 1

Der Operator „lokalisieren" (Anforderungsbereich I) erfordert zunächst die Einordnung der Region Bratislava in Ihnen bekannte Orientierungsraster. Anschließend sollen Sie gemäß den Anforderungen an den Operator „kennzeichnen" (Anforderungsbereich II), einen Raum bzw. einen Sachverhalt auf der Grundlage bestimmter Kriterien begründet charakterisieren. In dieser Teilaufgabe sollen Sie aufzeigen, welche Voraussetzungen Bratislava als Industriestandort in der zweiten Hälfte der 1990er-Jahre erfüllte (M 1–M 5).

Lage

Die Hauptstadtregion Bratislava befindet sich im Westen der Slowakei. Sie grenzt im Westen an die Republik Österreich und am südlichen Zipfel an Ungarn. Auf dem Gebiet der Slowakei wird sie von der Provinz Trnava umgeben. Die slowakische Hauptstadt Bratislava liegt an der Grenze zu Österreich und am Fluss Donau. Die Entfernung zur österreichischen Hauptstadt Wien beträgt ca. 50 km (M 1–M 3).

Beginnende Transformation

Die **politische Umbruchsituation** Ende der 1980er-Jahre im Osten Europas hatte in der Slowakei zur Folge, dass im Zuge der 1989 beginnenden „Samtenen Revolution" die kommunistisch regierte Tschechoslowakei zu einem demokratisch gestalteten Staat wurde und 1993 die Auflösung dieses Staates erfolgte. Parallel hierzu wurde die Unabhängigkeit der Slowakischen Republik erklärt. Dieser Prozess führte auch zu einer **wirtschaftlichen Umstrukturierung**, die sich in der Gründung neuer Unternehmen, wie VW Bratislava, einem 1991 gegründeten Joint Venture zwischen VW, den Automobilwerken Bratislava (BAZ), die 1974 im Nordwesten Bratislavas eröffnet worden waren, und der slowakischen Regierung zeigt. 1998 geht dieses Joint Venture in die neue VW-Tochter VW Slovakia ein (M 2, M 5).

Als Industriestandort bot die Region Bratislava in der zweiten Hälfte der 1990er-Jahre gute Voraussetzungen. Die **Tradition als Industriestandort** stellt einen Standortvorteil für die Region dar. So gab es neben der Automobilindustrie auch Standorte des Schiffbaus und der Elektroindustrie (M 1, M 3).

Lagegunst

Die Region erhielt durch die Grenzöffnung eine **verkehrsgünstige Lage** innerhalb Europas, die durch verschiedene Anbindungen nach Westeuropa, aber auch nach Osteuropa, begünstigt wird. Hierzu zählen sowohl verschiedene Autobahnen, die von Bratislava aus sternförmig in alle Richtungen führen, als auch einige Eisenbahnstrecken. Während zwei dieser Bahnstrecken nach Osten und Nordosten verlaufen, gibt es zwei weitere, die Bratislava mit der österreichischen Hauptstadt Wien verbinden. Die nach Nordwesten führende Strecke des Städteexpress wurde nach 1989 gebaut. Durch die nach Südwesten führende Eisenbahnlinie wird gleichzeitig die Anbindung nach Ungarn und Budapest gewährleistet, da diese auf die Eisenbahnlinie von Wien nach Budapest trifft (M 1, M 3).

Standortvorteil

Die **niedrigen Arbeitskosten** stellen eine weitere günstige Rahmenbedingung für einen Standort des produzierenden Gewerbes dar. Im internationalen Vergleich lagen die Arbeitskosten im sekundären Sektor in der Slowakei 1997 weit unter denen der Industrieländer Deutschland, Österreich und den USA. In diesen Ländern betrugen die Arbeitskosten zwischen ca. 29 US-$ und 22 US-$. Die Region Bratislava lag mit 4 US-$ pro Stunde etwas über dem Durchschnitt von ca. 3 US-$ in der gesamten Slowakei (M 4).

Standortnachteile

Jedoch wies die Region auch Standortnachteile auf. Die **Steuer auf Unternehmensgewinne** lag von 1995 bis 1999 bei 40 % und war damit einige Prozentwerte höher als in Österreich, aber immer noch deutlich niedriger als in Deutschland, wo die Steuer auf Unternehmensgewinne im Laufe dieses Zeitraums von 60 auf 50 % gesenkt wurde. Im Jahre 2000 sank dieser Steuersatz in der Slowakei auf 30 % und damit unter das Niveau des österreichischen Satzes. Darüber hinaus war die Region Bratislava wie auch die gesamte Slowakei durch eine **geringe Arbeitsproduktivität** gekennzeichnet. 1995 lag das BIP in KKS je geleisteter Arbeitsstunde deutlich unter dem EU-Durchschnitt. In der Slowakei war die Arbeitsproduktivität weniger als halb so hoch wie in der EU, in der Region Bratislava lag der Wert bei etwas mehr als zwei Drittel im Vergleich zur EU. In den Ländern Deutschland und Österreich lag die Arbeitsproduktivität dagegen 20 bzw. 30 % über dem EU-Wert (M 4).

Zwischenfazit

Trotz dieser beiden Nachteile stellte die Region Bratislava Mitte der 1990er-Jahre einen vielversprechenden Industriestandort dar.

Teilaufgabe 2

Der Operator „erläutern" (Anforderungsbereich II) verlangt von Ihnen, dass Sie aus dem Material entnehmbare Zusammenhänge verdeutlichen. In dieser Teilaufgabe sollen Sie die wirtschaftliche Entwicklung der Region Bratislava aufzeigen und hierbei die Gesamtentwicklung der Slowakei berücksichtigen (M 2–M 8).

Wirtschaftliche Entwicklung

Die wirtschaftliche Entwicklung Bratislavas ist als typischer **Prozess der Transformation** in Osteuropa zu kennzeichnen. Im Rahmen dieses Prozesses hat die Region Bratislava seit 1995 eine positive wirtschaftliche Entwicklung aufzuweisen. So ist das **BIP pro Einwohner** von 7 716 € im Jahr 1995 auf 28 443 € im Jahr 2009 gestiegen. Die **Arbeitslosenrate** ist von 1995 bis 2010 um 1 % gesunken, von 5,6 auf 4,6 % (M 2).

Strukturwandel

Die wirtschaftliche Umstrukturierung zeigt sich auch in der Veränderung der **Beschäftigungsstruktur**. Die Anzahl an Beschäftigten insgesamt ist um ca. 80 000 gestiegen. Der primäre Sektor, der 1995 nur einen geringen Anteil an Beschäftigten aufwies, ist 2009 nicht mehr vorhanden. Dagegen ist die Anzahl der Beschäftigten im **sekundären Sektor** um etwa 10 000 gesunken und lag 2009 bei ca. 80 000. Die Abnahme ist aber vor allem in den Bereichen Bergbau, Handwerk, Energie sowie im Baugewerbe zu verzeichnen, während die Beschäftigtenanzahl in der Industrie in etwa gleich geblieben ist. Ein deutlicher Zuwachs ist im **tertiären Sektor** erkennbar. Im Jahr 1995 betrug die Anzahl der Beschäftigten in diesem Sektor ca. 220 000, bis 2009 ist diese auf über 300 000 Beschäftigte gestiegen. Der **Tertiärisierungsprozess** in der Region Bratislava zeigt sich auch an zahlreichen Standorten des Dienstleistungssektors. Als Hauptstadt und Regierungssitz der Slowakei stellt Bratislava einen bedeutenden **Standort für Verwaltung, Justiz und den Finanzsektor**, aber auch für **Handels- und Logistikunternehmen** sowie **Service und Beratung** dar. Des Weiteren gibt es verschiedene **Standorte für Bildung**, z. B. eine Universität, sowie **Kultur und Gesundheit**. Seit 1989 ist außerdem ein **Gründerzentrum** im Nordosten in der Nähe von Handelsunternehmen und des **Messestandortes** entstanden. Je ein Standort für ein Einkaufszentrum und einen Hypermarkt mit Selbstbedienung sind ebenfalls hinzugekommen (M 3, M 8).

Bedeutung der Hauptstadtregion

Im Vergleich zur wirtschaftlichen Entwicklung der Gesamtslowakei zeigt sich die wirtschaftliche Bedeutung der Hauptstadtregion. Ein **wachsendes BIP je Einwohner**, eine **sinkende Arbeitslosenrate** sowie die **Veränderung der Beschäftigungsstruktur** sind auch für die gesamte Slowakei kennzeichnend. Jedoch werden bei genauer Betrachtung dieser Indikatoren signifikante Unterschiede deutlich. Das BIP pro Einwohner hat sich in der Slowakei von 1995 bis 2009 zwar verdreifacht: während es 1995 noch bei 3 602 € je Einwohner lag, betrug es 2009 11 609 € je Einwohner. Jedoch liegt es insgesamt deutlich unter dem BIP je Einwohner in der Region Bratislava. Die Arbeitslosenrate ist von 14,0 % im Jahr 1995 auf 12,5 % im Jahr 2010 gesunken. In der Beschäftigungsstruktur wird wie in der Hauptstadtregion der **Trend zur Tertiärisierung** deutlich. Der tertiäre Sektor hat als einziger Wirtschaftssektor im Zeitraum von 1995 bis 2009 einen Zuwachs von Beschäftigten aufzuweisen. 1995 waren ca. 1 Mio. Menschen in diesem Sektor beschäftigt, 2009 waren es ca. 1,2 Mio. Im Gegensatz zur Region Bratislava, die insgesamt einen Zuwachs an Beschäftigten zu verzeichnen hatte, ist die Beschäftigtenzahl in der gesamten Slowakei jedoch um etwa 200 000 zurückgegangen und lag 2009 bei ca. 1,75 Mio. Dieser Rückgang ist auf **Arbeitsplatzverluste** im primären und sekundären Sektor zurückzuführen. Der primäre Sektor wies 2009 nur noch etwa ein Drittel der Beschäftigten im Vergleich zu 1995 auf, der sekundäre Sektor hat ca. ein Viertel der Beschäftigten in diesem Zeitraum verloren (M 2, M 8).

Gesamtentwicklung

Die **positiven Trends** der wirtschaftlichen Entwicklung zeigen sich in fast allen Regionen der Slowakei. In allen Regionen ist das BIP je Einwohner von 1995 bis 2009 gestiegen, allerdings liegt es deutlich unter dem Bratislavas. So betrug es im Jahr 2009 in der im Südosten des Landes gelegenen Region Košice etwa ein Drittel, in der im Nordosten gelegenen Region Prešov etwa ein Viertel des BIP/Einwohner der Hauptstadtregion. Die Arbeitslosenrate ist dagegen nur in sechs der acht Regionen gefallen. In der Region Prešov hat sie geringfügig um 0,4 % zugenommen, in der zentral im Süden gelegenen Region Banská Bystrica ist sie sogar um 3,3 % gestiegen und erreichte 2010 18,9 %. Anzumerken ist aber auch hier, dass die Arbeitslosenrate in den weiter von der Hauptstadtregion entfernten Regionen sich auf einem deutlich höheren

Niveau bewegt. So wiesen die beiden östlich gelegenen Regionen Prešov und Košice 2010 eine Arbeitslosenrate von 17,8 bzw. 16,8 % auf (M 2).

Günstige politische Rahmenbedingungen

Die Impulse für die wirtschaftliche Entwicklung sind auf verschiedene Rahmenbedingungen zurückzuführen, die die Wirtschaft im Rahmen der **Transformation** positiv beeinflusst haben. Bereits elf Jahre nach Auflösung der Tschechoslowakei konnte die Slowakei 2004 der **EU beitreten**. Infolgedessen fielen nicht nur die Grenzkontrollen zu Österreich im Jahr 2007 weg, sondern die Slowakei trat 2009 auch der Euro-Zone bei und die bisherige Landeswährung Slowakische Krone wurde von der europäischen Währung ersetzt. Positiv wirkte sich auch eine **unternehmensfreundliche Steuerpolitik** aus, im Zuge derer die Steuersätze von 1999 bis 2004 jährlich gesenkt wurden und seit 2004 bei 20 % liegen. Daher befand sich der Steuersatz bereits im Jahr 2000 unter dem Niveau von Österreich und Deutschland. Des Weiteren sind die **Arbeitskosten** im verarbeitenden Gewerbe im internationalen Vergleich immer noch niedriger. Obwohl sich die Arbeitskosten bis 2010 fast vervierfacht haben, betragen sie durchschnittlich mit ca. 11 US-$ pro Stunde in der Slowakei gerade ein Viertel der Arbeitskosten in Deutschland. Auch in Österreich und den USA liegen die Arbeitskosten mit ca. 40 bzw. 35 US-$ pro Stunde deutlich über dem Niveau der Slowakei (M 2, M 4).

Regionale Disparitäten

Die Tatsache, dass sich die positive wirtschaftliche Entwicklung zwar in allen Regionen der Slowakei bemerkbar macht, die Region Bratislava aber offensichtlich am meisten profitiert, wie das enorme Wachstum des BIP/Einwohner sowie die steigende Anzahl an Beschäftigten verdeutlicht, zeigt, dass sich die **regionalen Disparitäten** seit 1995 vertieft haben. Dies ist einerseits begründet in der **grenznahen Lage** zum Nachbarland Österreich und der Stellung Bratislavas als Hauptstadt der Slowakei, andererseits weist diese Region eine **überdurchschnittliche Arbeitsproduktivität** auf. Diese lag 2010 4 % über dem EU-Durchschnitt, während die Slowakei diesbezüglich insgesamt 25 % unter dem EU-Durchschnitt liegt. Hierdurch hat sich die Arbeitsproduktivität dem Nachbarland Österreich angenähert, das 2010 in diesem Bereich nur noch 15 % über dem EU-Durchschnitt lag (M 1–M 5).

Attraktivität Bratislavas für Investoren

Der Bedeutungsüberschuss der Hauptstadtregion wird auch in der Höhe der **Auslandsdirektinvestitionen** deutlich. Seit 1997 weisen diese in der übrigen Slowakei und in der Region Bratislava einen parallel verlaufenden stetigen Anstieg auf. Insgesamt wurde

2010 eine Summe von etwa 37 Mrd. € erreicht, was ein Vielfaches der Summe von ca. 2 Mrd. € in 1997 darstellt. Der größte Anteil der ADI ist allerdings in die Region Bratislava geflossen. Während bis 2000 nur ein geringer Teil der übrigen Slowakei zukam, vergrößerte sich dieser Anteil zwar, jedoch erhielt die Region Bratislava seit 2003 in etwa zwei Drittel der ADI. Die Region Bratislava profitiert hinsichtlich der ADI von den **günstigen Rahmenbedingungen für ausländische Investoren**. Die steigende Summe an ADI konnte wiederum Impulse für die regionale Wirtschaft geben, die sich beispielsweise in einer hohen Anzahl von **Industrie- und Dienstleistungsstandorten** niederschlägt, und steht damit in einem direkten Zusammenhang zur positiven wirtschaftlichen Entwicklung der Hauptstadtregion (M 2–M 4, M 7).

Entwicklung des Automobilstandortes

Ein bedeutender ausländischer Investor ist der **Automobilkonzern VW**, der 1991 durch die Gründung eines Joint Venture Fuß fassen konnte und die Produktion von Kraftfahrzeugen aber auch von Fahrzeugteilen als Teil der neuen VW-Tochter VW Slovakia sukzessive ausbaute. Von 1991 bis 2010 investierte der Konzern insgesamt ca. 1,9 Mrd. € in die Automobilproduktion in der Slowakei. Bis 2003 stieg die Pkw-Produktion von VW kontinuierlich auf 280 000 Fahrzeuge an. 1999 wurden 80 % der Autoteile importiert, die bei VW Bratislava gefertigten Autos wurden jedoch zu fast 100 % exportiert. Seit 2000 wurden **weitere VW-Werke** sowohl für die Produktion von Fahrzeugteilen in der Region Žilina und zur Vorbereitung von VW-Fahrzeugen für den russischen Markt in der Region Košice, als auch drei **VW-Zulieferparks** in der Nähe des VW-Werks in Bratislava eröffnet. Die Importquote von Autoteilen wurde auf diese Weise reduziert, für den Polo lag sie 2006 bei nur noch 40,5 %. 2011 wurde die Produktionspalette, die am Standort Bratislava vor allem die Karosseriefertigung für die SUV-Sparte des Konzerns umfasste, um die Produktion der New Small Family erweitert. Die Fahrzeugproduktion ist nach wie vor fast ausschließlich auf den **Export** ausgerichtet. Im Zuge der Expansion ist auch ein **Anstieg der Beschäftigten** bei VW zu verzeichnen. Im Jahr 1997 arbeiteten bei VW Bratislava 3 000 Beschäftigte, 1999 waren es bereits 5 000. Insgesamt hatte VW Slovakia 2011 8 400 Beschäftigte, wovon 80 % in Bratislava arbeiteten. Durch die räumliche Nähe Bratislavas zu Österreich wird die Verknüpfung der Arbeitsmärkte ermöglicht, da die VW-Standorte auch Arbeitsplätze für österreichische Arbeitnehmer bieten. Im

Jahr 2010 kamen 25 % der Beschäftigten bei VW Bratislava aus Österreich (M 5, M 6).

Durch die kontinuierliche Ausweitung der VW-Produktion in der Slowakei wurden weitere ausländische Automobilhersteller wie Citroen oder Kia angezogen und so die **Konkurrenzsituation** für VW verschärft. Seit 2005 schwanken die Produktionszahlen von VW und konnten das Niveau von 2003 nicht mehr erreichen. Insgesamt ist die Pkw-Produktion aber durch die Ansiedlung weiterer Unternehmen deutlich angestiegen und erreichte 2011 fast 650 000 Pkw, wovon etwa ein Drittel auf VW-Fahrzeuge entfiel (M 6).

Demographische Entwicklung

Die wirtschaftliche Entwicklung des Landes sowie insbesondere der Region Bratislava und die daraus resultierenden Disparitäten werden auch durch das **Wanderungssaldo** verdeutlicht. Insgesamt hat die Slowakei im Zeitraum von 2001 bis 2010 ein positives Saldo von 35 056 Einwohnern aufzuweisen. Während die abgelegenen Regionen in der Mitte und im Osten jedoch ein negatives Saldo aufweisen, zeigt sich der **Bedeutungsüberschuss** der Hauptstadtregion in einem positiven Wanderungssaldo in der Region Bratislava selbst, aber auch in der umliegenden Region Trnava und der sich anschließenden Region Nitra (M 2).

Teilaufgabe 3

Der Operator „erörtern" (Anforderungsbereich III) verlangt von Ihnen das Abwägen zwischen Pro und Kontra mit dem Ziel einer abschließenden eigenen Urteilsbildung. In dieser Teilaufgabe wird von Ihnen erwartet, dass Sie die Chancen und Risiken des „Twin City"-Konzeptes für die Region Bratislava, aber auch für die Gesamtslowakei begründet gegeneinander abwägen und abschließend beurteilen (M 2–M 5, M 9, M 10).

Hauptstädte Wien und Bratislava

Die Städte Wien und Bratislava sind nicht nur die Hauptstädte, sondern auch die **wirtschaftlichen Zentren** Österreichs und der Slowakei. Der Anteil des tertiären Sektors ist in beiden Hauptstadtregionen hoch: in Wien lag der Anteil 2009 bei 83,1 %, in Bratislava bei 79,1 %. Während in der österreichischen Hauptstadtregion der größte Anteil der Beschäftigten 2006 im Bereich der unternehmensnahen Dienstleistungen vorzufinden war, stellte diesen in der Region Bratislava der Bereich Transport und Logistik. Große Unterschiede weisen die Städte bei den Beschäftigten im Bereich Forschung und Bildung auf. In Wien lag der Wert mit

1,2 % der Erwerbsbevölkerung deutlich über dem EU-Durchschnitt von 0,53 %. In Bratislava waren dagegen nur 0,14 % der Erwerbsbevölkerung in diesem Bereich tätig (M 3, M 9).

Kooperation der Hauptstädte

Das **Twin City-Konzept** zwischen Wien und Bratislava zielt u. a. darauf ab, im Bereich „Bildung und Forschung" zu kooperieren. Hierzu wird die Zusammenarbeit der 20 Universitäten und Hochschulen der Region Wien mit den sechs Universitäten und Hochschulen in der Westslowakei angestrebt. Darüber hinaus beinhaltet das Konzept **gemeinsame Aus- und Weiterbildungsprojekte** von Firmen und Verwaltung sowie die **Kooperation von Industrieunternehmen, Finanzinstitutionen und Wirtschaftsverbänden**, die u. a. über die Industrieplattform Twin City Wien-Bratislava erfolgt. In der Automobilindustrie sind zudem wechselseitige Studienaufenthalte und Praktika von Lehrlingen, Lehrkräften und Werkmeistern/-meisterinnen in beiden Ländern vorgesehen (M 10).

Entwicklung der Infrastruktur

Der gegenseitige grenzübergreifende Austausch wird vereinfacht durch die Schaffung von Informations- und Kommunikationsplattformen im Internet, aber auch durch den **Ausbau der Verkehrsinfrastruktur**. So wurden seit 2004 nach und nach zusätzliche Verkehrsverbindungen geschaffen, die für die im Jahr 2006 bereits 100 000 **Pendler** zwischen Wien und Bratislava vielfältige Anbindungsmöglichkeiten bieten. Hierzu zählen neue **Autobahn- und Schnellstraßenverbindungen**, durch die v. a. Lücken im bestehenden Straßennetz geschlossen werden, sodass ein vollständiger Autobahnring, der beide Städte einschließt, entsteht. Ergänzt wird die Verkehrsinfrastruktur durch den **Ausbau des Schienennetzes**. Einerseits werden auch hier bereits bestehende Strecken erweitert, um verschiedene Anbindungen zwischen den Hauptstädten herzustellen, andererseits wurde aber auch die Städteexpress-Verbindung geschaffen, die auf kürzestem Wege die beiden Städte miteinander verbindet. Im Zuge des Schienenausbaus werden außerdem die Hauptbahnhöfe neu gebaut. In Wien soll dieses Projekt bis 2015, in Bratislava bis 2013 umgesetzt werden. Auf der slowakischen Seite ist zudem der Bau einer Donauquerung notwendig. Auch die **Anbindung der Flughäfen** wird bei der Verkehrsplanung in den Blick genommen. Beide Flughäfen liegen außerhalb der Stadtzentren, in Wien im Südosten, in Bratislava im Nordosten, und beide erhalten sowohl eine Anbindung ans Schienen- als auch ans Autobahnnetz. Eine weitere Verkehrsverbindung zwischen Wien und Bratislava stellt die Donau dar, auf der seit 2006 ein Twin City-Schiff als Shuttle-Boot verkehrt. Diese **verkehrsinfrastrukturelle Aufwertung**, die durch das Twin City-Konzept erfolgt, hat Impulse für die positive wirtschaftliche Entwicklung und den Ausbau des tertiären Sektors insbesondere in der Region Bratislava gegeben (M 3, M 10).

Politische Ebene

Das Jahr 2006 markiert auch den Beginn der engen Zusammenarbeit zwischen der österreichischen und der slowakischen Hauptstadt. Projekte, die im Rahmen dieser **Städtekooperation** umgesetzt werden, erhalten eine regionale EU-Strukturförderung über die Interreg IIIa. Im Jahr 2010 wurde dann die Twin City-Vereinbarung zwischen Wien und Bratislava unterzeichnet und so der Weg für die weitere Zusammenarbeit geebnet (M 10).

Positive Auswirkungen

Aus dieser Zusammenarbeit ergeben sich Chancen nicht nur für die Region Bratislava, sondern auch für die gesamte Slowakei. Das Bundesland Wien weist im Vergleich zur Region Bratislava eine etwa doppelt so **hohe Kaufkraft** auf und ist daher als **Absatzmarkt** für die slowakische Industrie von Bedeutung, sodass ein verbesserter Zugang zu diesem vorteilhaft sein kann. Zudem wird der bereits bestehende **Wirtschaftsschwerpunkt Transport und Logistik** weiter gestärkt. Die Bevölkerung Bratislavas profitiert auch von einem größeren Arbeitsplatzangebot durch die Anbindung an die österreichische Seite. Die übrigen Regionen der Slowakei profitieren vor allem dadurch, dass auch Betriebe außerhalb Bratislavas, z. B. die dort entstandenen VW-Betriebe, Aufträge erhalten. Nach dem Vorbild von VW können darüber hinaus weitere Zweigwerke anderer Unternehmen entstehen und Impulsgeber für die wirtschaftliche Entwicklung auch außerhalb der Hauptstadt sein. Der Austausch von Know-how, vor Ort z. B. in Form von Praktika, aber auch übers Internet, ist als weiterer positiver Aspekt zu nennen (M 3, M 5, M 9, M 10).

Nachteile

Dennoch werden diese positiven Aspekte durch verschiedene Risiken, die die Kooperation der Städte birgt, relativiert. Durch die Verknüpfung der Arbeitsmärkte werden die täglichen **Pendlerströme** verstärkt, was trotz des Ausbaus der Infrastruktur zu **Verkehrsproblemen** führen kann und auch **ökologische Folgen** mit sich bringt. Zudem wird so die Konkurrenzsituation zwischen slowakischen und österreichischen Firmen erhöht. Trotz des höheren Stundenlohns ist Österreich und auch das Bundesland Wien aufgrund der immer noch höheren Arbeitsproduktivität im Vergleich zur Slowakei und Bratislava möglicherweise für Unternehmen attraktiver. Für die Gesamtslowakei ergeben sich durch die enge

Städteverbindung in erster Linie räumliche Nachteile. Die Stellung Bratislavas als **wirtschaftliches Zentrum im Westen** des Landes wird weiter gestärkt, wodurch die übrigen Regionen von der Entwicklung abgekoppelt werden. Die bereits bestehenden **regionalen Disparitäten** innerhalb der Slowakei werden aufrechterhalten oder im schlimmsten Fall sogar vergrößert. Dem Ziel der EU-Regionalpolitik, Disparitäten abzumildern, wird auf diese Weise entgegengearbeitet (M 2, M 4, M 9, M 10).

Fazit

Wägt man die Chancen und Risiken des Twin City-Konzeptes gegeneinander ab, wird deutlich, dass sich schwerwiegende Nachteile für die Regionen außerhalb der Hauptstadtregion Bratislava ergeben und die Gefahr besteht, dass diese abgehängt werden, während der Bedeutungsüberschuss Bratislavas wächst. Daher ist es von entscheidender Bedeutung, auch die übrigen Regionen bei der wirtschaftlichen und verkehrsinfrastrukturellen Entwicklung nicht aus dem Blick zu verlieren, sondern in diesen Prozess zu integrieren. Die positiven Trends in den an die Region Bratislava angrenzenden Regionen zeigen, dass die Ausstrahlungseffekte der Hauptstadtregion genutzt werden können. Das Twin City-Konzept sollte daher dazu beitragen, die gesamte Slowakei mit dem Zugpferd Bratislava als Wirtschaftsstandort zu stärken.

Grundkurs Geographie (NRW) – Abiturprüfung 2014
Aufgabe 1

Thema
Strukturwandel in altindustriellen Räumen –
Das Beispiel Neunkirchen/Saarland

Aufgabenstellung	Punkte
1. Lokalisieren Sie Neunkirchen und kennzeichnen Sie die wirtschaftliche Situation der Stadt zu Beginn der 1980er-Jahre.	22
2. Erläutern Sie die wirtschaftliche, demographische und städtebauliche Entwicklung Neunkirchens seit 1980.	33
3. Nehmen Sie kritisch Stellung zur Zukunftsfähigkeit der in Neunkirchen unternommenen Revitalisierungsansätze.	25

Zugelassene Hilfsmittel
- der an der Schule in der Qualifikationsphase überwiegend verwendete Atlas, in einer für alle Prüflinge gleichen Auflage
- Wörterbuch zur deutschen Rechtschreibung
- Taschenrechner

Materialgrundlage

M 1 Atlaskarten nach Wahl

M 2 Beschäftigte in der saarländischen Stahlindustrie

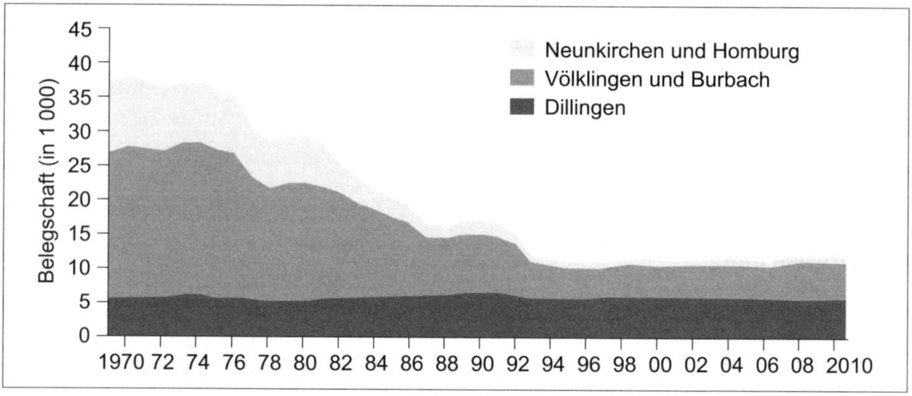

Quelle: Karsten Schreiber, Martin Zwick: Die regionalwirschaftliche Bedeutung der Stahlindustrie für das Saarland, erstellt nach Angaben der Saarstahl AG

M 3 Geschichte der Montanindustrie in Neunkirchen

1597	Ausbeutung reichhaltiger Neunkircher Erzvorkommen; erste urkundliche Erwähnung eines Eisenwerkes in Neunkirchen
1821	Beginn der Kohleförderung in Neunkirchen
1961	Rohstahlproduktion im Neunkircher Eisenwerk: 900 000 t; Belegschaft: 9 500
1960–1968	Schließung der fünf Steinkohlebergwerke im Raum Neunkirchen; 1968 wird die Grube König als letzte geschlossen
1974	Produktion im Neunkircher Eisenwerk: 1,07 Mio. t Roheisen, 1,29 Mio. t Rohstahl, 1,05 Mio. t Walzwerkfertigerzeugnisse (z. B. Schienen); Belegschaft am Jahresende: rund 8 800
1978	ARBED-Luxemburg übernimmt Neunkircher Eisenwerk; Entscheidung des ARBED-Konzerns zur Stilllegung der Hütte; 1982 Fusion zur ARBED Saarstahl GmbH; 1989 Saarstahl AG
1980	Belegschaft Neunkircher Eisenwerk: ca. 6 500
1982	Belegschaft Neunkircher Eisenwerk: 1 200; im Eisenwerk werden die Hochöfen gelöscht, das Stahlwerk und die Kokerei stillgelegt; nur zwei Walzstraßen bleiben in Betrieb
2012	Saarstahl AG Werk Neunkirchen: ca. 850 Beschäftigte; Produktion von Feinstahl und Drähten

zusammengestellt nach:
http://www.saarstahl.de/geschichte_neunkirchen.html?&L=1/trackback (Zugriff 6. 12. 2012);
http://www.saar-nostalgie.de/saargruben.htm (Zugriff 30. 5. 2013);
http://www.neunkirchen.de/rathaus/geschichte-neunkirchen-saar/neunkircherstadtgeschichte.html (Zugriff 12. 10. 2013)

M 4 Der westliche Teil der Stadt Neunkirchen 1980 und 2007 (siehe Farbabbildungen)

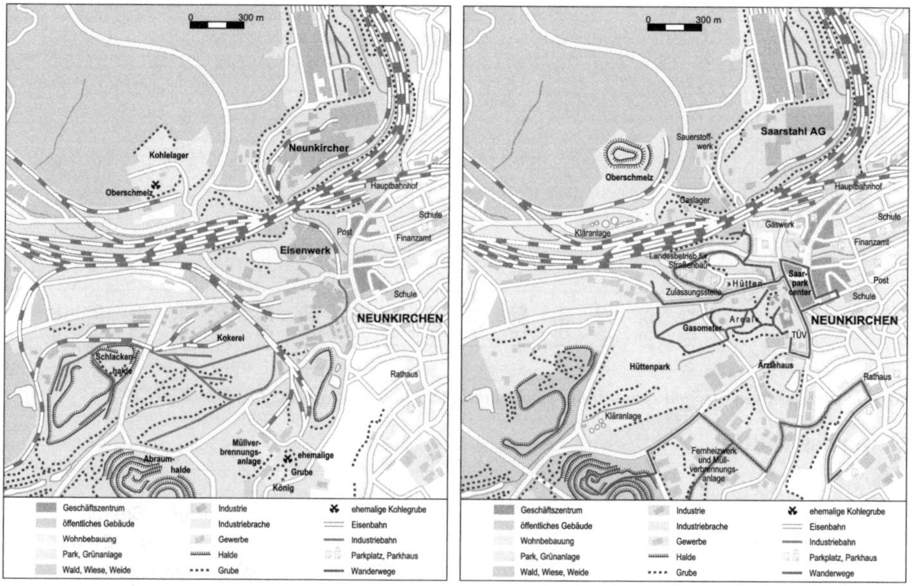

Quelle: © cartomedia, Karlsruhe

M 5 Arbeitsmarktdaten der Stadt Neunkirchen

Sozialversicherungspflichtig Beschäftigte

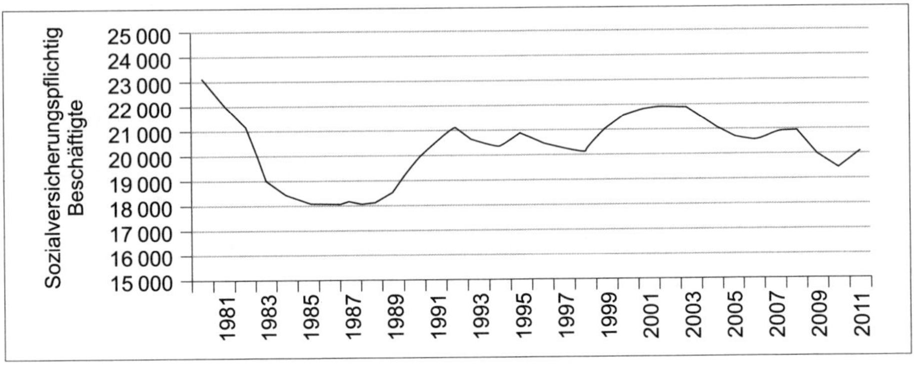

nach Daten des Statistischen Landesamtes Saarland 2012 und der Agentur für Arbeit 2012

Erwerbsstruktur

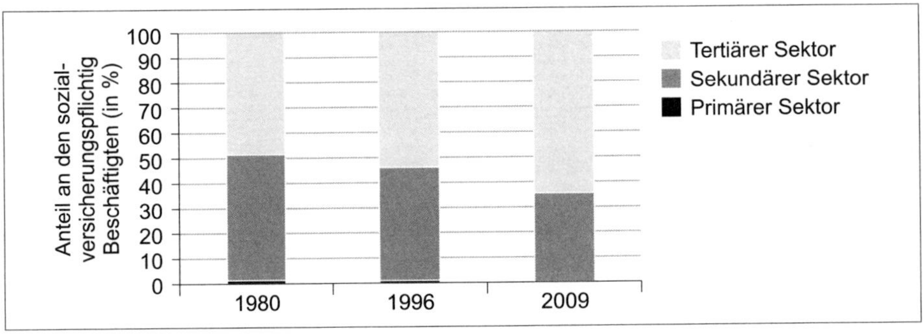

nach Daten der Stadt Neunkirchen und des Statistischen Landesamtes Saarland 2012

Arbeitslosenquote (%)

	1970	1980	1986	1992	1998	2004	2011
Neunkirchen	1,0	8,5	17,0	11,6	16,9	17,0	12,0
Saarland	1,2	6,5	13,3	9,4	13,9	10,0	6,8
Deutschland (West)	0,8	3,8	9,0	6,6	10,5	9,4	6,1

Anmerkung: Werte 1970 und 1980 für die Stadt Neunkirchen sind Hochrechnungen

Agentur für Arbeit 2012

M 6 Bevölkerungsdaten der Stadt Neunkirchen

Tatsächliche und prognostizierte Bevölkerungsentwicklung (Einwohnerzahl in 1 000)

	1970	1980	1990	2000	2011	2020*
Neunkirchen	43,4	52,0	51,5	50,9	47,2	43,3
Saarland	1 121,3	1 066,3	1 073,0	1 068,7	1 007,0	948,1

* Prognose der Bevölkerungsentwicklung unter der Annahme, dass natürliche Bevölkerungsentwicklung wie auch Migration so bleiben wie in den Jahren 2005–2008

nach Daten des Statistischen Landesamtes Saarland 2012

Natürlicher Bevölkerungssaldo und Migrationssaldo Neunkirchen

Zeitraum	1981–1985	1986–1990	1991–1995	1996–2000	2001–2005	2006–2010*
Migrationssaldo	−661	+811	+917	−86	−394	−792
natürlicher Bevölkerungssaldo	−606		−652	−833	−1 078	−1 015

* Werte 2006–2010 Hochrechnung auf Basis der Werte 2006–2008 sowie der Entwicklung der Einwohnerzahl

nach Daten des Statistischen Landesamtes Saarland 2012

Altersstruktur der Bevölkerung

	Stadt Neunkirchen	
	2008	2040 (Prognose)
Anteil der Einwohner unter 20 Jahre (%)	18,7	16,9
Anteil der Einwohner über 64 Jahre (%)	21,9	30,0

nach Daten des Statistischen Landesamtes Saarland 2012

M 7 Stadtumbau Neunkirchen

Entwicklungen im Westen der Stadt Neunkirchen

1978–1979	• Innenstadtsanierung • Schaffung einer Fußgängerzone • Fertigstellung der „Bliespromenade“ mit ca. 12 000 m² Verkaufsfläche
1989–2012	Saarpark-Center; Betreiber: ECE* • 1989 Eröffnung • mehrfach Umstrukturierung und Erweiterung • aktuell (2012): Verkaufsfläche ca. 33 500 m², ca. 1 000 m² Büro- und Praxisflächen; über 130 Fachgeschäfte, drei Textilhäuser, ein Fachmarkt für Unterhaltungselektronik, Dienstleistungs- und Gastronomiebetriebe • größtes Shopping-Center im Saarland • aktuell rund 25 000 Besucher an normalen Tagen, bis zu 50 000 Besucher/Tag in der Weihnachtszeit
1990–1996	• Umgestaltung von Teilen des ehemaligen Neunkircher Eisenwerkes zu einem Industriedenkmal; touristische Nutzung; Areal auch für Veranstaltungen nutzbar • alter Wasserturm in privater Initiative zu Gastronomie-, Fitness- und Kinozentrum umgebaut

* ECE = „Einkaufs-Center Entwicklungsgesellschaft“; offizieller Titel: ECE Projektmanagement G.m.b.H. & Co. KG; deutsches Unternehmen mit Hauptsitz in Hamburg, das gewerbliche Großimmobilien plant, baut, vermietet und betreibt

Förderung des Stadtumbaus Neunkirchen

- Kommunales Restrukturierungsprogramm (ab 1978); finanzielle Absicherung durch städtebauliche Förderung der Bundesregierung
- ergänzt durch Bund-Länder-Programm „Soziale Stadt“ (ab 1999); Fördermittel der EU, der Bundesregierung, des Kreises u. a.: 2,7 Mio. Euro (1999–2003)
- weiterhin ergänzt durch Bund-Länder-Programm „Stadtumbau West“ (ab 2005); Fördermittel des Bundes: 1,3 Mio. Euro (2005–2010)

zusammengestellt nach:
https://www.ece.de/de/geschaeftsfelder/projektuebersicht/center/spn/;
http://www.diercke.de/kartenansicht.xtp?artId=978-3-14-100757-2&seite=13&id=12866&kartenr=2 (Zugriff jeweils 6. 12. 2012);
http://www.neunkirchen.de/rathaus/geschichte-neunkirchen-saar/neunkircherstadtgeschichte.html (Zugriff 12. 10. 2013);
http://www.staedtebaufoerderung.info/StBauF/DE/StadtumbauWest/Praxis/Kommunale_Praxisbeispiele/Massnahmen/neunkirchen/neunkirchen_node.html (Zugriff 7. 12. 2012)

M 8 Rahmenbedingungen für den Einzelhandel in Neunkirchen

Kennziffern für den Einzelhandel in Neunkirchen

	2001		2012	
	Deutschland	Neunkirchen	Deutschland	Neunkirchen
Kaufkraftkennziffer*	100,0	95,0	100,0	91,5
Umsatzkennziffer**	100,0	153,1	100,0	148,0

* Kaufkraftkennziffer = Nettoeinkommen je Einwohner in Relation zum Bundesdurchschnitt
** Umsatzkennziffer = Einzelhandelsumsatz je Einwohner in Relation zum Bundesdurchschnitt

zusammengestellt nach Daten der IHK Saarland, 2012

Bestehende bzw. geplante Einzelhandelsgroßprojekte im Raum Neunkirchen

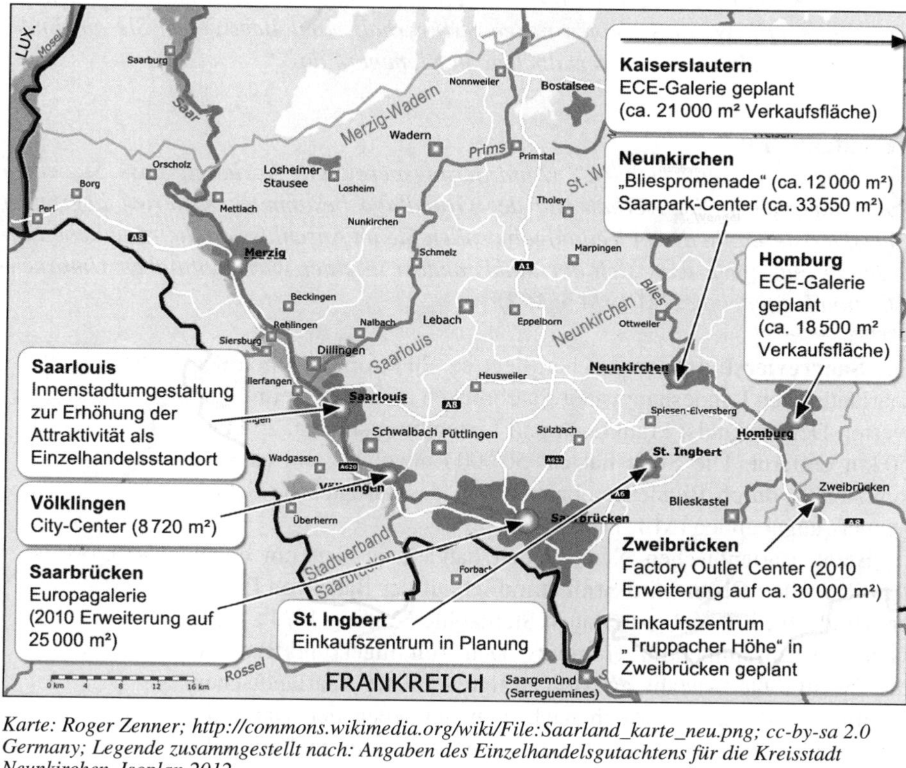

Karte: Roger Zenner; http://commons.wikimedia.org/wiki/File:Saarland_karte_neu.png; cc-by-sa 2.0 Germany; Legende zusammgestellt nach: Angaben des Einzelhandelsgutachtens für die Kreisstadt Neunkirchen, Isoplan 2012

Die Aufgabe bezieht sich auf die folgenden **inhaltlichen Schwerpunkte:**
- Wandel von Standortfaktoren in seiner Wirkung auf industrieräumliche Strukturen
  - Hauptphasen des industriellen Strukturwandels
  - Standortentscheidungen und -vernetzung (Cluster) im Zusammenhang mit harten und weichen Standortfaktoren
- Siedlungsentwicklung in Abhängigkeit von soziokulturellen und politischen Leitbildern
  - Zentralität als Ausdruck funktionaler Verflechtungen von Stadt und Umland

Lösungsvorschlag

Berücksichtigen Sie die Tipps für die Anfertigung der Abiturklausur (siehe S. 7 ff.). Denken Sie zum Beispiel daran, Ihre Ausführungen mithilfe von Zwischenüberschriften zu gliedern. Wenn Sie einen neuen Sachverhalt vorstellen, geben Sie am Ende des (Sinn-)Abschnitts die Materialbelege in Klammern an.

Teilaufgabe 1

Der Operator „kennzeichnen" (Anforderungsbereich II) verlangt, dass Sie einen Raum oder einen Sachverhalt auf der Grundlage bestimmter Kriterien begründet charakterisieren. In dieser Teilaufgabe sollen Sie im Anschluss an die räumliche Einordnung aufzeigen, dass sich der Stahlstandort in einer wirtschaftlichen Umbruchsituation befunden hat (M 1–M 6, M 8).

Lage

Die **Saarrevierstadt** Neunkirchen liegt ca. 20 km nordöstlich der saarländischen Landeshauptstadt Saarbrücken an der Blies im Südwesten Deutschlands; Frankreich und Luxemburg sind ca. 25 bzw. 50 km entfernt. Die Stadt hat ca. 50 000 Einwohner; sie ist verkehrsmäßig durch Bundesautobahnen und das europäische Schienennetz angebunden (M 1, M 8).

Stahlgeschichte

Beim saarländischen Neunkirchen handelt es sich um einen **traditionellen Eisen- und Stahlstandort** auf der Basis von Eisenerz (Ende 16. Jh.) und später auch Steinkohle (Anfang 19. Jh.), der noch 1970 zusammen mit Homburg nach Völklingen und Burbach die zweitgrößte Anzahl an Beschäftigten in der saarländischen Stahlindustrie aufwies. Auch nach dem Schließen der saarländischen Kohlenzechen in den 1960er-Jahren wuchs die Stahlproduktion bei leichtem Rückgang der Belegschaft bis Mitte der 1970er-Jahre weiter an (M 2, M 3).

Erste Anzeichen von Krise

1978 deuteten sich erste **Standort- und Absatzprobleme** an – es erfolgte die Übernahme durch die ARBED-Luxemburg (M 3).

In dieser Zeit nahm die Belegschaft von ursprünglich 9 500 (1961) um ca. ein Drittel auf 6 500 (1980) ab, deutlich stärker als in anderen Städten im Saarland wie Völklingen und Burbach, die Anfang der 1980er-Jahre noch mehr als 80 % der ursprünglichen Stahlbeschäftigten aufwiesen oder Dillingen, das gar keinen Beschäftigtenrückgang verzeichnete (M 2). Mit 52 000 Einwohnern erreichte Neunkirchen 1980 jedoch sein Bevölkerungsmaximum und wies im Unterschied zum gesamten Saarland noch eine positive Bevölkerungsentwicklung auf (M 6). Allerdings lag die Arbeitslosenquote 1980 bereits über der des Saarlandes (M 5).

Beschäftigungswesen

Noch 1980 waren mit 6 500 ca. 30 % der etwa 23 000 Beschäftigten in der Stahlindustrie tätig, im **dominierenden sekundären Sektor** sogar mehr als 50 % (M 5). Vor allem der westliche Teil des Stadtbildes wurde damals geprägt von der Eisen- und Stahlindustrie: ehemaligen Erzgruben, Industriegebäuden und zahlreichen Industriebahn- und Eisenbahnlinien (M 4).

Umbruchsituation

Neunkirchen befand sich nach dem Wegbrechen der Rohstoffbasis Steinkohle zu Beginn der 1980er-Jahre **am Anfang eines wirtschaftlichen Umbruchprozesses**, ähnlich wie viele Städte im Ruhrgebiet.

Teilaufgabe 2

Der Operator „erläutern" (Anforderungsbereich II) fordert von Ihnen, dass Sie die aus dem Material zu entnehmenden Zusammenhänge verdeutlichen. In dieser Teilaufgabe sollen Sie aufzeigen, welche Entwicklungen ökonomischer, demographischer und städtebaulicher Art in Neunkirchen seit den 1980er-Jahren stattgefunden und sich gegenseitig beeinflusst haben (M 2 – M 7).

Während der Hauptphase des **industriellen Niederganges** in den 1980er-Jahren, dessen Ursache die Eisen- und Stahlkrise war, zeigte Neunkirchen die typischen Anzeichen einer **Altindustrieregion**, die vor einem **Strukturwandel** stand.

Wirtschaftliche Entwicklung nach 1980

Mit der Beendigung der Stahlproduktion 1982 sank die Anzahl der sozialversicherungspflichtig Beschäftigten schlagartig; 1980 lag die Arbeitslosenquote bereits bei 8,5 % im Vergleich zu nur 1 % im Jahr 1970 (M 5).

Auch die Rettungsversuche in Form zweier Fusionen – 1982 zur ARBED Saarstahl GmbH bzw. 1989 zur Saarstahl AG – konnten nicht verhindern, dass die Eisen- und Stahlproduktion gänzlich eingestellt wurde. Lediglich die Produktion von Walzerzeugnissen wurde aufrechterhalten.

Gegenwärtig produzieren nur noch 850 Beschäftigte (2012) Feinstahl und Drähte: Die Anzahl der Beschäftigten im sekundären Sektor ging bis 1996 nach und nach auf ca. 47 % zurück bei gleichzeitigem Anstieg der im **tertiären Sektor** Beschäftigten. Mit 17 % lag 1986 die **Arbeitslosenquote** in Neunkirchen fast doppelt so hoch wie in Deutschland (West) und deutlich über dem Durchschnittswert des Saarlandes (13,3). Mit nur noch 18 000 erreichte Mitte der 1980er-Jahre die Zahl der sozialversicherungspflichtig Beschäftigten ihr Allzeittief. Erst nach 1988 stieg die Gesamtbeschäftigtenzahl wieder bis auf max. 22 000 von 2001 bis 2003 an, bevor ein erneuter Rückgang bis auf ca. 20 000 im Jahr 2011 erfolgte und auch die Arbeitslosenzahl nach zwischenzeitlich nur noch 11,6 % (1992) erneut den Höchstwert von 17 % erreichte (2004). Während dieser Zeit schritt der **Tertiärisierungsprozess** voran: 2009 waren nur noch ca. 37 % im sekundären, aber 63 % im tertiären Sektor tätig. Gleichzeitig sanken die nationalen, regionalen und lokalen Arbeitslosenwerte deutlich; 2011 lag die Arbeitslosenquote in Neunkirchen nur noch bei 12 % (M 5).

Demographische Entwicklung

Mit der **ökonomischen Krise** ging eine Stagnation bzw. ein Rückgang der Bevölkerung Neunkirchens einher: Bis 1990 sank die Bevölkerungszahl von 52 000 um 500 auf 51 500, wobei ein noch deutlicherer Rückgang zunächst durch einen leichten **Migrationsüberschuss** verhindert wurde (M 6). Neunkirchen verlor seit 1990 8 % seiner Bevölkerung (Saarland: 6 %); die Prognosen bis 2020 weisen für Neunkirchen einen weiteren und leicht überdurchschnittlichen Rückgang um nochmalige 8% aus, wobei besonders seit Mitte der 1990er-Jahre sowohl Wanderungsverluste als auch ein **negatives natürliches Bevölkerungssaldo** zu verzeichnen sind (M 6).

Ein weiteres Merkmal ist eine **zunehmende Überalterung** der Neunkircher Bevölkerung: Sowohl das geänderte **generative Verhalten** und die Folgen des **demographischen Wandels** sind Gründe hierfür als auch vermutlich geringere Arbeitsmarktchancen in der Folge des Strukturwandels.

Städtebauliche Entwicklung

Die Entwicklung der städtischen Flächennutzung spiegelt den beschriebenen wirtschaftlichen Wandel deutlich wider: Der Anteil an Industrie- und Verkehrsflächen ist deutlich gesunken, der Anteil von innerstädtischen Parks und Grünanlagen im Zuge großflächiger **Renaturierungsmaßnahmen** erkennbar gestiegen. An einigen Stellen haben **Revitalisierungsmaßnahmen** stattgefunden: So entstanden auf ehemaligen Schwerindustrieflächen Dienstleistungsbetriebe wie z. B. der TÜV oder ein Ärztehaus, ein Industriedenkmal, Freizeiteinrichtungen auf dem „Hütten-Areal" oder Parkflächen (M 4, M 7).

Der Großteil dieser Impulse zur Strukturentwicklung geht zurück auf **geplante und staatlich geförderte Stadtumbaumaßnahmen,** die bereits seit 1978, ausgehend vom Innenstadtbereich, begannen und nach und nach weitere städtische Areale sowie nach 1990 auch Teile des ehemaligen Neunkircher Eisenwerkes erfassten. Umfangreiche finanzielle Mittel kamen aus dem kommunalen Restrukturierungsprogramm, dem Bund-Länder-Programm „Soziale Stadt" (2,7 Mio. Euro von 1999 bis 2003) sowie aus dem Bund-Länder-Programm „Stadtumbau West" (1,3 Mio. Euro von 2005 bis 2010) (M 7).

Teilaufgabe 3

Der Operator „nehmen Sie kritisch Stellung" (Anforderungsbereich III) verlangt eine reflektierte Auseinandersetzung mit den von Ihnen aufgezeigten Sachverhalten. In dieser Teilaufgabe wird von Ihnen erwartet, dass Sie die in Neunkirchen unternommenen Revitalisierungsansätze auf ihre Zukunftsfähigkeit hin bewerten (M 4–M 8).

Eine Betrachtung der seit den 1980er-Jahren zu beobachtenden Entwicklungen führt zu unterschiedlichen Teilbewertungen.

Positive Indikatoren

Der eingeleitete **Strukturwandel** zeigt bis 2012 erkennbare positive Ergebnisse. Hierzu zählen der Rückgang der Arbeitslosenquote, die deutliche Steigerung der im tertiären Sektor Beschäftigten und dessen innere Differenziertheit, die lebens- und umweltfreundlichere Gestaltung vieler innerstädtischer Areale und damit einhergehend eine **Attraktivitätssteigerung** der Stadt Neunkirchen. Hierzu zählt auch die Ausstattung mit zusätzlichen zentralen Angeboten wie dem Saarpark-Center, der Bliespromenade und den touristischen Angeboten (M 4, M 5, M 7, M 8).

Negative Indikatoren

Diesen positiven Elementen stehen jedoch auch eine Reihe negativer Anzeichen gegenüber: So liegt die Arbeitslosenquote immer noch deutlich über derjenigen des Saarlandes sowie Deutschlands und die Bevölkerungsentwicklung verläuft laut Prognose weiterhin negativ. Zudem haben sich die Beschäftigtenzahlen seit 2003 tendenziell negativ entwickelt und die **Kaufkraftkennziffer** weist vergleichsweise niedrige und zudem sinkende Werte auf. Auch der Umsatz geht leicht zurück (M 5, M 6, M 8).

Für Letzteres mit ausschlaggebend dürfte die **große Konkurrenz** ähnlicher Einkaufszentren in einem Radius von weniger als 30 km sein, die in Zukunft durch geplante Neuvorhaben in Kaiserslautern, St. Ingbert, Homburg und Zweibrücken noch zunehmen wird (M 8).

Fazit

Nimmt man die „Abstimmung mit den Füßen" als Indiz dafür, wie die Bevölkerung selbst die Aussichten auf Besserung und Zukunftsfähigkeit einschätzt, so fällt in Anbetracht der Altersstruktur, des natürlichen Bevölkerungswachstums und der Migrationsbilanz eine **Gesamtprognose eher skeptisch und negativ** aus.

Grundkurs Geographie (NRW) – Abiturprüfung 2014
Aufgabe 2

Thema
Entwicklungen im Transport- und Logistikwesen als Auslöser räumlicher und struktureller Veränderungen – Das Beispiel Duisburger Hafen

Aufgabenstellung	Punkte
1. Lokalisieren Sie Duisburg und kennzeichnen Sie die verkehrsgeographische Lage des Hafens sowie die Hafenstruktur am Ende der 1980er-Jahre.	24
2. Erläutern Sie die räumliche und strukturelle Entwicklung des Duisburger Hafens seit dem Ende der 1980er-Jahre.	34
3. Nehmen Sie kritisch Stellung zu Chancen und Problemen, die sich aus dieser Entwicklung ergeben.	22

Zugelassene Hilfsmittel
- der an der Schule in der Qualifikationsphase überwiegend verwendete Atlas, in einer für alle Prüflinge gleichen Auflage
- Wörterbuch zur deutschen Rechtschreibung
- Taschenrechner

Materialgrundlage

M 1 Atlaskarten nach Wahl

M 2 Duisburger Hafen Ende der 1980er-Jahre (siehe Farbabbildungen)

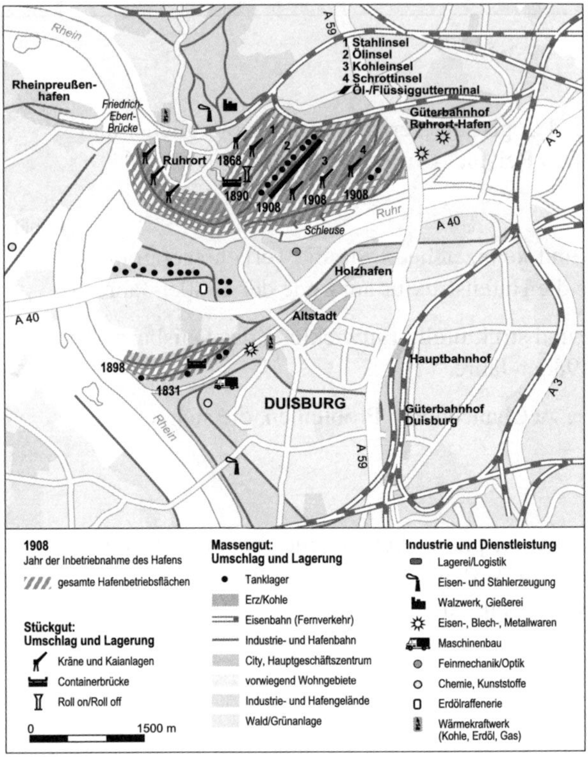

Quelle: © cartomedia, Karlsruhe

Güterumschlag des Duisburger Hafens 1987	17 349 776 t	
Hauptgüter (%)	Erz	29,7
	Kohle	21,1
	Metalle	16,6
	Mineralöl	14,8
Anteil des Containerumschlags am Gesamtumschlag (%)		1,74

nach Daten von: Statistisches Bundesamt, Wiesbaden 1988

M 3 Duisburger Hafen Ende der 2000er-Jahre (siehe Farbabbildungen)

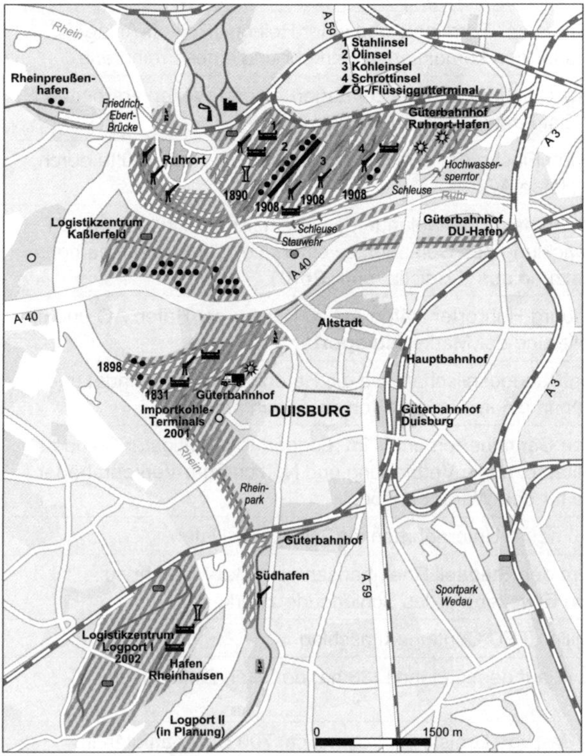

Quelle: © cartomedia, Karlsruhe

M 4 Umschlagentwicklung im Duisburger Hafen

Jahr	Schiffsverkehr (Mio. t)			Bahnverkehr (Mio. t)			Lkw-Verkehr (Mio. t)	Gesamt-umschlag (Mio. t)
	Gesamt	Massen-gut	Stück-gut	Gesamt	Massen-gut	Stück-gut		
2002	14,0	9,1	4,9	6,1	3,2	2,9	17,0	37,1
2004	14,3	9,0	5,3	8,1	3,3	4,8	19,6	42,0
2006	15,6	9,3	6,3	10,1	3,3	6,6	24,0	49,7
2008	15,4	9,3	6,1	12,9	4,0	8,9	26,2	54,5
2010	14,3	k. A.	k. A.	13,7	k. A.	k. A.	25,9	53,9

Anmerkung: Anteil des Containerumschlags am Gesamtumschlag (2012): ca. 35 %

Quelle: Duisburg Hafen AG

M 5 Duisburger Hafen – Entwicklung

1926	Gründung und Eintragung der Duisburg-Ruhrorter Häfen AG
1984	Errichtung des ersten Container-Terminals und einer Roll-on-/Roll-off-Anlage; Planung eines Terminals für den kombinierten Verkehr und eines Freihafens
1991	Eröffnung des Freihafens Duisburg (Gebiet zur Lagerung und Weiterverarbeitung, in dem keine Zölle und Einfuhrsteuern erhoben werden)
1996	Kauf der 21 Hektar großen Fläche der ehemaligen Duisburger Kupferhütte durch die Duisburg-Ruhrorter Häfen AG
1998	Hafengruppe kauft das 265 ha große Gelände des ehem. Krupp-Hüttenwerks in Rheinhausen. Ziel: Entwicklung des Geländes zu einem Logistikzentrum namens „Logport" (Zusammensetzung aus „**Log**istik" und „**Port**")
2000	Umbenennung der Duisburg-Ruhrorter Häfen AG zu Duisburger Hafen AG und die damit verbundene Etablierung der Marke „**duisport**"
2001	Gründung einer eigenen Bahngesellschaft, die die Hafenbereiche verbindet und Verkehrsdienstleistungen in einem Umkreis von ca. 50 km anbietet
2002	Eröffnung des trimodalen Containerterminals im „Logport I". Wichtigster Standortfaktor ist die Intermodalität, d. h. die Verbindung und Nutzung der Verkehrsträger Schiff, Bahn und Straße für den Warentransport.
2006	Seit 1996 Ansiedlung 50 neuer Unternehmen im Duisburger Hafen
2007	Bau der Osttangente, um den Stadtteil Rheinhausen vom Lkw-Verkehr zu entlasten; kontinuierliche Erweiterung des Schienennetzwerkes
2008	Erstmalig mehr als 1 Million TEU Containerumschlag
2010	Eröffnung von „Logport II" auf dem Gelände (33 ha) der alten Zinkhütte in Wanheim
2013	VW und Audi kündigen Bau von Logistikzentren mit ca. 700 Beschäftigten im Duisburger Hafen an. Eröffnung von „Logport III", einem neuen Containerterminal ca. 5 km süd-westlich von „Logport I" auf Krefelder Stadtgebiet im Ortsteil Hohenbudberg

Anmerkung: Ein **TEU** entspricht einem ca. 6 m langen Standardcontainer.

zusammengestellt nach: www.duisport.de und www.ruhrgebiet-regionalkunde.de

M 6 Gegenwärtige Verbindungen des Duisburger Hafens im kombinierten Ladungsverkehr

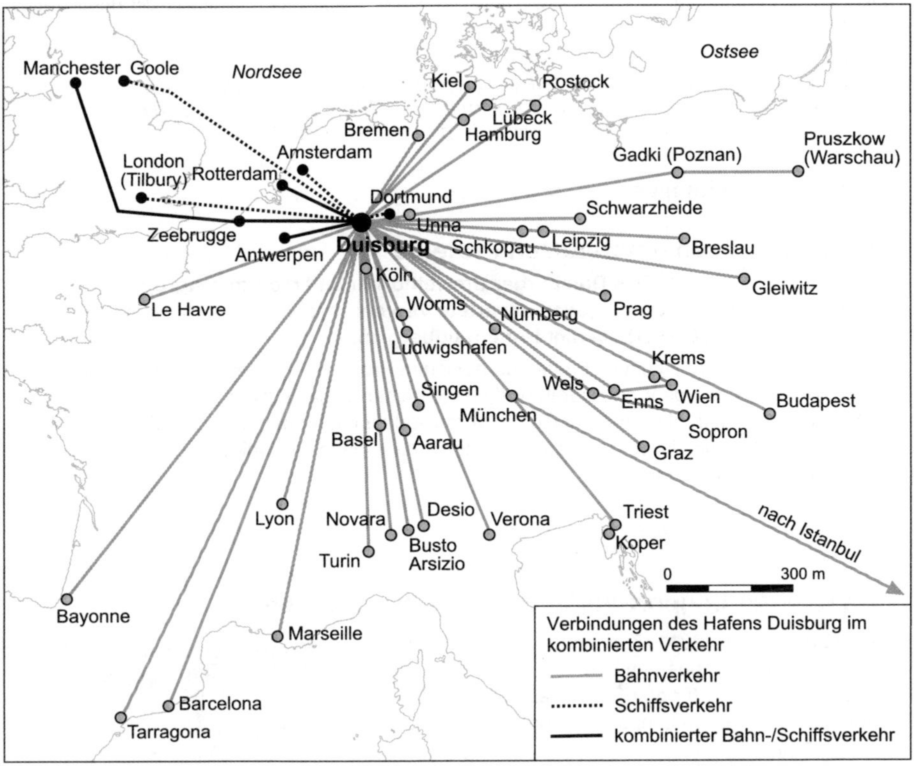

Quelle: © cartomedia, Karlsruhe nach: Atlas der Metropole Ruhr, Emons Verlag, Köln 2009, S. 123

M 7 Entwicklung der Zahl der hafenabhängigen Arbeitskräfte

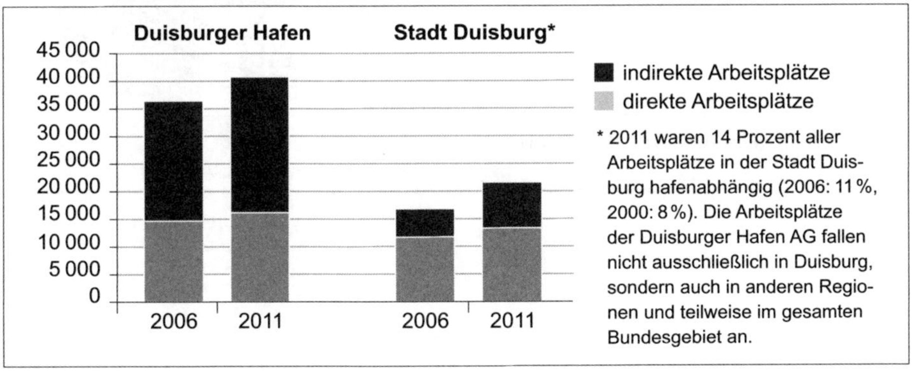

Direkte Effekte: Die Unternehmen im Hafengebiet erzeugen durch ihre Unternehmenstätigkeit direkte Effekte in Bezug auf Beschäftigung und Wertschöpfung.
Indirekte Effekte: Hafen- und logistikbezogene Wirtschaftsaktivitäten erzeugen weitere indirekte Effekte, die sich durch Zulieferbetriebe sowie durch die Verausgabung der Einkommen der Beschäftigten ergeben.

zusammengestellt nach:
Regionomica GmbH: Arbeitsmarkt- und Wirtschaftseffekte des Logistikstandortes Duisburger Hafen: Endbericht – Zusammenfassung; Aktualisierung 2011, Berlin 2011; http://www.duisport.de/wp-content/uploads/2010/09/2006_4_duisport_magazin_de.pdf, S. 10 (Zugriff 27. 7. 2013)

M 8 Pressemitteilungen

Umweltgruppen unterstützen Proteste

Duisburg, 10. 03. 2011. **Das Duisburger Umweltforum und die Umweltgruppe West schließen sich dem Kampf gegen erwartete Verkehrsprobleme durch ein weiteres Logport-Areal im Gewerbegebiet Hohenbudberg an.**

Die Kritik habe sich „zu einem breiten bürgerlichen Protest entwickelt", so Gisela Komp von der Umweltgruppe West. Daran wollten die beiden Organisationen sich beteiligen: „Wir glauben, durch eine Vernetzung der verschiedenen Gruppen mehr Druck entwickeln zu können." Für die Umweltschützer stehe fest, „dass ohne tragfähiges Verkehrskonzept nicht gebaut werden darf".

Quelle: Rheinische Post v. 10. 3. 11

So rollt der Logport-Verkehr durch Rheinhausen

Duisburg, 31. 01. 2011. Zum ersten Mal nach dem Bau der beiden Tangenten in Duisburg-Rheinhausen liegen jetzt Zahlen für den Schwerlastverkehr vor, der vom Logistikzentrum Logport I ausgeht. […]

An der Entwicklung der Belastung lässt sich verfolgen, wie Logport gewachsen ist. Vor 1998 lag der Schwerlastverkehr unter 1 000 Lkw am Tag, nicht einmal ein Fünftel davon waren Laster mit Hänger. Mit den Jahren hat sich das Verhältnis genau umgekehrt. […]

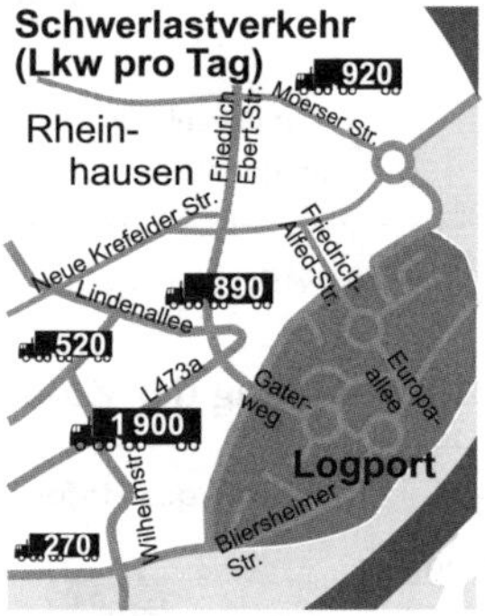

Quelle: Ingo Blazejewski in DER WESTEN vom 31. 1. 2011

Die Aufgabe bezieht sich auf die folgenden **inhaltlichen Schwerpunkte:**
- Wandel von Standortfaktoren in seiner Wirkung auf industrieräumliche Strukturen
  - Hauptphasen des industriellen Strukturwandels
- Verkehrs- und Kommunikationsnetze in ihrer Bedeutung für die Verflechtung und Gestaltung von Räumen
  - Zusammenhang zwischen der Modernisierung der Verkehrs- und Kommunikationsnetze und der Globalisierung
  - Prinzipien der Standortverlagerung und der Beschaffungslogistik

Lösungsvorschlag

Berücksichtigen Sie die Tipps für die Anfertigung der Abiturklausur (siehe S. 7 ff.). Denken Sie zum Beispiel daran, Ihre Ausführungen mithilfe von Zwischenüberschriften zu gliedern. Wenn Sie einen neuen Sachverhalt vorstellen, geben Sie am Ende des (Sinn-)Abschnitts die Materialbelege in Klammern an.

Teilaufgabe 1

Der Operator „kennzeichnen" (Anforderungsbereich II) verlangt, dass Sie einen Raum oder einen Sachverhalt auf der Grundlage bestimmter Kriterien begründet charakterisieren. In dieser Teilaufgabe sollen Sie im Anschluss an die räumliche Einordnung darlegen, wie der Duisburger Hafen 1980 an das regionale und überregionale Verkehrsnetz angebunden war und welche Merkmale er damals aufwies (M 1, M 2).

Lage

Duisburg ist Teil der **Metropolregion Rhein-Ruhr** und liegt am Übergang vom Ruhrgebiet zum Niederrhein an der Mündung der Ruhr in den Rhein. Mit ca. 500 000 Einwohnern gehört Duisburg zu den größten Ruhrgebietsstädten nach Dortmund und Essen (M 1).

Verkehrsanbindung

Duisburg hat den **größten Binnenhafen der Welt**, der durch den **Rhein** direkt mit den großen Seehäfen in den Niederlanden und Belgien verbunden ist und von dort mit den Weltmeeren. Zudem ist der Duisburger Hafen durch den Rhein-Herne-Kanal an das **westdeutsche Kanalnetz** angeschlossen, durch das zum einen eine Verbindung zum Dollart und damit zur Nordsee, zum anderen weit nach Osten bis Berlin und zur Oder gegeben ist. Vielfältige Anbindungen ans regionale und internationale Eisen- und Autobahnnetz verdeutlichen die **verkehrsmäßige Gunstlage** Duisburgs unmittelbar in der Nähe einer der zentralen Industrie-und Wirtschaftsregionen Europas (M 1).

Der eindeutige **Hafenschwerpunkt** lag 1980 **nördlich der Ruhr**, wo sich in den einzelnen Hafenbecken unterschiedliche Umschlagschwerpunkte entwickelt haben, z. B. für Stahl, Öl, Kohle oder Schrott. Kaianlagen mit großen Kränen (Greifern) verdeutlichen den Charakter eines Schwerindustrie- und **Massenguthafens.** Im ältesten Hafenteil östlich von Ruhrort befand sich ein Containerhafen mit Containerbrücke und Roll-on-Roll-off-Einrichtung. Kleinere Hafenbecken fand man zudem westlich der Duisburger Altstadt (Containerhafen) sowie linksrheinisch (Rheinpreußenhafen).

Hafengebiet 1980er-Jahre

Unmittelbar anschließend an den schiffbaren Teil der Ruhr und die Hafenareale befanden sich weitgehend geschlossene **Industrieflächen,** auf denen überwiegend Eisen und Stahl erzeugt sowie Metall verarbeitet wurde. Zusammen mit Dortmund und Essen war Duisburg 1980 ein wichtiger **Eisen- und Stahlstandort** Deutschlands (M 2).

Dieser schwerindustrielle wirtschaftliche Schwerpunkt prägte noch 1987 die Umschlagstruktur im Duisburger Hafen: Kohle, Erz und Metalle sowie Mineralöl machten mehr als 80 % des Güterumschlags aus; hingegen war der Containerumschlag mit nur knapp 2 % fast unbedeutend. Der dichte Besatz mit Kränen und zahlreiche Tanklager, jeweils mit direkten Anschlüssen an Industrie- und Hafenbahnen, unterstreichen diesen auf **klassischen Massengutumschlag** ausgerichteten Handel vor Beginn der Kohlen- und Stahlkrise im Ruhrgebiet (M 2).

Umschlagschwerpunkt 1980er-Jahre

Teilaufgabe 2

Der Operator „erläutern“ (Anforderungsbereich II) fordert von Ihnen, dass Sie die aus dem Material entnehmbaren Zusammenhänge verdeutlichen. In dieser Teilaufgabe sollen Sie aufzeigen, wie sich der Duisburger Hafen seit 1980 entwickelt hat und wie räumliche und strukturelle Veränderungen miteinander zusammenhängen (M 2 – M 7)

Bis Ende der 2000er-Jahre hat sich die Duisburger Hafenbetriebsfläche vor allem **nach Süden und auf der linken Rheinseite deutlich ausgedehnt**. So gehören inzwischen zahlreiche Gewerbe- und Verkehrsflächen zum Hafengebiet. Hafeneinrichtungen wie der Importkohleterminal wurden auf ehemaligen rechtsrheinischen Industrieflächen oder wie das Logistikzentrum Logport I im links-

Hafengebiet der 2000er-Jahre

rheinischen Rheinhausen auf dem Gelände des ehemaligen Krupp-Hüttenwerkes platziert. Eine eigene Hafenbahngesellschaft sichert den weitläufigen Verkehr und Transport innerhalb des gesamten Hafengeländes, das sich inzwischen auf eine ca. 8 km (N-S) mal 6 km (W-O) große Stadtfläche erstreckt. Neben der Eröffnung des **Freihafens** im Jahr 1991 stellte die Errichtung des **trimodalen Containerterminals** im Jahr 2002 eine wesentliche Modernisierung und Neuausrichtung dar, durch die sich der Duisburger Hafen nach und nach zu einem **bedeutenden Logistikzentrum** entwickeln konnte. Diese Neuausrichtung schlug sich auch in der Namensgebung nieder: Durch die Umfirmierung zum Duisburger Logport (1998) bzw. zu **Duisport** (2000) wurde dies programmatisch ausgedrückt (M 2, M 3, M 5).

Strukturwandel: vom Massengut-hafen zum Logport

Die Umschlagentwicklung im Duisburger Hafen spiegelt diese strukturelle Veränderung eindeutig wider. Während der Gesamtumschlag von 2002 bis 2010 um fast 50 % auf 54 Mio. t gestiegen ist, stagnierte der traditionelle Transport per Schiff bei 14 Mio. t. Hingegen weisen Bahn- und Lkw-Transporte einen jeweils deutlichen Zuwachs von 6 auf 14 bzw. von 17 auf 26 Mio. t auf. Gleichzeitig stagnierte der Massengutumschlag, während der Stückgut- und damit der **Containerumschlag** vor allem beim Bahnverkehr eine Steigerungsrate von 200 % im Zeitraum 2002 bis 2008 aufweist. 2008 wurde erstmals die Millionengrenze beim Umschlag von TEU-Containern überschritten. Dieser **Strukturwandel** schlägt sich auch bei den Hafeneinrichtungen nieder: Die Anzahl von Containerbrücken und von Roll-on-Roll-off-Anlagen hat deutlich zugenommen (M 3, M 4, M 5).

Vernetzung nach Europa

Ende der 2000er-Jahre weist der Duisburger Hafen vielfältige **Verbindungen ins europäische Ausland** bis nach Spanien im Westen, England im Norden, Italien, Polen, Ungarn oder die Türkei in östlicher bzw. südlicher Richtung auf. Hierbei spielen der Bahn- und der kombinierte Bahn-Schiffsverkehr eindeutig eine größere Rolle als der klassische Schiffsverkehr (M 6).

Bedeutung des Hafens für die Stadt Duisburg

Die Steigerung des Gesamtumschlages sowie die **Ansiedlung von 50 neuen Unternehmen** zwischen 1996 und 2006 haben die Bedeutung und die **Beschäftigungswirksamkeit** des Duisburger Hafens deutlich steigen lassen. So wurden zwischen 2006 und 2011 im Hafen selbst ca. 2 000 direkte und weitere ca. 3 000 indirekte Arbeitsplätze geschaffen. Auch in der Stadt Duisburg kamen ca. 5 000 neue Arbeitsplätze hinzu, wodurch die Hafenabhängigkeit von 11 auf 14 % anstieg (M 5, M 7).

Duisburg hat sich demnach bis zur Gegenwart von einem ehemals massengutorientierten „klassischen" Hafen zu einem durch eine trimodale Verkehrsstruktur sowie ein diversifiziertes Transport- und Logistikangebot gekennzeichneten **modernen Warenumschlagplatz** entwickelt.

Teilaufgabe 3

Der Operator „nehmen Sie kritisch Stellung" (Anforderungsbereich III) verlangt von Ihnen eine reflektierte Auseinandersetzung mit den von Ihnen aufgezeigten Sachverhalten. In dieser Teilaufgabe sollen Sie die Hafenentwicklung seit 1980 kritisch reflektieren und Vor- und Nachteile der beobachteten Entwicklung gegeneinander abwägen (M 2–M 5, M 7, M 8).

Positive Entwicklungen

Durch die Neuausrichtung des Duisburger Hafens in den letzten 30 Jahren konnte ein Teil der mit dem altindustriellen Strukturwandel einhergehenden Probleme aufgefangen werden. So bedeutete die **Revitalisierung** brachliegender Flächen der früheren Schwerindustrie einen **wirtschaftlichen Aufschwung** und zusätzliche Arbeitsplätze sowie Umsatzsteigerungen. Von dem erhöhten Steuereinkommen profitiert die Kommune Duisburg (M 2 bis M 4). Die Neuansiedlung von mehr als 50 Unternehmen bis 2006 sowie die Ankündigung weiterer Logistikzentren von Audi und VW verdeutlichen die Richtigkeit dieses stadtentwicklungspolitischen Ansatzes. Sie sind auch ein Beweis für die **Standortgunst als europäische Logistikdrehscheibe** in zentraler Lage. Die Eröffnung von Logport II (2010) und Logport III (2013) unterstreicht dies und deutet an, dass die Entwicklung diesbezüglich noch längst nicht abgeschlossen ist (M 5).

Gegenargumente

Die Distribution von Waren und Gütern birgt eine **große Abhängigkeit** von deren Produktion bzw. deren Absatz. Insofern besteht bei einer sehr starken Ausrichtung auf den Logistiksektor eine nicht selbst zu beeinflussende Abhängigkeit von der allgemeinen weltwirtschaftlichen Lage. Schwankungen und Rezessionen können sich hier schnell negativ bemerkbar machen.

Die **Ausweitung des Verkehrsaufkommens**, vor allem der Schwerlasttransport auf der Straße, stellt in einem Verdichtungsraum wie der Metropolregion Rhein-Ruhr und einer Großstadt wie Duisburg eine erhebliche Belastung dar. **Hohe Emissionen** in Form von Schadstoffen und Lärm beeinträchtigen die Lebens- und Wohnqualität insgesamt, vor allem aber in den vom Durchgangs- und Zielverkehr unmittelbar tangierten Straßenzügen und Stadtvierteln. Diese Probleme können nur im Rahmen eines großräumigen Verkehrskonzeptes erfasst und gelöst werden. Die Errichtung der Osttangente um Rheinhausen im Jahr 2007 stellt hier ebenso nur einen Mosaikstein einer Gesamtlösung dar wie der grundsätzliche Ausbau des Gütertransportes auf der Schiene (M 5, M 8).

Fazit

Die positiven ökonomischen Entwicklungen und die weiteren Zukunftschancen eines diversifizierten Hafenangebotes mit dem Schwerpunkt trimodale Distribution sind deutlich zu erkennen. Es wird in Zukunft darum gehen müssen, in diesem Zusammenhang die Bedürfnisse der Stadtbewohner nicht zu vernachlässigen und ein **nachhaltiges Gesamtkonzept** zu entwickeln, das die Belastung durch Lärm und Emissionen begrenzt.

Thema
Nachhaltige Entwicklung durch Aquakulturen? –
Das Beispiel der honduranischen Shrimpsfarmen

Aufgabenstellung Punkte

1. Lokalisieren Sie Honduras und kennzeichnen Sie den sozioökonomischen Entwicklungsstand des Landes und insbesondere der pazifischen Küstenregion um das Jahr 1980. 26

2. Erläutern Sie die seither eingetretene Entwicklung im Golf von Fonseca in ihrer Bedeutung für die Region und den Staat. 29

3. Bewerten Sie die Nachhaltigkeit dieser Entwicklung. 25

Zugelassene Hilfsmittel
- der an der Schule in der Qualifikationsphase überwiegend verwendete Atlas, in einer für alle Prüflinge gleichen Auflage
- Wörterbuch zur deutschen Rechtschreibung
- Taschenrechner

Materialgrundlage

M 1 Atlaskarten nach Wahl

M 2 Honduras: Wirtschaft (1983)

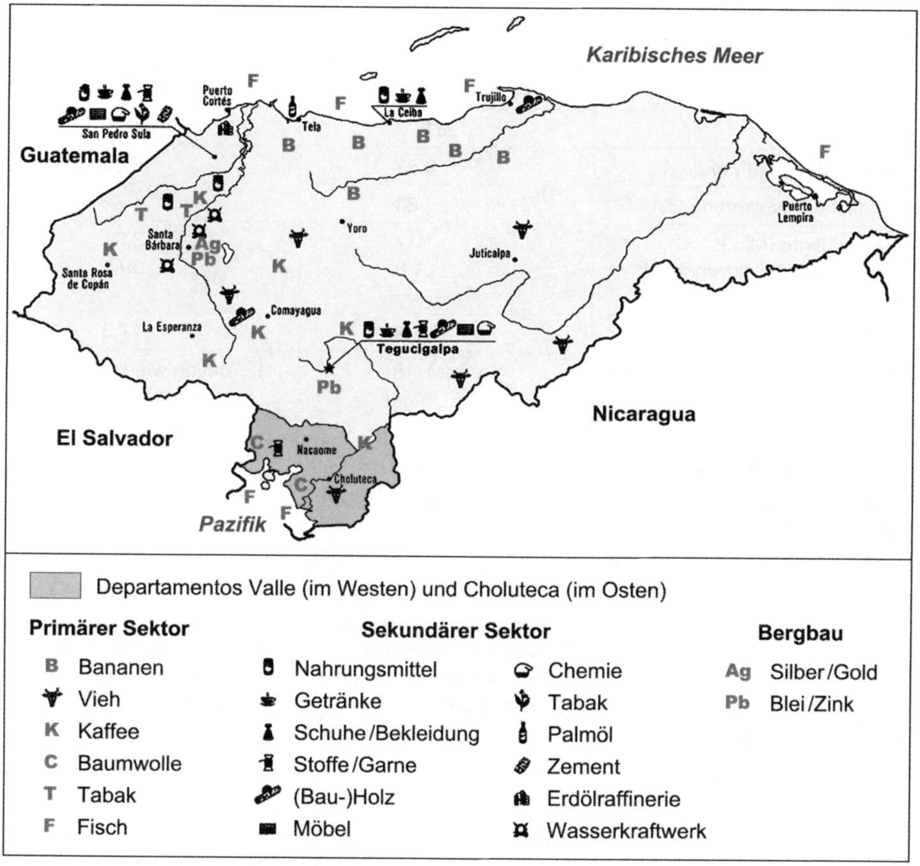

eigene Darstellung nach: http://www.lib.utexas.edu/maps/americas/honduras_econ_1983.jpg

M 3 Honduras: Informationen

Fläche (km²)	112 088	
Klima	tropisch-wechselfeucht; Hurrikans, Bergrutsche und Überschwemmungen an Flüssen und Küsten verursachend	
	1981	**aktuell**
Einwohnerzahl (Mio.)	3,82	8,30 (2012)
ländliche Bevölkerung (%)	64	48 (2010)
Beschäftigte (Mio.) davon in der Landwirtschaft (%)	1,17 61,8	3,37 39,2
BIP (Mrd. US-$)	1,9	17,3
Beitrag der Wirtschaftsektoren zum BIP (%)	28/24/48	12 (davon wiederum 26 % durch Garnelen aus Aquakulturen)/26/62
BIP (US-$/Einwohner)	600	3 840
Anteil der Bevölkerung in extremer Armut (%) (Einkommen < 1,25 US-$/Tag)	14,6* (1986)	21,4* (2008) Bevölkerung in „Armut“ 66,2 (2012)
HDI	0,451** 74,7 % des globalen und 73 % des Durchschnittswertes der lateinamerikanischen Staaten	0,632** 91,1 % des globalen und 85,3 % des Durchschnittswertes der lateinamerikanischen Staaten
Import (Mrd. US-$)	0,94	10,14
Export (Mrd. US-$)	0,78 Bananen 30 % Kaffee 26 % Rindfleisch 7 %	6,79 Kaffee 19,9 % Bananen 6,9 % Palmöl 6,1 % Shrimps*** 4,5 % sonstige Erzeugnisse aus Aquakulturen 2,7 %

* Im Süden und Osten im Vergleich mit dem Landesdurchschnitt höhere Raten in Bezug auf Unterernährung, Arbeitslosigkeit, Kindersterblichkeit und Analphabetentum.

** Die HDI-Werte sind aufgrund einer Änderung im Berechnungsverfahren nicht unmittelbar vergleichbar.

*** ausschließlich tiefgekühlt

zusammengestellt nach:
Marc Edelmann: Rethinking the Hamburger Thesis: Deforestation and the Crisis of Central America's Beef Exports. In: Michael Painter/William H. Durham (Hrsg.): The Social Causes of Environmental Destruction in Latin America. o. O.: University of Michigan Press 1995, S. 25–62, hier: S. 28;
http://www.kindernothilfe.de/multimedia/KNH/Downloads/L%C3%A4nderkurzinformationen/Honduras+.pdf;
http://data.worldbank.org/indicator/SI.POV.DDAY/countries (Zugriff jeweils 15. 6. 2013)

M 4 Golf von Fonseca: Einwohnerzahl und Landnutzung

Einwohnerzahl und Landnutzung im honduranischen Teil des Golfes von Fonseca			
	1982	1992	2012
Departamentos Valle und Choluteca: Fläche (km^2)	5 776		
Einwohnerzahl	308 000	431 000	670 000
Landnutzung im unmittelbaren Hinterland des Golfes (1 633 km^2, in %):			
Felder und Weiden	52,7	51,2	k. A.
Salzwiesen	27,4	25,0	k. A.
Mangroven	17,7	14,7	k. A.
Shrimpsfarmen*	0,7	7,0	k. A.
Salinen (Gewinnung von Meersalz)	0,7	0,8	k. A.
Siedlungs- und Verkehrsflächen	0,9	1,2	k. A.

* In Honduras bis heute nur an der Pazifikküste.

zusammengestellt nach: http://www.fao.org/docrep/018/i3355e/i3355e.pdf und Susan C. Stonich: The Environmental Quality and Social Justice Implications of Shrimp Mariculture Development in Honduras. In: Human Ecology 23,2 (1995), S. 143–168

Landnutzung im Mündungsgebiet des Estero San Bernardo (siehe Farbabbildungen)

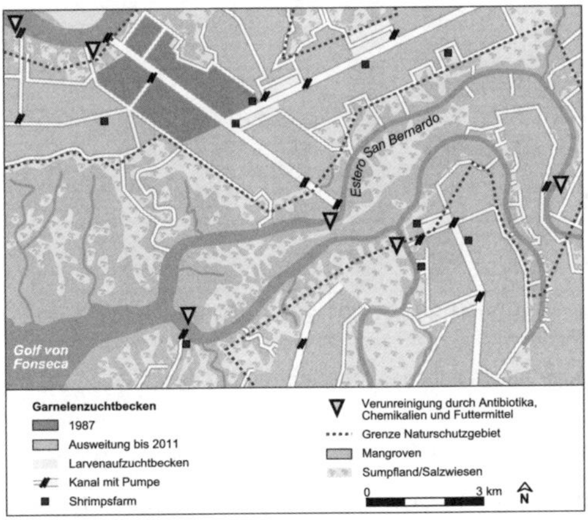

Mangroven:
waldähnliche Formationen im Gezeitenbereich tropischer Küsten, die auf hohe Salzkonzentrationen angewiesen sind, mit ihren Wurzeln die Küste stabilisieren und so Erosion und Überschwemmungen entgegenwirken; Nahrungsgrundlage für Pflanzenfresser und Aufwuchsgebiet/Brutstätte für zahlreiche Fische, Garnelen (-larven) und andere Krebstiere; Ressourcenquelle für die Bevölkerung (u. a. Bau- und Brennholz, Früchte, Heilmittel)

Text zusammengestellt nach: Susan C. Stonich: The Environmental Quality and Social Justice Implications of Shrimp Mariculture Development in Honduras. In: Human Ecology 23,2 (1995), S. 143–168; Spalding, M., Blasco/F., Field, C. (Hg.): World Mangrove Atlas, 1997; Karte: © cartomedia, Karlsruhe

M 5 Garnelenexport aus Honduras

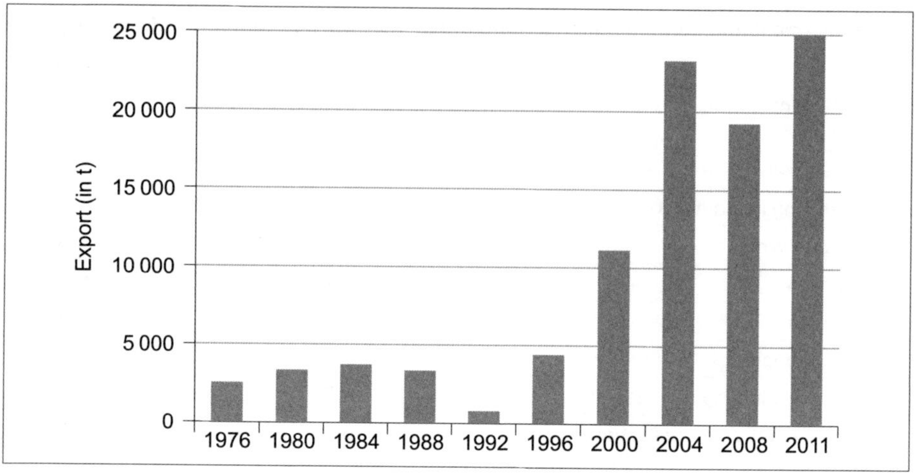

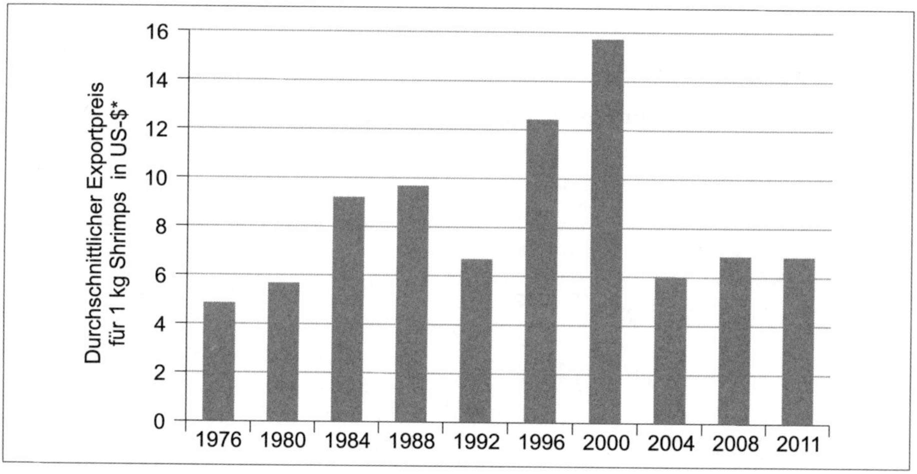

* 50–75 % des honduranischen Gesamtexports eines Jahres gehen durchschnittlich in die USA.

eigene Darstellung nach:
http://www.fao.org/figis/servlet/SQServlet?file=/work/FIGIS/prod/webapps/figis/temp/hqp_30270250736 14867899.xml&outtype=html;
http://www.shrimpnews.com/FreeReportsFolder/NewsPageFolderNew/NewsPagesIn2012/April2012.html (Zugriff jeweils 15. 6. 2013)

M 6 Entwicklung der Garnelenzucht am Golf von Fonseca

ab 1973	Anlage erster Farmen mit Unterstützung durch die *United States Agency for International Development* (ab 1985 nur noch für große Farmen) und staatlicher Förderung: Steuerbefreiung, Vergabe von in Staatsbesitz befindlichen Flächen für 1–3 US-$ Pacht/ha/Jahr (so bis heute)
1986	Gründung der *National Aquaculture Association of Honduras*: Laboratorien zur Prüfung der Wassergüte, Beteiligung bei der Einrichtung von (Natur-)Schutzgebieten, Grundlegung eines Brutbestandes zur Larvenzucht; Landvergabe: 6 800 ha
1987	Gründung einer NRO gegen die Anlage von Shrimpsfarmen durch Umweltschützer, Gewerkschaftler und lokale Fischer; im folgenden Jahr erste Protestaktionen gegen die Shrimpsfarmen
1992	erste Garnelenseuchen auf den Farmen (vielfach Totalverluste)
1998	Hurrikan Mitch: 6 Mio. US-$ Regierungsgelder für den Wiederaufbau der Shrimpsfarmen
um 2000	letztmalige Vergabe in Staatsbesitz befindlicher Flächen an Betreiber von Shrimpsfarmen, auch aus dem Ausland, z. B. aus Ecuador oder den USA; Gesamtvergabe: 37 010 ha; beginnende Nutzung gentechnisch veränderter Larven für die Zucht
2005	Die Betreiber von Shrimpsfarmen werden erstmalig der Verletzung von Menschenrechten und Umweltgesetzen schuldig gesprochen.
2012	Produktion mit bis zu 200 Garnelen/m^2 und einem Ertrag von 50–750 kg Garnelen/ha/Zyklus (= 2–3 Monate) bei täglichem Austausch von bis zu 50 % des Beckenwassers mit frischem Süß-/Salzwasser, künstlicher Belüftung, Mastfutter (meist Fischöl/-mehl); 65 % der Produktionsfläche im Besitz von Produzenten > 150 ha Farmgröße

Fläche der Garnelenbecken

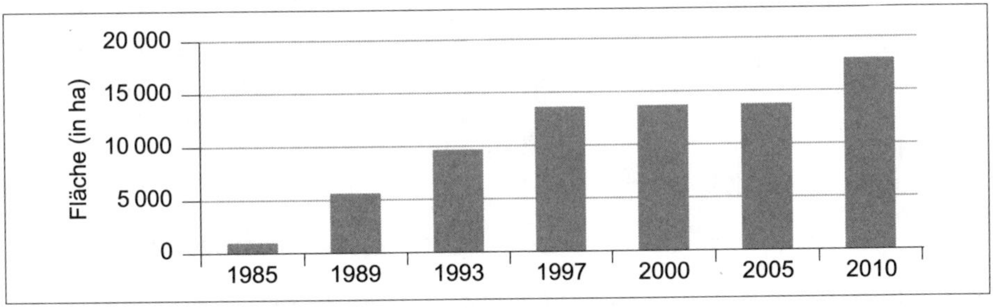

zusammengestellt nach:
http://www.cermic.com.ar/artic/1907/SPSHR_4.PDF (Diagramm);
http://www.crustakrankheiten.de;
http://www.lateinamerikanachrichten.de/index.php?/artikel/629.html (Zugriff jeweils 15. 6. 2013)

M 7 Shrimpsproduktion am Golf von Fonseca: wirtschaftliche Daten

	1991	2002	2010
Betriebe:			
Shrimpsfarmen	81	239	213
Larvenaufzuchtstationen	k. A.	11	11
Verpackungsbetriebe	6	k. A.	8
Beschäftigte	11 900	18 690 davon 12 270 permanent	28 440
davon Frauen (%)	k. A.	25	40
Betriebskosten: Anteile für			Futter 25 % Larven 18 % Arbeitskraft 20 % * sonstige Kosten (v. a. Energie) 37 %

* Löhne z. T. unter 3 US-$/Tag

zusammengestellt nach:
http://www.fao.org/fishery/countrysector/naso_honduras/en;
http://library.enaca.org/Shrimp/Case/LatinAmerica/Honduras/Honduras-SciAndSoc.pdf (Zugriff jeweils 15. 6. 2013)

M 8 Welthandelsgut Tiefkühl-Shrimps

Produktion von Shrimps in Aquakulturen

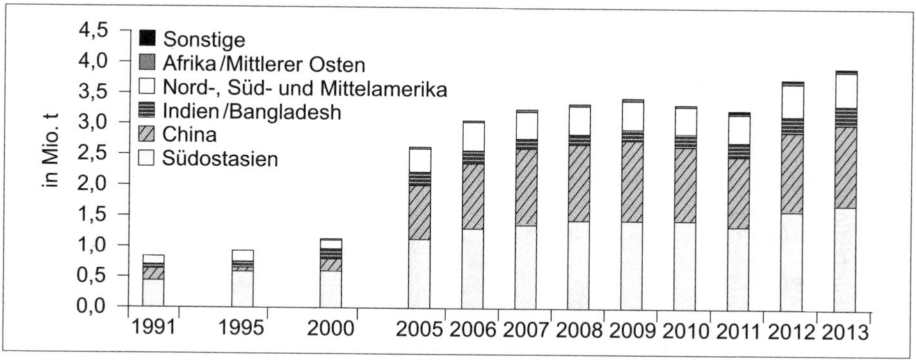

2011: weltweite Exporte 1,72 Mio. t, davon Honduras rd. 1,3 % (kein Rang unter den 15 größten Exportnationen)

zusammengestellt nach:
ftp://ftp.fao.org/FI/CDrom/CD_yearbook_2010/root/commodities/table102.pdf;
http://www.gaalliance.org/update/GOAL11/DiegoValderrama.pdf (Zugriff jeweils 12. 6. 2013)

Die Aufgabe bezieht sich auf die folgenden **inhaltlichen Schwerpunkte:**
- Ökologische Prinzipien und zukunftsfähige Maßnahmen in der Industrie, Land-, Forst- oder Fischereiwirtschaft im globalen ökonomischen Zusammenhang
  - Grundprinzipien der ökologischen Landwirtschaft
  - Dreieck der Nachhaltigkeit
- Ernährungspotenzial für eine wachsende Weltbevölkerung zwischen Subsistenzwirtschaft und Agrobusiness
  - Subsistenzwirtschaft versus Marktorientierung

Lösungsvorschlag

Berücksichtigen Sie die Tipps für die Anfertigung der Abiturklausur (siehe S. 7 ff.). Denken Sie zum Beispiel daran, Ihre Ausführungen mithilfe von Zwischenüberschriften zu gliedern. Wenn Sie einen neuen Sachverhalt vorstellen, geben Sie am Ende des (Sinn-)Abschnitts die Materialbelege in Klammern an.

Teilaufgabe 1

Der Operator „kennzeichnen“ (Anforderungsbereich II) verlangt, dass Sie einen Raum oder einen Sachverhalt auf der Grundlage bestimmter Kriterien begründet charakterisieren. In dieser Teilaufgabe sollen Sie im Anschluss an die räumliche Einordnung von Honduras dessen sozioökonomischen Entwicklungsstand anhand der im Materialteil angegebenen Informationen erarbeiten; hierbei sollen Sie das Schwergewicht auf die Untersuchung der pazifischen Küstenregion legen (M 1–M 3). Sinnvoll ist es, Honduras anhand der Informationen aus M 2 und M 3 einzuordnen, in diesem Fall als Entwicklungsland.

Lage

Der zentralamerikanische Staat Honduras liegt zwischen Guatemala und El Salvador im Westen bzw. Südwesten und Nicaragua im Osten an der breitesten Stelle der **mittelamerikanischen Landbrücke**. Der in den **Tropen** gelegene Staat hat mit der Nordküste freien Zugang zur Karibik und mit einem Teil des Golfes von Fonseca auch Zugang zum Pazifik (M 1, M 2).

Wirtschaftsstruktur in den 1980er-Jahren

Anfang der 1980er-Jahre befanden sich die wirtschaftlichen Schwerpunkte im Bereich der **Hauptstadt Tegucigalpa** sowie an der **westlichen Karibikküste**; der Osten des Landes trug kaum zur wirtschaftlichen Gesamtleistung bei. Die knapp vier Millionen Einwohner lebten überwiegend auf dem Land; im primären Sektor waren zwei Drittel der Beschäftigten tätig. Sein vergleichsweise niedriger Beitrag zum BIP (28 %) deutet die geringe Effizienz an. Auch hinsichtlich der Exportstruktur dominierten **agrarische**

Tropenprodukte: Bananen, Kaffee und Rindfleisch machten 1981 fast zwei Drittel des Exportwertes von nur 780 Mio. US-$ aus. Zwar verfügte Honduras über förderbare Bodenschätze wie Silber/Gold und Blei/Zink; diese besaßen jedoch für den Export keine Bedeutung (M 2, M 3). Die Betriebe des sekundären Sektors gehörten überwiegend zur Nahrungs- und Konsumgüter- sowie zur Produktionsgüterindustrie und befanden sich neben der Hauptstadtregion fast ausschließlich an der Atlantikküste. Lediglich im Departemento Valle im Süden von Honduras gab es auf der Grundlage der dort angebauten Baumwolle Stoff- und Garnproduktion im Binnenland.

Regionale Disparitäten

In den wirtschaftlich **weiter entwickelten Regionen im Norden und um die Hauptstadt** mit Anteilen an allen drei Wirtschaftssektoren waren die Lebensbedingungen und die allgemeine Versorgung besser als im Landesdurchschnitt. Im Süden und Osten, die ausschließlich agrarisch geprägt waren, lebte der größte Teil der 15 % in extremer Armut lebenden Einwohner (M 3).

Merkmale eines Entwicklungslandes

Mit einem HDI-Wert von 0,451, der sowohl im Vergleich mit den lateinamerikanischen Staaten als auch global gesehen deutlich unterdurchschnittlich war, besaß Honduras in den 1980er-Jahren eindeutig die **sozioökonomische Struktur eines Entwicklungslandes**.

Teilaufgabe 2

Der Operator „erläutern" (Anforderungsbereich II) verlangt von Ihnen, dass Sie aus dem Material entnehmbare Zusammenhänge verdeutlichen. In dieser Teilaufgabe sollen Sie die wirtschaftliche Entwicklung im Golf von Fonseca darlegen, ferner die Auswirkungen auf die Region und auf ganz Honduras (M 2 bis M 8).

Allmähliche Entwicklung der Aquakultur

Bereits 1973 wurde mithilfe der United States Agency for International Development mit der Anlage von **Shrimpsfarmen** im Golf von Fonseca begonnen; deren Anteil machte allerdings bis 1982 weniger als 1 % der gesamten Nutzfläche in den südlichen Departamentos Valle und Choluteca aus (M 2 bis M 4). Die dortige Region, vor allem im Mündungsgebiet des Estero San Bernardo, bietet ideale natürliche Voraussetzungen im Gezeiten- und Mangrovenbereich, u. a. im Hinblick auf den Salzgehalt des Wassers und dessen Nährstoffreichtum. So erstaunt es nicht, dass der honduranische Staat, der im Besitz der Ländereien in Küstennähe war, systematisch die Garnelenzucht innerhalb von zehn Jahren (von 1982 bis 1992) auf 7 % Flächenanteil erweiterte und diese Flächenexpansion bis 2011 sogar bis in Naturschutzbereiche hinein fortsetzte (M 4). Hierbei wurden Brutbestände für die Larvenzucht angelegt und Landnutzungsrechte für die beträchtliche Fläche von knapp 40 000 ha, u. a. an ausländische Investoren, vergeben (M 6).

Wirtschaftliche Bedeutung der Shrimpsproduktion

Die mit Garnelenbecken besetzte Fläche von anfangs nur ca. 1 000 ha (1985) wuchs bis 2010 auf ca. 18 000 ha an. Für weitere 20 000 ha sind bereits im Jahr 2000 die Nutzungsrechte veräußert worden (M 6). Die Zahl der Shrimpsfarmen war von 81 im Jahr 1991 nach dem zwischenzeitlichen Höchststand 239 im Jahr 2002 bis 2010 leicht auf 213 gesunken, die Zahl der Beschäftigten war jedoch mit 28 440 kontinuierlich auf fast das Dreifache gestiegen bei einem **ständig gewachsenen Frauenanteil** mit zuletzt 40 % (2010) (M 7). Dies verdeutlicht die wirtschaftliche Bedeutung der **Shrimpsproduktion** für die ehemals schwache Küstenregion im Süden von Honduras. Die Zunahme der dortigen Bevölkerung von 308 000 auf 670 000 innerhalb von 30 Jahren bedeutet dieselbe prozentuale Zuwachsrate wie im ganzen Land (M 3, M 4). Eine Abwanderung, z. B. in frühere wirtschaftliche Schwerpunktregionen, hat somit nicht stattgefunden. Hinsichtlich der Exporterlöse und des nationalen BIP ist der Beitrag des **Shrimpsexportes** für Honduras von Bedeutung (M 3). Die Nähe zum Hauptabsatzmarkt USA stellt hierbei einen günstigen Standortfaktor dar (M 5).

Allerdings **unterliegt der Exporterlös von Shrimps deutlichen Schwankungen**: Nach einem Allzeithoch im Jahr 2000 mit fast 16 US-$/kg – infolgedessen die Exportmenge aus Honduras von 11 000 im Jahr 2000 bis auf 25 000 Tonnen bis 2011 gesteigert wurde – sank der Kilogrammpreis 2004 wieder auf fast ein Drittel und stagnierte bis 2011 um 6 US-$/kg (M 5).

Shrimps als Welthandelsgut

Shrimps aus Aquakulturen, ausschließlich tiefgekühlt gehandelt, haben sich seit 1991 zu einem **globalen Handelsgut** entwickelt (M 3, M 8). Seit dem Jahr 2000 ist eine sprunghafte Produktions- und Handelsentwicklung zu beobachten, die sich in China und Südostasien stärker vollzogen hat als in Amerika. Der Anteil Nord-, Süd- und Mittelamerikas bleibt seit 2005 in etwa gleich. 1991 lag die Produktion von Shrimps in Aquakulturen bei unter 1 Mio t, nach dem sprunghaften Anstieg 2005 bereits bei über 2,5 Mio. t und – nach einem leichten Rückgang im Jahr 2011 – 2013 bei ca. 4 Mio. t (M 8).

Teilaufgabe 3

Der Operator „bewerten" (Anforderungsbereich III) verlangt von Ihnen eine sachlich fundierte Einschätzung auf der Grundlage Ihrer bisherigen Ausführungen und Ihrer eigenen Fachkenntnisse. In diesem Fall sollen Sie beurteilen, ob die in der Teilaufgabe 2 skizzierte Entwicklung nachhaltig ist. Bei dieser Fragestellung bietet es sich an, die Antwort nach ökonomischen, ökologischen und sozialen Aspekten zu gliedern. Formulieren Sie abschließend ein Fazit (M 2–M 8).

Ökonomisches Für und Wider

Von Anfang an verlief die Entwicklung der Shrimpsproduktion nicht störungsfrei. Die Shrimpsproduktion in Honduras ist mit den für **Monokulturen** üblichen Risiken behaftet: Bereits 1992 zerstörte eine **Garnelenseuche** große Bestände und führte zum Totalverlust auf einzelnen Farmen (M 6). Das im Bereich der **Zugbahnen tropischer Wirbelstürme** liegende Land wurde 1998 Opfer des Hurricans Mitch. Die damaligen Schäden – Bergrutsche und Überschwemmungen im Küstenbereich und deren wirtschaftliche Folgen – konnten nur mithilfe finanzieller Unterstützung durch die US-Regierung nach und nach kompensiert werden (M 3–M 6).

Die **globale Konkurrenzsituation**, das Einbrechen der Erlöse, der teilweise Gewinnabfluss ins Ausland und die deutliche Dominanz des Abnehmerlandes USA relativieren die ökonomischen Fortschritte, die zweifelsohne durch den Aufbau der Garnelenzucht zu beobachten waren: Gestiegenes 6-fach höheres BIP/Einwohner und die positive Entwicklung des HDI (0,632 im Vergleich zu 0,451) sprechen für einen Erfolg (M 3, M 5, M 8).

Soziale Begleiterscheinungen

Der **Anstieg des Arbeitsplatzangebotes**, insbesondere für Frauen, ist für den Süden von Honduras von großer Bedeutung; allerdings handelt es sich bei einem Drittel nur um Saisonarbeitsplätze (M 7). Negativ zu sehen ist auch die Verdrängung lokaler Fischer, die sich bereits 1987 gegen eine Ausweitung der Aquakulturen zu wehren versuchten.

Besonders negativ zu bewerten ist gesamtgesellschaftlich der trotz aller wirtschaftlicher Entwicklungen gestiegene Anteil der in extremer Armut lebenden Bevölkerung (aktuell 21,4 % gegenüber früher 14,6 %) sowie die Tatsache, dass aktuell **zwei Drittel der honduranischen Bevölkerung in „Armut"** leben. Die soziale Schere scheint sich im Land immer weiter zu öffnen (M 3). Zudem scheinen die **Arbeitsbedingungen** auf den Shrimpsfarmen nicht in jeder Hinsicht den Menschenrechten zu entsprechen, wie Gerichtsurteile aus dem Jahr 2005 besagen (M 6). Die Löhne liegen zum Teil unter 3 US-$ pro Tag (M 7).

Die Entwicklung der Shrimpsproduktion wurde seit den 1980er-Jahren begleitet von Protesten und Widerständen der Natur- und Umweltschützer. Die Intensivierung und Expansion der Aquakulturen stellt eine dauerhafte und zunehmende **Belastung** des Wassers und des Ökosystems Meer durch Chemikalien, Antibiotika und Futtermittel dar. Der **Rückgang des Mangrovenbestandes** beeinträchtigt Flora, Fauna und Menschen gleichermaßen (M 4). Die Risiken der Verwendung von gentechnisch veränderten Larven seit dem Jahr 2000 sind nicht vollständig bekannt (M 6). Der flächenmäßige **Übergriff auf Naturschutzgebiete** stellt einen Verstoß gegen Umweltgesetze dar (M 4).

Ökologische Probleme

Unter **Nachhaltigkeitsgesichtspunkten** ergeben sich unterschiedliche Teilbewertungen. Die ökonomischen Erfolge werden durch die sozialen und ökologischen Probleme relativiert. Wenn man künftig Shrimps auf eine akzeptierte, die natürlichen Ressourcen schonende und die Umweltansprüche berücksichtigende Weise produzieren will, muss an der bestehenden Situation etwas geändert werden. Ob eine weitere Expansion, u. a. auf den im Jahr 2000 bereits veräußerten Flächen, auch mit Blick auf die Absatzchancen auf dem Weltmarkt Sinn macht, sollte wohl überlegt werden.

Fazit

Leistungskurs Geographie (NRW) – Abiturprüfung 2014
Aufgabe 1

Thema
Strukturen und Prozesse in Metropolen von Schwellenländern –
Das Beispiel Rio de Janeiro

Aufgabenstellung	Punkte
1. Lokalisieren Sie die Agglomeration Rio de Janeiro und kennzeichnen Sie deren demographische Entwicklung.	19
2. Erläutern Sie die Entwicklung der funktions- und sozialräumlichen Strukturen in Rio de Janeiro zwischen 1985 und 2007.	33
3. Nehmen Sie kritisch Stellung zu diesen Entwicklungen sowie möglichen Entwicklungsperspektiven Rio de Janeiros.	28

Zugelassene Hilfsmittel
- der an der Schule in der Qualifikationsphase überwiegend verwendete Atlas, in einer für alle Prüflinge gleichen Auflage
- Wörterbuch zur deutschen Rechtschreibung
- Taschenrechner

Materialgrundlage

M 1 Atlaskarten nach Wahl

M 2 Rio de Janeiro: Daten und Fakten

- Hauptstadt und Sitz der Regierung bis 1960
- Einwohner der vier größten Agglomerationen Brasiliens (2010): São Paulo 19 672 582, Rio de Janeiro 11 875 063, Belo Horizonte 5 413 627, Porto Alegre 3 895 168
- Agglomeration Rio de Janeiro: 10,8 % Anteil am BNE* Brasiliens
- BNE pro Kopf (2010): 25 455 R$** (Vergleich Brasilien: 19 509 R$)
- Beschäftigte nach Wirtschaftssektoren: 4 % Landwirtschaft, 25 % Industrie, 71 % Dienstleistungen
- Wichtige Branchen: Finanzsektor, Medien, Tourismus, Agrarhandel, Pharmazeutische und Chemische Industrie
- Sitz nationaler und internationaler Unternehmen u. a. aus der Energiebranche wie Petrobras (brasilianischer Erdölkonzern), Shell, ExxonMobil und Texaco
- Zwei Drittel aller Haushalte verfügen über fließendes Wasser, 90 % über Elektrizität, 60 % über Anschluss an das Abwassernetz
- Anteil der Bewohner in Elendsquartieren: 7 % (1950), 21 % (2005)
- Tötungsdelikte (2007): 60/100 000 Einwohner (Vergleich Köln: 2/100 000)

* BNE = Bruttonationaleinkommen
** Währung R$ = Real; 1 Real entspricht ca. 0,44 Euro (Stand 02. 12. 2010)

zusammengestellt nach:
http://www.ceperj.rj.gov.br/ceep/pib/PIB_Estado_Rio_de_Janeiro_2010.pdf;
http://brasilemsintese.ibge.gov.br/contas-nacionais/pib-per-capita;
http://de.wikipedia.org/wiki/Rio_de_Janeiro;
http://www.finanzen.net/waehrungsrechner/brasilianischer-real_euro (Zugriff jeweils 14. 10. 2013);
http://www.auma.de/_pages/d/04_MessemaerkteAusland/0402_Laenderprofile/040206_Brasilien/download/Messemarkt_Brasilien.pdf (Zugriff 14. 4. 2012)

M 3 Bevölkerungsentwicklung der Agglomeration Rio de Janeiro

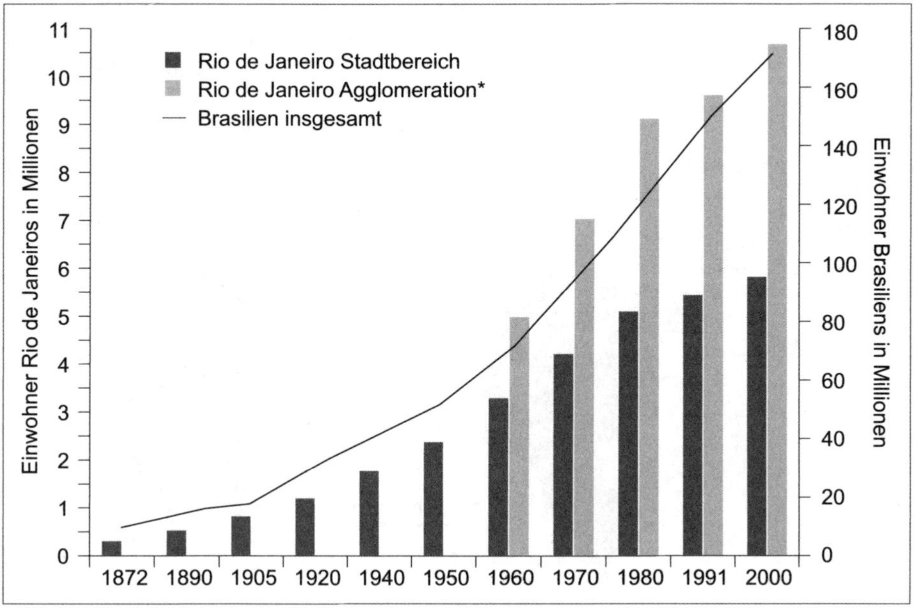

* statistische Einheit seit 1960

Diagramm erstellt nach: Tilman Krause: Stadtentwicklung in Rio de Janeiro (Brasilien). In: Praxis Geographie, Heft 1/2009, S. 40; nach Daten von IBGE und Censo Demografico 2000

Demographische Daten (2010)	
Rio de Janeiro Stadtbereich	6 323 037
Rio de Janeiro Agglomeration	11 875 063
Brasilien insgesamt	190 755 799

zusammengestellt nach Daten von: www.citypopulation.de; IBGE 2007

M 4 Entwicklungsstand Brasiliens nach Regionen

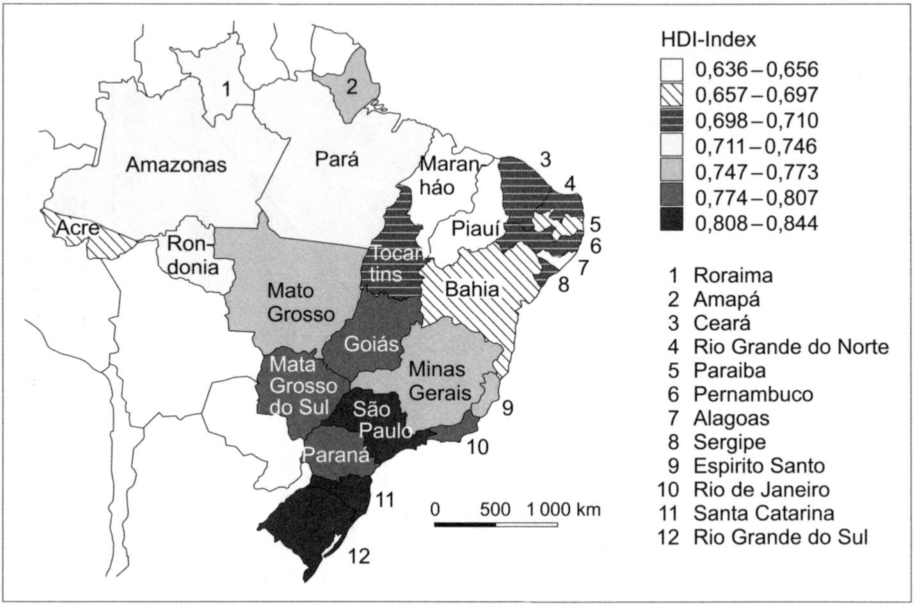

Darstellung nach: Tilman Krause: Stadtentwicklung in Rio de Janeiro (Brasilien). In: Praxis Geographie, Heft 1/2009, S. 40

M 5 Einkommensverteilung Brasilien 2009

Verteilung nach sozialen Schichten

	Oberschicht	Mittelschicht	Unterschicht	Untere Unterschicht
monatliches Einkommen (in R$)*	> 4 807	1 115 – 4 807	768 – 1 114	< 768
Anteil an Gesamtbevölkerung (in %)	10,4	49,2	24,3	16,1
Absolut (in Mio.)	19,4	91,0	43,0	29,9
Anteil am Gesamtvermögen (in %)	44	46	8	2

* Währung R$ = Real; 1 Real entspricht ca. 0,44 Euro (Stand 02. 12. 2010)

nach Daten von: PNAD/IBGE 2009

Entwicklung der Mittelschicht 2003 – 2009 (in %)*

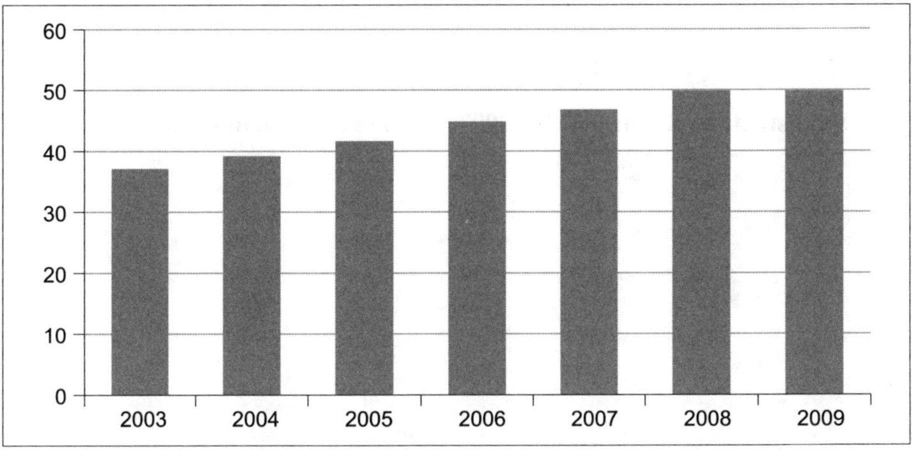

* Anwachsen der Mittelschicht besonders in den Metropolen

nach Daten von: Fundação Getulio Vargas

M 6 Stadtstruktur Rio de Janeiro 1985 (siehe Farbabbildungen)

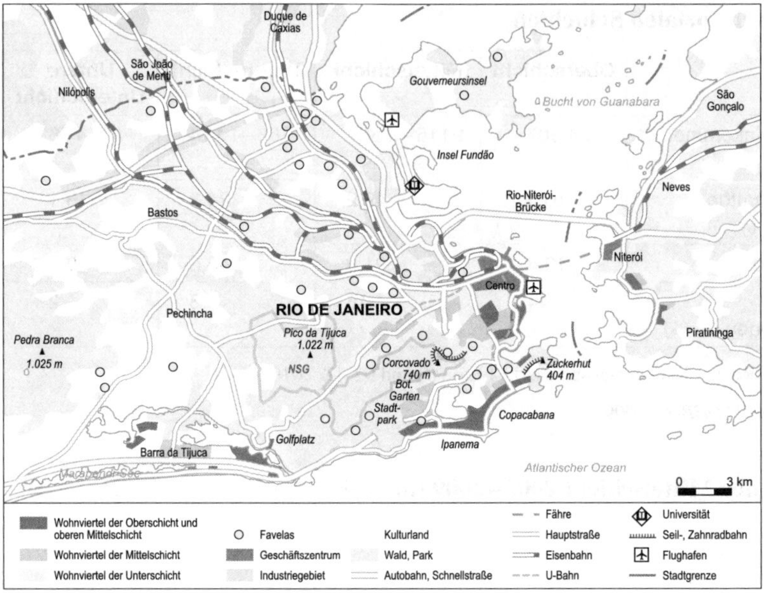

M 7 Stadtstruktur Rio de Janeiro 2007 (siehe Farbabbildungen)

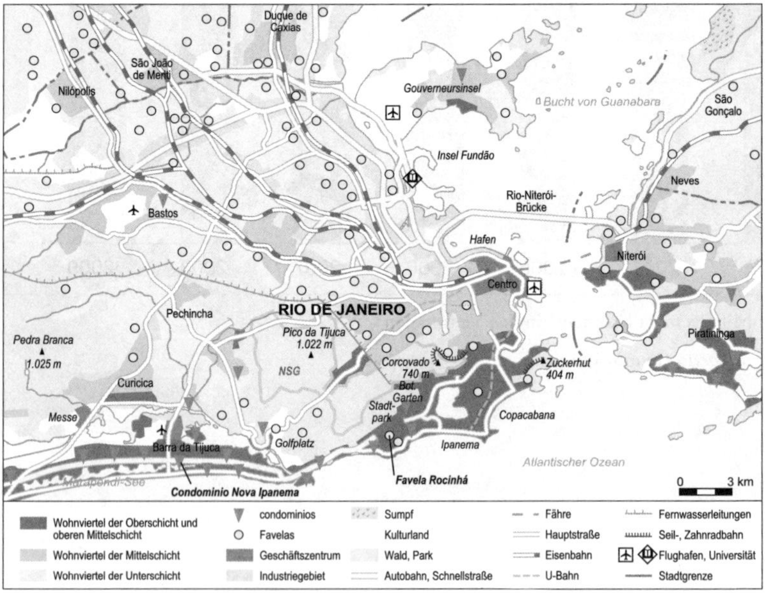

M 8 Condominio Nova Ipanema (siehe Farbabbildungen)

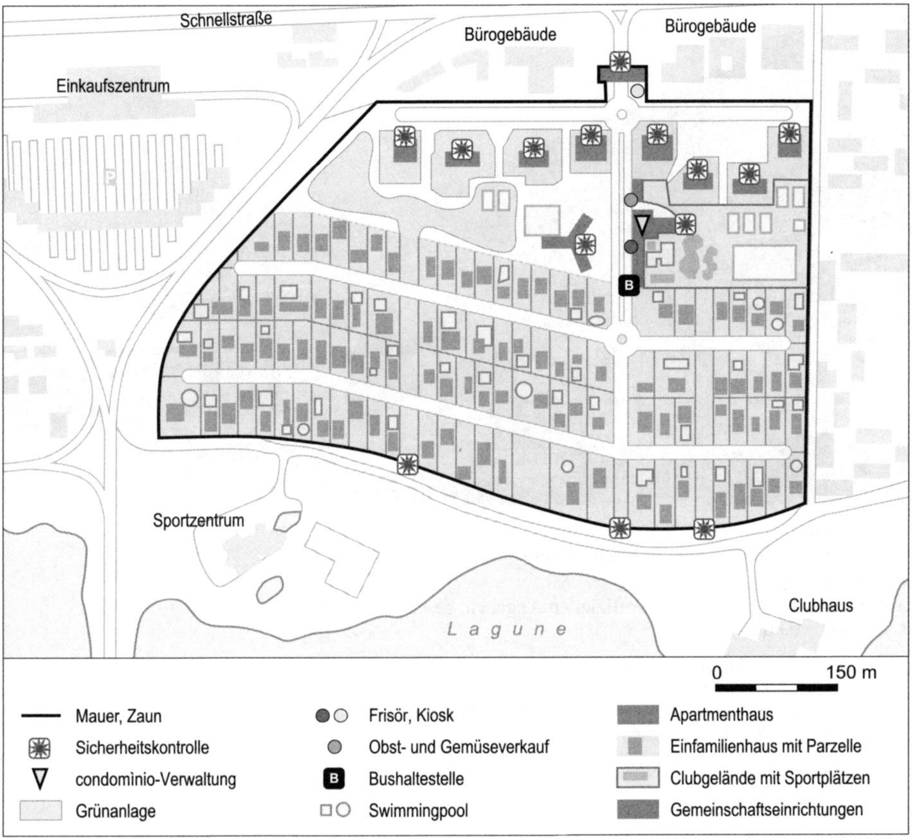

© cartomedia, Karsruhe, erstellt nach www.novaipanema.net und Martin Pöhler in Geographica Helvetica Nr. 4/57, 2002

Anmerkungen:
Condominio Nova Ipanema:
- 1985 Baubeginn, seitdem sukzessiver Ausbau
- Gesamteinwohnerzahl: 3 330 (2009)
- Fläche: ~ 0,3 km^2
- Mitarbeiter: 40 (Verwaltung, Sicherheitsdienst, Hausmeister, Gärtner etc.)

zusammengestellt nach: http://www.novaipanema.com.br

M 9 Favela Rocinhá

Anmerkungen:
aktuell ca. 650–700 Favelas in Rio de Janeiro

Favela Rocinhá

- Einwohnerzahl: 56 052 nach offiziellen Angaben, geschätzt 150 000 – 200 000
- Fläche: ~ 0,86 km²

Foto: chensiyuan; http://commons.wikimedia.org/wiki/File:Rocinha_rio_de_janeiro_panorama_2010.jpg, cc-by-sa 3.0 unported;
Anmerkungen zusammengestellt nach: http://1mundoreal.org/about/about-rocinha und http://de.wikipedia.org/wiki/Rocinha cc-by-sa

M 10 Rio de Janeiro: Entwicklungsimpulse und -tendenzen

Sportgroßprojekte

Die Entscheidung für Rio de Janeiro als Austragungsort der Olympischen Spiele 2016 hat in ganz Brasilien Euphorie ausgelöst. Aufbauend auf die Investitionen, die bereits für die Fußballweltmeisterschaft 2014 in die Stadt fließen, könnte das in die Jahre gekommene Rio de Janeiro eine Renaissance erleben und endlich konsequent seine urbanen Probleme angehen. Neue U-Bahn-Strecken, Buskorridore, eine verbesserte Sicherheitslage, mehr Hotels und eine Wiederbelebung der Hafenregion sind nur einige der Projekte. Die Zahl der Touristen wird nach Schätzung von Fachleuten um 10–15 % ansteigen. Ausbauschwerpunkt der Stadt wird das südlich gelegene Barra da Tijuca sein, wo ein Großteil der Sportstätten und das olympische Dorf entstehen. Die U-Bahn-Linie 4 soll die Verbindung zur Südstadt (Ipanema, Copacabana) herstellen. In Barra da Tijuca dürften auch viele neue Hotels gebaut werden. Insgesamt benötigt Rio de Janeiro, über die WM hinaus, zusätzlich 10 000 bis 12 000 Hotelzimmer, um die olympischen Auflagen zu erfüllen.

Quelle: © GTAI; Newsletter Brasilien 1/2009

Miet- und Immobilienpreise

Die Stadtverwaltung Rio de Janeiros hat seit 2009 damit begonnen, einen Teil der Favelas zu sanieren. Aber Sanierung und die legale Versorgung mit Strom und Wasser erhöhen stetig den finanziellen Druck auf die einkommensschwachen Familien, die jahrelang trotz aller Widrigkeiten dort ausgeharrt hatten. Die Spekulation mit dem eingeschränkten Wohnraum nimmt besonders an den Hügeln im Süden Rio de Janeiros immer drastischere Formen an. In den Vierteln leben auch zunehmend mehr Ausländer oder Mitglieder der Mittelschicht, noch ist Wohnraum dort weitaus günstiger als beispielsweise in den Vorzeigevierteln Botafogo oder Copacabana.

Quelle: Internetredaktion Brasilieninitiative Freiburg e. V.; www.brasilieninitiative.de

---

Die Aufgabe bezieht sich auf die folgenden **inhaltlichen Schwerpunkte:**

- Raumbedarf und Tragfähigkeit im Zusammenhang mit demographischen Prozessen
  - Ursachen und Folgen von Wanderungsbewegungen
- Siedlungsentwicklung in Abhängigkeit von soziokulturellen und politischen Leitbildern
  - Zentralität als Ausdruck funktionaler Verflechtungen von Stadt und Umland
  - Raumordnungsstrukturen und -ziele, einschließlich modellhafter Darstellungen

Lösungsvorschlag

Berücksichtigen Sie die Tipps für die Anfertigung der Abiturklausur (siehe S. 7ff.). Denken Sie zum Beispiel daran, Ihre Ausführungen mithilfe von Zwischenüberschriften zu gliedern. Wenn Sie einen neuen Sachverhalt vorstellen, geben Sie am Ende des (Sinn-)Abschnitts die Materialbelege in Klammern an.

Teilaufgabe 1

Der Operator „kennzeichnen" (Anforderungsbereich II) verlangt, dass Sie einen Raum oder einen Sachverhalt auf der Grundlage bestimmter Kriterien begründet charakterisieren. In dieser Teilaufgabe sollen Sie im Anschluss an die räumliche Einordnung die quantitative und qualitative demographische Entwicklung in der Agglomeration Rio de Janeiro bis zur Gegenwart aufzeigen (M 1–M 4).

Lage

Die ehemalige Hauptstadt Brasiliens (bis 1960), heute die zweitgrößte Stadt und Hauptstadt des gleichnamigen Bundesstaates, liegt **auf Höhe des südlichen Wendekreises an der Atlantikküste** und weist tropisches Klima auf. Weite Teile der Stadt liegen geschützt auf der westlichen Seite der **Bucht von Guanabara**. In ihr befinden sich die Gouverneursinsel und die Insel Fundão. Die flaschenhalsähnliche Öffnung der Bucht zum Atlantik wird von der Rio-Niterói-Brücke überspannt.

Im Laufe der Zeit hat sich die städtische Agglomeration weit ins Hinterland und auf die östliche Seite der Bucht von Guanabara ausgedehnt. Der Hauptteil der fast 12 Mio. Einwohner wohnt westlich der Guanabara-Bucht bis zu 30 km von der Altstadt entfernt; auf der östlichen Seite der Bucht erstrecken sich Wohnviertel bis zum ca. 20 km entfernten Sao Gonçaio (M 1, M 2, M 4).

Stetige Bevölkerungszunahme

1872 hatte die Stadt ca. 300 000 Einwohner. Seither ist die **Bevölkerung ständig gewachsen**. Bereits 1920 wurde die erste Million überschritten. Nach dem Zweiten Weltkrieg hatte die Stadt bereits über 2 Mio. Einwohner. Seither hat Rio de Janeiro einen stetigen steilen Anstieg bis auf 6,3 Mio. im Jahr 2010 verzeichnet. Gleichzeitig nahm die Bevölkerung in den Umlandgemeinden noch schneller zu, sodass die Gesamtbevölkerung der **Agglomeration** 2010 mit 11,9 Mio. Einwohnern fast doppelt so groß war wie die der eigentlichen Stadt (M 3). Damit ist die Agglomeration nach derjenigen von São Paulo (19,7 Mio.) die zweitgrößte in Brasilien und hat 6,2 % Anteil an der Gesamtbevölkerung des Landes (M 2).

Ein so starkes und schnelles Wachstum ist allein aufgrund der natürlichen Bevölkerungsentwicklung nicht möglich; es müssen starke **Binnenwanderungsbewegungen**, u. a. als Folge **regionaler Disparitäten**, stattgefunden haben. Die HDI-Werte der weiter nördlich gelegenen Bundesstaaten Bahia, Piauí oder Maranhão liegen z. B. deutlich unter dem des Bundesstaates Rio de Janeiro sowie aller weiter südlich gelegenen wie São Paulo, Santa Catarina oder Rio Grande do Sul (M 4).

Allmählicher Metropolisierungsprozess

Aufgrund seines überdurchschnittlichen BNE pro Kopf, des mit fast 11 % (bei nur 6 % Bevölkerungsanteil) hohen BNE-Anteils in Brasilien, des Vorhandenseins wichtiger Branchen wie dem Finanzsektor oder der Pharmazeutischen und Chemischen Industrie sowie global ausgerichteter Firmensitze wie Shell oder Exxon-Mobil war und ist Rio de Janeiro ein **wichtiger Wirtschaftsmagnet,** der eine bedeutende **Pull-Wirkung** auf Menschen in wirtschaftlich schwächeren Regionen ausübt (M 2). Mit 71 % ist der Anteil des tertiären Sektors überdurchschnittlich hoch und mit dem von weit entwickelten Staaten gleichzusetzen; die Einkommenschancen auf einem **modernen und diversifizierten Arbeitsmarkt** werden entsprechend groß sein. Die politische, mediale/kulturelle und touristische Bedeutung (z. B. Zuckerhut, Strände von Copacabana und Ipanema) trägt ebenfalls zum **positiven Image der Stadt** bei. Dieses zieht weitere Unternehmen und Zuwanderer an (M 1, M 2).

Ein solcher **Verstädterungsprozess** wurde weltweit seit der zweiten Hälfte des 20. Jh. beobachtet. In seiner besonders starken Ausprägung ist er typisch für die Metropolen in Entwicklungs- und Schwellenländern und kann somit als **Metropolisierungsprozess** bezeichnet werden.

Teilaufgabe 2

Der Operator „erläutern" (Anforderungsbereich II) fordert von Ihnen, dass Sie die aus dem Material zu entnehmenden Zusammenhänge verdeutlichen. In dieser Teilaufgabe sollen Sie aufzeigen, wie sich zwischen 1985 und 2007 die funktions- und sozialräumlichen Strukturen in Rio de Janeiro entwickelt haben (M 2, M 3, M 6– M 9).

Zwischen 1985 und 2007 hat sich Rio de Janeiro innerhalb der Stadtgrenze verdichtet und außerhalb der Stadtgrenze deutlich ausgedehnt. So sind u. a. zwischenzeitlich der gesamte Bereich zwischen Masapendi-See im Süden und Pechincha lückenlos besiedelt

Allgemeines Wachstum der Agglomeration

worden, ferner die Gouverneursinsel und auf der östlichen Buchtseite die Region um Piratininga (M 6, M 7). Die **Gesamtbevölkerung der Agglomeration** hat sich in den 30 Jahren seit 1980 von ca. neun auf annähernd zwölf Millionen erhöht; der eigentliche Stadtbereich verzeichnete in diesem Zeitraum einen Zuwachs von ca. 1,3 Mio. Einwohnern (M 3).

Erweiterung des Verkehrsnetzes

In dieser Zeit wurde auch das **innerstädtische Straßennetz** erweitert: Es entstanden Stadtautobahnen und neue Schnellstraßen, Straßen wurden erweitert und z. T. völlig neue angelegt. Auch das **U-Bahnnetz** wurde erweitert und zwei Fernwasserleitungen wurden neu errichtet. Hingegen wurde das Eisenbahnnetz ausgedünnt und z. B. im Bereich des Hafens bei Gamboa ganz entfernt (M 6, M 7).

Neue Industriegebiete und Geschäftszentren

Zum Geschäftszentrum in der Altstadt, dem Centro, sind weitere Einkaufszentren meist **in unmittelbarer Nähe zu den Vierteln der Oberschicht** hinzugekommen, so in der Nähe des Condominio Nova Ipanema oder bei Tijuca, jeweils verkehrsgünstig gelegen an einer der Hauptverkehrsstraßen. Die Anzahl und Ausdehnung der Industrieflächen hat zugenommen: Entlang der Hauptverkehrsachsen blieben die entsprechenden Flächen aus dem Jahr 1985 erhalten; vor allem **an der Küste** der westlichen Bucht von Guanabara (Hafen) **sind große Industriegebiete hinzugekommen** (M 7).

Sozialräumliche Strukturen

In sozialräumlicher Hinsicht lassen sich **deutlich schichtenspezifische Untergliederungen** erkennen: Die Wohnviertel der Oberschicht und oberen Mittelschicht befinden sich schwerpunktmäßig in Küstennähe, so Ipanema oder Barra da Tijuca an der Südküste in der Nähe der bekannten Strände Ipanema und Copacabana. Aus den noch im Jahr 1985 in Citynähe befindlichen Vierteln hat es eine **Abwanderung der oberen sozialen Schichten Richtung Atlantikküste** gegeben. Teilweise befanden sich im Jahr 2007 gehobene Wohnviertel auch in Gebieten, in denen vorher Angehörige niedrigerer Schichten gewohnt haben. Die Mittelschichtsviertel haben sich flächenmäßig deutlich vergrößert, sie haben sich von der Altstadt bandartig nach Westen und im Osten der Bucht halbkreisförmig um das Zentrum Niterói ausgedehnt; daneben gibt es inselartig eingelagerte Wohnviertel der Mittelschicht mit guter Verkehrsanbindung. Die flächenmäßig dominierenden Viertel der Unterschicht liegen in der Nähe der Gewerbegebiete und der Hauptverkehrsachsen weiter entfernt vom eigentlichen Stadtzentrum sowie in den hügeligen Stadtregionen; dies gilt jeweils sowohl für Rio de Janeiro als auch für Niterói. Die Wohnviertel der Unterschicht haben die Stadtgrenze im Norden überschritten (M 7).

Steigender Anteil der Bevölkerung in Elendsquartieren

Deutlich zugenommen hat die Anzahl von **Favelas** auf ca. 650–700. Statt 7 % (1950) lebten bereits im Jahr 2005 mehr als 20 % der Einwohner von Rio de Janeiro in Elendsvierteln (Favelas). Zuwächse zu verzeichnen sind **in den peripheren Agglomerationsbereichen** im Westen sowie auf der Buchtseite von Niterói. Favelas entstanden meist illegal an lageungünstigen Stellen, z. B. in der Nähe von Gewerbegebieten oder an steilen Hängen. In wenigen Fällen liegen sie in unmittelbarer Nachbarschaft zu Vierteln der Oberschicht wie die Favela Rocinhá.

Die Favela Rocinhá

Diese befindet sich in einem engen Tal am Fuße eines Bergrückens. Auf einer Fläche von weniger als einem Quadratkilometer drängen sich niedrige Häuser aus schlechtem oder behelfsmäßigem Baumaterial dicht an dicht, die **Bevölkerungsdichte ist enorm hoch**. Ein geordnetes Straßennetz ist nicht zu erkennen, es gibt kein Versorgungszentrum und keine Freiflächen. Laut Schätzungen soll die tatsächliche Einwohnerzahl fast viermal so hoch liegen wie die offiziell angegebene Zahl von 56 000 (M 9). Solche **Marginalsiedlungen** haben in den seltensten Fällen Anschluss an das Trink- oder Abwassernetz, sie verfügen nicht durchgängig über Elektrizitätsanschlüsse. Sie gelten als politische Unruheherde und weisen eine überdurchschnittlich hohe Kriminalitätsrate auf (M 2).

Die Condominio Nova Ipanema

Neu im städtischen Siedlungsbild gegenüber 1985 sind die 22 **Condominios**, **isolierte Wohnkomplexe der Oberschicht**. Diese befinden sich mit Ausnahme derjenigen bei Bastos meist in der Nähe vom Atlantik oder von Lagunen.

Eine solche Condominio, z. B. diejenige von Nova Ipanema, ist durch eine geschlossene Mauer vom übrigen Stadtgebiet abgetrennt, was als Reaktion auf die hohe Kriminalitätsrate zu sehen ist (M 2). Der Zugang ist nur Bewohnern gestattet und wird kontrolliert. Das **Areal ist großzügig** in Parzellen mit Einfamilien- bzw. Apartmenthäusern **untergliedert,** weist zahlreiche Swimmingpools, Grünanlagen und Freiflächen auf. Außerdem gibt es z. B. eine Schule, ein Schwimmbad sowie einen Verwaltungsstab von 40 Mitarbeitern. In unmittelbarer Nachbarschaft befinden sich ein großes Einkaufszentrum, ein Sportzentrum, ein an der Lagune gelegenes Clubhaus sowie mehrere Bürogebäude mit Arbeitsplätzen des tertiären Sektors (M 8).

Auf einer Fläche von etwa einem Drittel von derjenigen der Favela Rocinhá lebten mit 3 330 Einwohnern im Jahr 2009 lediglich 6 % der offiziellen bzw. ca. 2 % der inoffiziellen Bevölkerung der Favela.

Teilaufgabe 3

Hier sollen Sie „kritisch Stellung nehmen" (Anforderungsbereich III), d. h. sich mit den von Ihnen aufgezeigten Entwicklungen und Strukturen in Rio de Janeiro reflektiert auseinandersetzen. Außerdem sollen Sie unter Abwägung unterschiedlicher Argumente zu einer begründeten Einschätzung möglicher Entwicklungsperspektiven gelangen und ein Fazit formulieren (M 2–M 10).

Weiteres Wachstum der Agglomeration

Aufgrund der deutlichen **regionalen Disparitäten** in Brasilien werden **Binnenwanderungsströme** wie die bisher beobachteten mutmaßlich auch in der Zukunft stattfinden: Es wird zu weiteren **Land-Stadt-Wanderungen** kommen, **der Metropolisierungs- und Marginalisierungsprozess** wird anhalten, auch die Agglomeration Rio de Janeiro wird weiter wachsen, ihre Probleme werden kurzfristig nicht zu lösen sein.

Bedeutung der Mittelschicht

Entscheidend wird sein, ob die **schichtenspezifische Entwicklung** wie in den letzten Jahren weitergehen wird: Der **Anteil der Mittelschicht** ist seit der Jahrtausendwende von unter 40 auf 50 % gestiegen, wobei dies schwerpunktmäßig in den Metropolen der Fall war. Gewinnt die Mittelschicht weiter an Bedeutung und Finanzkraft, kann in funktionaler und sozialräumlicher Hinsicht eine Verbesserung der Lebensumstände ermöglicht werden. Mit steigenden Steuereinnahmen sind dann Sanierungsvorhaben in Favelas – wie sie seit 2009 in Rio de Janeiro begonnen wurden – im größeren Umfang möglich, ebenso Investitionen in die städtische Infrastruktur (M 10).

Bedeutung global wichtiger Großereignisse

Investitionsvorhaben, wie solche im Zusammenhang mit der Fußballweltmeisterschaft 2014 oder den Olympischen Spielen im Jahr 2016, stellen wichtige **Impulse für die Weiterentwicklung** von Stadt und Agglomeration dar. Mithilfe solcher Planungsmaßnahmen kann man **urbane Probleme** in Angriff nehmen. So lässt sich z. B. das unvollständige Nahverkehrs-/U-Bahn-Netz vervollständigen, was sowohl zu einer Verringerung des Individualverkehrs und der täglichen Pendelzeiten als auch zu einer geringeren Schadstoffbelastung der bisher vom Individualverkehr stark betroffenen Stadtviertel führen würde. Der städtische Tourismus erhält durch **Modernisierungsmaßnahmen** und Hotelneubauten einen Zuwachsimpuls, es werden Arbeitsplätze geschaffen und das Image der Stadt kann verbessert werden.

Gefahr weiterer Fragmentierung

Der große Anteil einkommensschwacher Bevölkerungsgruppen (40 % der Menschen verfügen nur über 10 % des Gesamtvermögens in Brasilien) stellt eine Gefahr für das städtische Ganze dar. Bereits zunehmend in die Außenbezirke verdrängt, können die Angehörigen der Unterschichten Mieten und andere Lebenshaltungskosten kaum noch bezahlen. Sanierungs- und Modernisierungsmaßnahmen erreichen die Angehörigen der Unterschichten nicht, es kommt vielmehr zu **erneuten Verdrängungs- und ggf. Gentrifizierungsprozessen** sowie zu einer allgemeinen **Fragmentierung.**

Fazit

Wenn städtische Planungen und Entwicklungen in den Agglomerationen wie derjenigen von Rio de Janeiro nicht die Bedürfnisse und Möglichkeiten breiter Bevölkerungsschichten berücksichtigen, drohen immer deutlichere Disparitäten und Abgrenzungsversuche, die dem **„Community"-Gedanken** eines städtischen Wesens widersprechen. Immer krassere Gegensätze zwischen Marginalsiedlungen und Condominios lassen die **Gefahr sozialer und innenpolitischer Spannungen** wachsen. Kriminalitätsraten und soziale Unsicherheit könnten weiter steigen. Entwicklungsimpulse wie in Barra da Tijuca kämen nicht der Allgemeinheit der Bevölkerung zugute, sie ließen die **räumlichen und sozialen Segregationstendenzen** vielmehr weiter wachsen.

Leistungskurs Geographie (NRW) – Abiturprüfung 2014
Aufgabe 2

Thema

Stadtplanung und -entwicklung in einem der Zentren der Europäischen Union – Das Beispiel Luxemburg-Stadt

Aufgabenstellung	Punkte
1. Lokalisieren Sie Luxemburg-Stadt und erläutern Sie die demographische, räumliche sowie wirtschaftliche Entwicklung der Stadt seit Beginn der 1950er-Jahre.	40
2. Erörtern Sie Chancen und Risiken, die sich aus der Entwicklung des Quartiers Kirchberg für Luxemburg-Stadt ergeben.	40

Zugelassene Hilfsmittel

- der an der Schule in der Qualifikationsphase überwiegend verwendete Atlas, in einer für alle Prüflinge gleichen Auflage
- Wörterbuch zur deutschen Rechtschreibung
- Taschenrechner

Materialgrundlage

M 1 Atlaskarten nach Wahl

M 2 Luxemburg-Stadt 1952 (siehe Farbabbildungen)

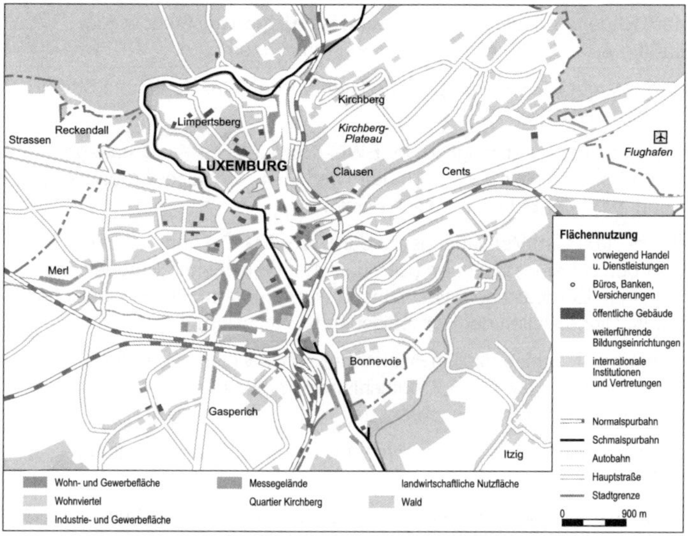

Quelle: © cartomedia, Karlsruhe

M 3 Luxemburg-Stadt 2010 (siehe Farbabbildungen)

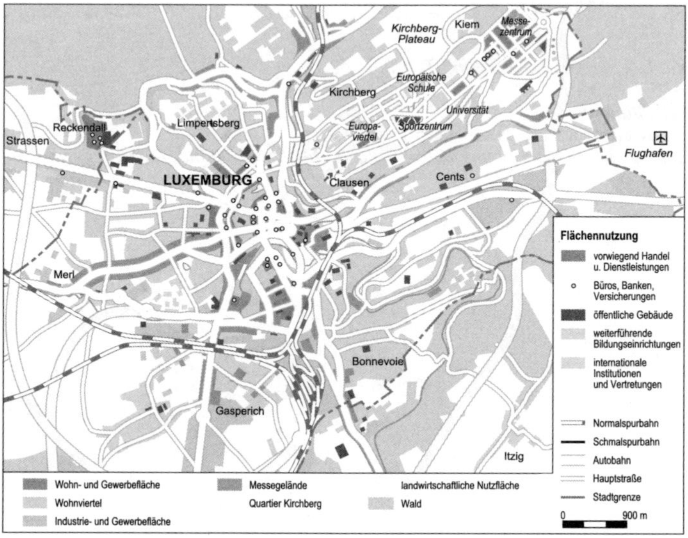

Quelle: © cartomedia, Karlsruhe

M 4 Luxemburg-Stadt nach dem Zweiten Weltkrieg

1945	Nach dem Ende der deutschen Besatzung ist Luxemburg-Stadt wieder Hauptstadt des unabhängigen Großherzogtums Luxemburg.
1952	Stadt wird Sitz der EGKS (Europäische Gemeinschaft für Kohle und Stahl, Vorläufer der EWG).
1957	Luxemburg ist Gründungsmitglied der EWG (Europäische Wirtschaftsgemeinschaft, Vorläufer der EG), 1965 dann der EG (Europäische Gemeinschaft) und 1993 der EU (Europäische Union).
ab 1957	Luxemburg-Stadt wird Verwaltungssitz der EWG/EG/EU und Sitz zahlreicher europäischer Institutionen (Europäischer Gerichtshof, Europäischer Rechnungshof, Europäische Investitionsbank, Sekretariat des Europäischen Parlaments, Dienststellen der Europäischen Kommission).
ab 1963	Einschränkende Gesetze für den Bankenbereich in vielen international wichtigen Finanzmärkten (USA, Deutschland, Frankreich); Luxemburg ohne entsprechende gesetzliche Einschränkungen.
1984	Luxemburgisch wird neben Französisch und Deutsch offizielle Nationalsprache in Luxemburg.
1994	Altstadt und Festungswerke werden in die Liste des UNESCO-Weltkulturerbes aufgenommen.
1995	Luxemburg-Stadt ist Kulturhauptstadt Europas.
2007	Luxemburg-Stadt ist zusammen mit den angrenzenden Regionen Kulturhauptstadt Europas.

zusammengestellt nach:
Brockhaus Universallexikon. Leipzig: Brockhaus GmbH, 2003;
http://www.ont.lu/press-de-35-248.html;
http://www.lcto.lu/de/rd/49/203/unesco;
http://www.lcto.lu/de/rd/49/204/europaeische-hauptstadt;
http://www.portrait.public.lu/de/wirtschaftsstrukturen/struktur/ueberblick/wandel/index.html (Zugriff jeweils 29. 10. 2011)

M 5 Entwicklung der Einwohnerzahl Luxemburgs

Großherzogtum Luxemburg

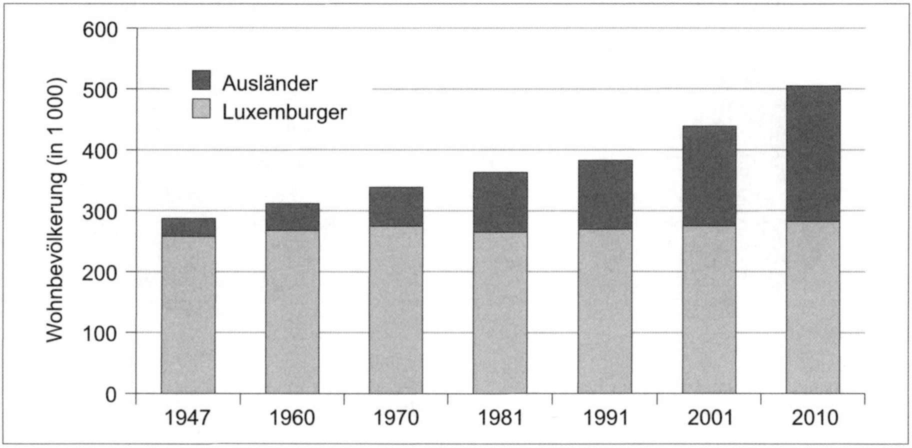

Luxemburg-Stadt

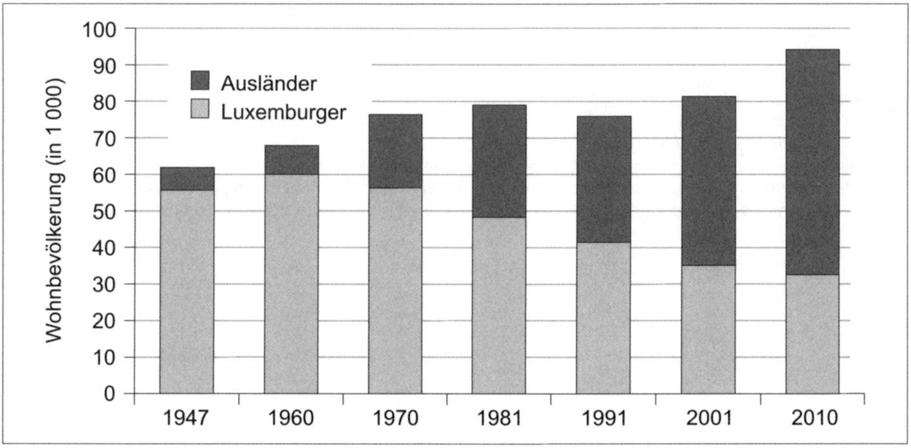

Anmerkung:
Herkunft der Ausländer in Luxemburg-Stadt 2010:
➲ EU 53 294, ➲ übriges Europa 2 672, ➲ übrige Welt 5 250

Darstellungen nach:
STATEC: Le portail des statistiques – Gand-Duché de Luxembourg, Tabellen F1201, F1203;
http://www.statistiques.public.lu/fr/publications/thematique/population-emploi/recueil-communes/recueil-communes.pdf;
http://www.parkingday.lu/index.php?id=5116&suffix=pdf&nonactive=1&lang=fr&site=vdl_multimedia
(Zugriff jeweils 29. 10. 2011)

M 6 Entwicklung der Wirtschaftsstruktur von Luxemburg-Stadt

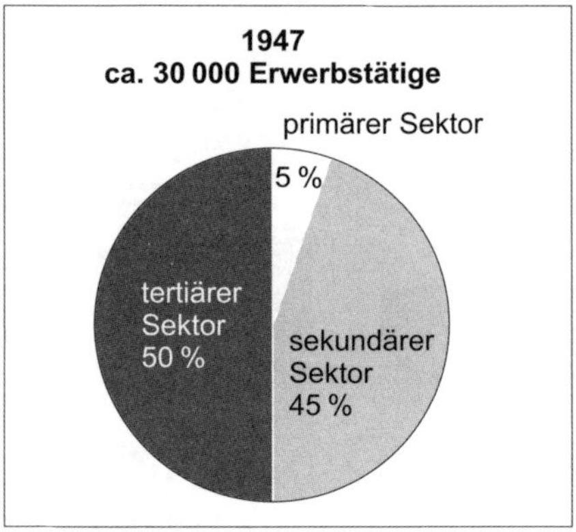

Anmerkung:
Daten hochgerechnet auf Basis der Daten für das Großherzogtum Luxemburg.

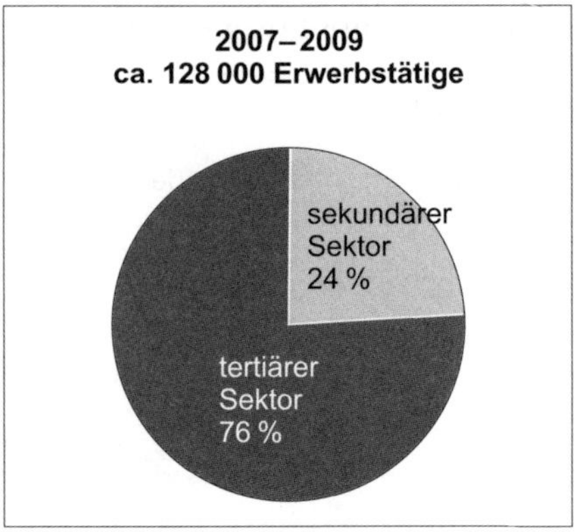

Anmerkung:
Beschäftigte im primären Sektor < 200;
Beschäftigte im tertiären Sektor u. a.

- 17 139 im Bereich Handel, Hotels, Gaststätten
- 57 126 im Bereich Banken, Versicherungen, sonstige unternehmensbezogene Dienstleistungen
- rund 11 000 Beschäftigte bei der EU

(Durchschnittswerte 2007–2009; gerundet)

zusammengestellt nach:
http://www.eu2005.lu/en/savoir_lux/lux_publications/livre_presidence/grand_duche.pdf;
http://www.ceps.lu/pdf/art1650.pdf;
http://www.vdl.lu/index.php?id=3194&site=vdl_multimedia&lang=fr;
http://appsso.eurostat.ec.europa.eu/nui/submitViewTableAction.do (Zugriff jeweils 30. 10. 2011);
Patrick Bousch et al. (Hg.): Der Luxemburg Atlas. Emons Verlag, Köln 2009, S. 16 und S. 136

M 7 Herkunft der Erwerbstätigen in Luxemburg-Stadt 2007

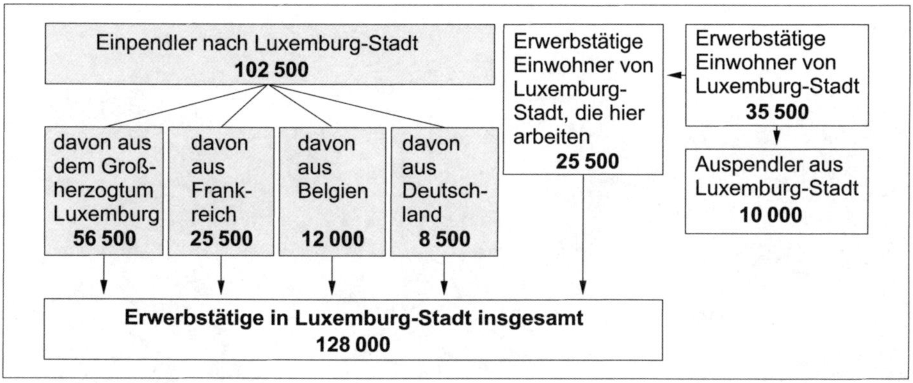

Anmerkungen:
alle Erwerbstätigenzahlen gerundet;
Verkehrsmittel der Erwerbstätigen (inkl. Grenzgänger) in Luxemburg 2007 für den Weg zur Arbeit: 81 % Auto; 4 % Auto + anderes Verkehrsmittel; 9 % ÖPNV; 6 % Fahrrad oder zu Fuß

zusammengestellt nach:
http://appsso.eurostat.ec.europa.eu/nui/submitViewTableAction.do (Zugriff 30. 10. 2011);
Patrick Bousch et al. (Hrsg.): Der Luxemburg Atlas. Emons Verlag, Köln 2009, S. 136;
Anmerkung aus: CEPS/INSTEAD: Leben in Luxemburg. Chroniken der PSELL-3/2007 Befragung: Arbeitspendeln zwischen Wohnsitz und Arbeitsplatz: mit dem Pkw, der Bahn oder zu Fuß?, http://www.ceps.lu (Zugriff 5. 11. 2011)

M 8 Das Quartier Kirchberg (siehe Farbabbildungen)

Quelle: © Jean Herbrink via panoramio

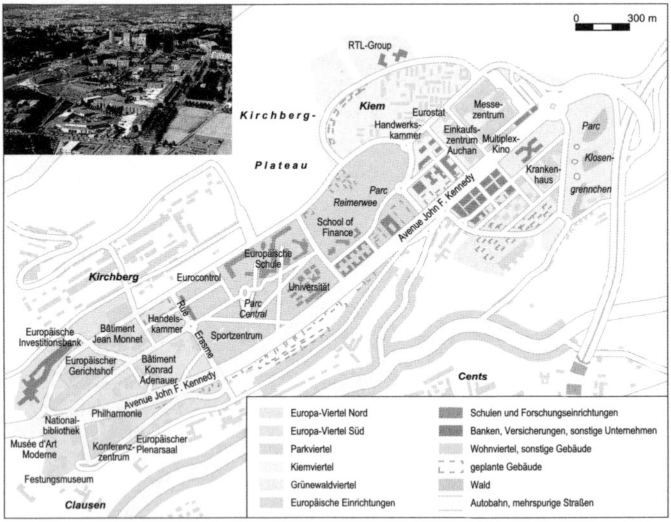

Anmerkung: Luxemburg-Stadt ist in 24 Quartiere (Stadtteile) gegliedert.

Quelle: © cartomedia, Karlsruhe

M 9 Die Entwicklung des Quartiers Kirchberg

1960	Das Kirchberg-Plateau wird ausschließlich landwirtschaftlich genutzt; eine Verkehrsanbindung an das Zentrum von Luxemburg-Stadt fehlt.
1961	per Gesetz Schaffung des *Kirchberg-Fonds*; Kauf/Enteignung der Grundstücke auf dem Kirchberg-Plateau durch den Staat und Übertragung dieser an den Fonds; Aufgabe des Fonds: Koordination der städtebaulichen Erschließung des Plateaus (Schwerpunkt: Gebäude für europäische Institutionen)
1962	Baubeginn auf dem Kirchberg-Plateau
1963	Bau der „Großherzogin-Charlotte-Brücke" (Rote Brücke), über die der Boulevard Robert Schumann führt
1978–1988	Fertigstellung der meisten Gebäude europäischer Institutionen auf dem Kirchberg (u. a. Gebäude der Europäischen Kommission, Europäischer Gerichtshof)
1981	Einwohnerzahl im Quartier Kirchberg 1 878
1991	Einwohnerzahl im Quartier Kirchberg 2 661
1996	Eröffnung des Einkaufszentrums *Auchan* (12 000 m^2 Verkaufsfläche; 700 Mitarbeiter; breites Sortiment; große Zahl an Restaurants) sowie des *Utopolis*-Kinos (Multiplex-Kino; 2 693 Plätze)
Ende 1990er	Bau des Sportzentrums als Erweiterung des Olympia-Schwimmbades (größtes Sportzentrum Luxemburgs; 8 000 Plätze; auch für Konzerte genutzt)
2001	Einwohnerzahl im Quartier Kirchberg 3 304
2003	Gründung der Universität Luxemburg; im WS 2011/12: 5 700 Studenten, darunter 2 370 internationale Studierende aus hundert verschiedenen Nationen; fünf Standorte, u. a. Campus Kirchberg
2005	Eröffnung der Philharmonie (großer Konzertsaal: bis zu 1 500 Plätze; Kammermusiksaal: 302 Plätze)
2009	in Luxemburg-Zentrum gemessene NO_2-Konzentration: 60 $\mu g/m^3$ (2000 lag Jahreswert bei 50 $\mu g/m^3$); EU-Grenzwert 2010: 40 $\mu g/m^3$; Hauptverursacher NO_2-Ausstoß: Autoverkehr
2010	• Einwohnerzahl im Quartier Kirchberg 4 450 • im Messezentrum finden sieben internationale Messen statt (u. a. Tourismusmesse, Umweltmesse) • Busse verbinden das Zentrum von Luxemburg-Stadt mit dem Kirchberg • auf dem Kirchberg höchste Dichte an Parkplätzen in Luxemburg (die meisten davon unterirdisch
bis ca. 2020	• Errichtung eines „Peripheriebahnhofes" auf dem Kirchberg (Umsteigeknoten Bahn/Bus) • Schaffung einer Straßenbahnverbindung Innenstadt–Kirchberg • angestrebter Endbestand auf dem Kirchberg: 48 675 Arbeitsplätze; 11 350 Studenten/Schüler; 13 735 Einwohner

zusammengestellt nach:
http://www.statistiques.public.lu/fr/publications/thematique/population-emploi/recueil-communes/recueil-communes (Zugriff 29. 10. 2011);
http://www.kirchbergonline.lu/;
http://www.cecinestpasluxembourg.eu/?p=565;
http://www.rail.lu/doc/mobiliteit.pdf;
http://www.auchan.lu/de/page/110/art/128/;
http://www.europa-cinemas.org/en/cinema/fiche_salle.php?IdSalle=337&IdPeriode=99;
http://www.gouvernement.lu/dossiers/education_jeunesse/universite/index.html;
http://www.zlv.lu/spip/spip.php?article5483;
http://wwwde.uni.lu/universitaet/aktuelles/topthema/5700_studierende_und_hundert_nationalitaeten;
http://wwwfr.uni.lu/.../PCJ_II_Aspekte_jugendlicher_Freizeitwqelten.pdf (Zugriff jeweils 12. 11. 2011)

M 10 Das Quartier Kirchberg und Luxemburg-Stadt im Jahr 2010

	Quartier Kirchberg	Luxemburg-Stadt
Einwohnerzahl	4 450	93 865
Anteil ausländischer Einwohner (%)	73,5	65,2
Bruttodurchschnittseinkommen der Einwohner (€)*	3 768	3 146
Arbeitsplätze	26 930	ca. 120 000
Büroflächen (Mio. m^2)	0,93	3,20
Spitzenmieten für Büroräume Ende 2008 (€/m^2/Jahr)	396	CBD** 480 Bahnhof** 420 Peripherie SW** 240 Peripherie SO** 204
Zunahme Spitzenmieten 2007 → 2008 (%)	10	CBD** 0 Bahnhof** 0 Peripherie SW** 18 Peripherie SO** 6
Einzelhandel: Verkaufsfläche (m^2) Umsatz (Mio. €)	17 450 106,1	130 630 727,9

* Werte für 2003
**Stadtbezirke mit den höchsten bzw. mit den niedrigsten Spitzenmieten

zusammengestellt nach:
http://www.parkingday.lu/index.php?id=5116&suffix=pdf&nonactive=1%lang=fr&site=vdl_multimedia (Zugriff 29. 10. 2011);
http://www.wort.lu/wort/web/fr/luxembourg/articles/2011/08/157846/la-population-du-kirchberg-multipliee-par-deux-dans-les-annees-ae-venir.php;
http://www.zlv.lu/spip/spip.php?article5483;
http://www.vdl.lu/vdl_multimedia/Einzelhandelskonzept+Ville+de+Luxembourg.pdf;
http://www.joneslanglasalle.lu/Luxembourg/de-de/Pages/NewsDetail.aspx?ItemID=17432 (Zugriff jeweils 11. 11. 2011)

Die Aufgabe bezieht sich auf die folgenden **inhaltlichen Schwerpunkte:**
- Tertiärisierung als Motor für die räumliche Verteilung von Arbeitsplätzen und Warendistribution
  - Merkmale von Global Cities
- Raumbedarf und Tragfähigkeit im Zusammenhang mit demographischen Prozessen
  - Ursachen und Folgen von Wanderungsbewegungen
- Siedlungsentwicklung in Abhängigkeit von soziokulturellen und politischen Leitbildern
  - Grundzüge der Stadtentwicklung in Europa, Modell der europäischen Stadt
  - Zentralität als Ausdruck funktionaler Verflechtungen von Stadt und Umland

Lösungsvorschlag

Berücksichtigen Sie die Tipps für die Anfertigung der Abiturklausur (siehe S. 7 ff.). Denken Sie zum Beispiel daran, Ihre Ausführungen mithilfe von Zwischenüberschriften zu gliedern. Wenn Sie einen neuen Sachverhalt vorstellen, geben Sie am Ende des (Sinn-)Abschnitts die Materialbelege in Klammern an.

Teilaufgabe 1

Der Operator „lokalisieren" (Anforderungsbereich I) erfordert zunächst die Einordnung des Raumbeispiels Luxemburg-Stadt in Ihnen bekannte Orientierungsraster. Anschließend sollen Sie gemäß den Anforderungen an den Operator „erläutern" (Anforderungsbereich II) aus dem Material entnehmbare Zusammenhänge verdeutlichen. In dieser Teilaufgabe ist die Entwicklung von Luxemburg-Stadt im Hinblick auf demographische, räumliche und wirtschaftliche Aspekte seit Beginn der 1950er-Jahre zu berücksichtigen (M 1–M 6, M 7, M 9).

Lage und Bedeutung von Luxemburg-Stadt

Luxemburg-Stadt liegt im Süden des Großherzogtums Luxemburg in der Region Gutland und ist gleichzeitig die Hauptstadt. Sie liegt in verkehrsgünstiger Lage, da alle Autobahnen, die aus den Nachbarländern Belgien, Frankreich und Deutschland ins Land führen, hier aufeinandertreffen. Das gleiche gilt für alle Fernstraßen und Eisenbahnlinien, die sich ebenfalls hier kreuzen. Der einzige Flughafen des Staates befindet sich östlich von Luxemburg-Stadt (M 1, M 3).

Seit Beginn der 1950er-Jahre hat sich Luxemburg-Stadt zu einem **Zentrum der Europäischen Union** entwickelt, was sich in **demographischer**, **räumlicher** und **wirtschaftlicher** Hinsicht zeigt.

Die **Einwohnerzahl** der Stadt ist im Zeitraum von 1947 bis 2010 insgesamt um ca. 30 000 gestiegen. Jedoch verlief dieser Anstieg nicht kontinuierlich. Bis 1981 ist ein Zuwachs um ca. 18 000 Einwohner festzustellen, in den folgenden zehn Jahren fiel die Zahl wieder auf 75 000. Im Jahr 2001 lag der Wert wieder knapp über dem von 1981. Der größte Zuwachs erfolgte von 2001 bis 2010. In diesem Jahr erreichte die **Wohnbevölkerung** die Zahl von 93 000. Das Verhältnis von Luxemburgern zu ausländischen Einwohnern hat sich dabei umgekehrt. Während 1947 der Anteil der ausländischen Einwohner unter einem Zehntel der Gesamteinwohnerzahl der Stadt lag, betrug dieser 1981 schon ein Drittel und 1991 etwas unter 50 %. Seit 2001 überwiegt der Anteil der Ausländer und dieser Trend hat sich bis 2010 verstärkt. In diesem Jahr waren etwa zwei Drittel der Bevölkerung von Luxemburg-Stadt Ausländer. Die meisten der 61 216 Ausländer kommen aus dem EU-Ausland, ein kleinerer Teil, nämlich 2 672, aus dem übrigen Europa und 5 250 aus Ländern der übrigen Welt (M 5).

Demographische Entwicklung

Diese Entwicklung ist auf den **Bedeutungszuwachs** der Stadt als Zentrum der Europäischen Union zurückzuführen. Seit Beginn der 1950er-Jahre wurde Luxemburg-Stadt Sitz zahlreicher europäischer Institutionen. Ab 1957 wurden hier der Europäische Gerichtshof, der Europäische Rechnungshof, die Europäische Investitionsbank, das Sekretariat des Europäischen Parlaments sowie Dienststellen der Europäischen Kommission angesiedelt. Einschränkende Gesetze für den Bankenbereich in international wichtigen Finanzmärkten wie den USA, Deutschland und Frankreich führten zudem zu einer verstärkten Ansiedlung von Banken, was einen **Pull-Faktor** für ausländische Erwerbstätige darstellt und den hohen Anteil ausländischer Einwohner erklärt. Dies hat aber auch zur Folge, dass die Luxemburger heute sozusagen als Minderheit in ihrer eigenen Stadt leben (M 2–M 6).

Zentrum der EU

Der Anstieg der Einwohnerzahl und die Ansiedlung der europäischen Institutionen und Banken hat die **Physiognomie** und die **funktionale Gliederung** der Stadt verändert. Die Stadtfläche hat sich bis 2010 im Vergleich zu 1952 deutlich, vor allem entlang der Hauptverkehrslinien, ausgeweitet. Die Wohnviertel westlich und südöstlich des Stadtkerns sind in beide Richtungen gewachsen. Auch die Industrie- und Gewerbefläche zwischen der Innenstadt und den Haupteisenbahnlinien im Süden hat sich ausgeweitet, die Innenstadt mit Handel und Dienstleistungen hat sich über den ursprünglichen Bereich hinaus entlang der wallartigen Grünfläche im

Stadtentwicklung

Westen ausgedehnt. Die Anzahl der Standorte von Büros, Banken und Versicherungen im Innenstadtbereich hat sich deutlich erhöht. Außerdem sind weitere Industrie- und Gewerbeflächen in der Nähe des Flughafens, entlang der Eisenbahnstrecke nach Westen sowie in dem außerhalb des Stadtgebiets liegenden Dorfes Strassen entstanden. Hier hat sich auch ein weiteres Mischgebiet aus Wohn- und Gewerbefläche gebildet (M 2, M 3).

Suburbanisierung

An diesem Beispiel wird auch deutlich, dass das Wachstum über die Stadtgrenzen hinaus stattgefunden hat, was ein Merkmal für **Suburbanisierung** darstellt. Die Siedlung Strassen, die 1952 als Straßendorf entlang der Hauptausfallstraße nach Westen verlief, hat sich so vergrößert, dass es mit dem ehemaligen Wohngebiet von Luxemburg-Stadt zusammengewachsen ist. Zusätzlich ist hier ein weiteres Zentrum mit Handel und Dienstleistungen entstanden. Im Zuge der Ausweitung des Stadtgebietes sind auch neue Stadtviertel auf zuvor unbebauter Fläche entstanden. Zu nennen ist hier v. a. das Quartier Kirchberg, das sich im Nordosten von Luxemburg-Stadt befindet (M 2, M 3).

Tertiärisierung

Die räumliche Entwicklung der Stadt ist eng verknüpft mit der **wirtschaftlichen Struktur**, die sich aufgrund der Ausrichtung als europäisches Dienstleistungs- und Bankenzentrum ergeben hat und den Prozess der **Tertiärisierung** vorangetrieben hat. So hat sich die Anzahl der Erwerbstätigen insgesamt seit 1947 mehr als vervierfacht und betrug 2007 128 000. Hierbei ist ein **sektoraler Wandel** festzustellen. 1947 war der Anteil der Beschäftigten im sekundären Sektor mit 45 % fast genauso groß wie im tertiären Sektor mit 50 % der Beschäftigten. Bis 2007 ist der Anteil der Erwerbstätigen im tertiären Sektor auf 76 % gestiegen, während der Anteil der Beschäftigten im sekundären Sektor auf 24 % gesunken ist. Der primäre Sektor, der 1947 noch 5% der Erwerbstätigen einen Arbeitsplatz bot, ist seit 2007 zu vernachlässigen, da nur noch unter 200 Beschäftigte zu verzeichnen sind (M 6, M 7).

Etwa zwei Drittel der 85 265 Beschäftigten im **tertiären Sektor** ist im Bereich Banken, Versicherungen und unternehmensbezogene Dienstleistungen zu finden, 11 000 Beschäftigte gibt es bei den Einrichtungen der EU. Weitere 17 139 Erwerbstätige sind im Bereich Handel, Hotels und Gaststätten beschäftigt. Diese recht hohe Zahl ist auch auf die Attraktivität der Altstadt für Touristen (Weltkulturerbe) sowie die 2-malige Ernennung zur Kulturhauptstadt Europas zurückzuführen.

Die **Tertiärisierung** steht in Zusammenhang mit der bereits erwähnten politischen Entscheidung, Luxemburg-Stadt zum Sitz immer mehr zentraler europäischer Einrichtungen zu machen, ist aber ebenso als Folge der Bankengesetzgebung im europäischen und außereuropäischen Ausland anzusehen, die Bankgeschäfte einschränkt. Dadurch wird aber auch die erhebliche **Außensteuerung** der lokalen Wirtschaftsstruktur sowie die hohe **Abhängigkeit** vom Banken- und Versicherungssektor deutlich (M 4, M 6).

Pendlerströme

Die Wirtschaftsstruktur hat eine enge **Verflechtung mit dem europäischen Ausland** zur Folge, was sich im hohen **Pendleraufkommen** nach Luxemburg-Stadt niederschlägt. Dieses liegt bei 102 500 Einpendlern, von denen mehr als die Hälfte aus dem Großherzogtum Luxemburg kommen. Aus den Nachbarländern pendeln 46 000 Erwerbstätige ein, vor allem Franzosen, aber auch Belgier und Deutsche. In Luxemburg-Stadt gibt es insgesamt 35 500 erwerbstätige Einwohner, von denen etwa zwei Drittel in Luxemburg-Stadt arbeiten (M 5, M 7).

Da 81 % der Erwerbstätigen für den Weg zur Arbeit das Auto bevorzugen, werden die Verkehrsinfrastruktur und die Umwelt erheblich belastet. 2009 wurde in Luxemburg-Zentrum eine **Stickstoffdioxid-Konzentration** von 60 Mikrogramm pro Kubikmeter gemessen. Damit liegt dieser Messwert deutlich über dem EU-Grenzwert aus dem Jahr 2010 von 40 Mikrogramm pro Kubikmeter (M 7, M 9).

Teilaufgabe 2

Hier wird von Ihnen erwartet, dass Sie die Chancen und Risiken, die sich aus der Entwicklung des Quartiers Kirchberg ergeben, „erörtern“, d. h. begründet gegeneinander abwägen und abschließend beurteilen (M 2 – M 4, M 8 – M 10).

Lage und Entwicklung des Kirchberg-Quartiers

Das Quartier Kirchberg ist ein neu entstandener Stadtteil im Nordosten von Luxemburg-Stadt. Es ist durch eine Grünfläche vom Innenstadtbereich getrennt und erstreckt sich bis zur nordöstlichen Stadtgrenze. Die West-Ost-Ausdehnung beträgt ca. 3,5 km, die Nord-Süd-Ausdehnung ca. 2,5 km (M 2, M 3).

Vor der Entwicklung dieses neuen Stadtteils wurde das Areal landwirtschaftlich genutzt, lediglich im nördlichen Bereich befand sich die Siedlung Kirchberg. Eine **Verkehrsanbindung** nach Luxemburg-Stadt fehlte (M 2, M 9). Durch die Schaffung des Kirchberg-Fonds im Jahr 1961, dem durch Kauf bzw. Enteignung die Grundstücke auf dem Kirchberg-Plateau übertragen wurden, wurde die **städtebauliche Erschließung** dieses Areals auf den Weg gebracht. Der Fokus der städtischen Entwicklung lag auf der Errichtung von Gebäuden für europäische Institutionen, denn bereits 1957 war Luxemburg-Stadt Verwaltungssitz der Europäischen Wirtschaftsgemeinschaft geworden. 1962 wurde schließlich mit den Baumaßnahmen begonnen (M 4, M 9).

Funktionale Gliederung und Physiognomie

Das Quartier Kirchberg gliedert sich in verschiedene Bereiche mit unterschiedlicher **funktionaler Ausrichtung**, die durch mehrspurige Straßen voneinander getrennt werden. Die meisten bedeutenden **europäischen Einrichtungen** befinden sich im sogenannten Europa-Viertel Nord und Süd. Dazu gehören der Europäische Gerichtshof und die Europäische Kommission genauso wie der Europäische Plenarsaal. Hieran schließt sich durch die Rue Erasme getrennt das Quartier du Park an, in dem der Schwerpunkt auf **Bildungs-** und **Forschungseinrichtungen** liegt. 2003 wurde die Universität Luxemburg gegründet, an der zum Wintersemester 2011/12 bereits 5 700 Studenten eingeschrieben waren, wovon 2 370 internationale Studierende waren. Bis 2020 wird ein Anstieg der Studentenzahlen auf 11 350 erwartet.

Im südöstlichen Teil dieses Abschnittes beginnt das **Banken- und Versicherungsviertel**, das sich in das Kiemviertel entlang der Avenue John F. Kennedy bis ins Grünewaldviertel fortsetzt. Das Kiemviertel ist außerdem Standort des **Messezentrums**, in dem jährlich sieben internationale Messen stattfinden, und seit 1996 befindet sich hier das **Einkaufszentrum** Auchan mit 12 000 m^2 Verkaufsfläche und 700 Mitarbeitern. Auch das statistische Amt der EU (Eurostat) befindet sich hier. Ergänzt wird das Angebot an Dienstleistungen durch **kulturelle Einrichtungen**, u. a. die Philharmonie mit einem Konzertsaal für 1 500 Zuschauer im Europa-Viertel Süd, sowie **Sporteinrichtungen** im Parkviertel. Die **Wohnfunktion** steht im Quartier Kirchberg eher im Hintergrund. Je ein Wohnviertel befindet sich nordwestlich und südöstlich des Messezentrums. Mit 4 450 Einwohnern im Jahr 2010 – 1981 waren es 1 878 Einwohner – ist die **Einwohnerzahl** eher gering.

Die hohe Dichte an Einrichtungen des tertiären Sektors mit unterschiedlichen Schwerpunkten zeigt sich auch in der **Physiognomie** dieses Stadtteils. Diese ist geprägt von Unterschieden in der Geschosszahl und der Gebäudegestaltung. Während das Europa-Viertel durch mehrgeschossige Gebäude geprägt wird, findet man z. B. im Parkviertel eher flächenhaft angelegte Gebäude (M 8, M 9).

Die **Verkehrsinfrastruktur** ist auf den Autoverkehr ausgerichtet. Der öffentliche Personennahverkehr ist daher nur wenig entwickelt, ans Zentrum ist das Kirchberg-Quartier nur mit dem Bus angebunden. Die Straßen, die autobahnähnlich ausgebaut sind, verlaufen an den Rändern des Quartiers und trennen die funktionalen Teilbereiche voneinander. Die zu Beginn der Quartiersentwicklung noch fehlende Verkehrsanbindung an das Zentrum Luxemburgs wurde 1963 mit dem Bau der „Großherzogin-Charlotte-Brücke", auf der der Boulevard R. Schumann verläuft, verwirklicht (M 8, M 9). Verkehrs-infrastruktur

Die Entwicklung des Quartiers Kirchberg zeigt einerseits, dass Chancen der Stadtentwicklung wahrgenommen wurden. So wurde mit der Umnutzung des zuvor landwirtschaftlich genutzten Gebietes ein neuer städtischer Teilraum erschlossen. Innerhalb von zehn Jahren von 1978–88 wurden die Gebäude der europäischen Institutionen errichtet und nach und nach wurde das Gebiet durch weitere Einrichtungen des tertiären Sektors ergänzt bzw. Unternehmen siedelten sich an. Dadurch wurde ein breites Angebot im Dienstleistungsbereich geschaffen, für das im übrigen Stadtgebiet in dieser flächenhaften Ausdehnung aufgrund der bereits dichten Bebauung kein Platz gewesen wäre. Neben hochwertigen Büroräumen mit einer Gesamtfläche von 0,93 Mio. m², z. B. die der EU-Einrichtungen und Banken, und einem modernen Einkaufs- und Freizeitzentrum wurde auch neues Bauland für die, vorwiegend zugezogene, Bevölkerung erschlossen. Zudem sind 26 930 Arbeitsplätze, vor allem in hochwertigen Dienstleistungseinrichtungen, entstanden. Die jährlichen Spitzenmieten liegen jedoch sogar um 84 €/m² unter denen des CBD mit 480 €/m² (M 8–M 10). Chancen der Stadtentwicklung

Andererseits ergeben sich gerade aus der Fokussierung auf Gebäude des tertiären Sektors gravierende **Probleme der Stadtentwicklung**. Durch die nur wenig ausgeprägte Wohnfunktion ist v. a. im Europa- und im Kiemviertel kaum **Nachtbevölkerung** vorhanden. Dies ist auf die relativ strikte funktionale Trennung der einzelnen Bereiche zurückzuführen. Zudem ist das Quartier Kirchberg ein Wohnort für Einwohner mit einem hohen Einkommen. Das dortige Bruttodurchschnittseinkommen liegt bei 3 768 €, das Durchschnittseinkommen in Luxemburg-Stadt bei 3 146 € (M 8–M 10). Probleme der Stadtentwicklung

Ein großer Nachteil des Quartiers besteht darüber hinaus in der **Verkehrsinfrastruktur**. Täglich pendelt eine große Zahl von Arbeitskräften ein; zudem ziehen das Einkaufszentrum oder das

Messezentrum Käufer- und Besucherströme an. Ein wenig ausgebauter öffentlicher Personennahverkehr und damit die **Ausrichtung auf den Individualverkehr** erhöhen das Risiko von Staus und sind Grund für die **hohe Umweltbelastung** in Luxemburg-Stadt. Ein weiterer Schwachpunkt der Verkehrsinfrastruktur ist, dass die einzige Verbindung zur Altstadt bzw. zum übrigen Stadtgebiet über die „Großherzogin-Charlotte-Brücke" führt, was das Ein- und Auspendeln der zahlreichen Erwerbstätigen erschwert (M 2, M 3, M 8 – M 10).

Fazit

Die Entwicklung des Quartiers Kirchberg ist in städtebaulicher, aber auch in wirtschaftlicher Hinsicht sicherlich sinnvoll. Ohne diese Erweiterung des Stadtgebietes wäre eine Ansiedlung europäischer Institutionen und weiterer Dienstleistungsunternehmen nicht möglich gewesen und die wirtschaftlichen Impulse, z. B. durch die Schaffung neuer Arbeitsplätze, wären ausgeblieben. Dennoch besteht die dringende Notwendigkeit, ein tragfähiges Verkehrskonzept zu entwickeln, das ein funktionierendes ÖPNV-Netz beinhalten muss. Die geplante Errichtung eines „Peripheriebahnhofs" auf dem Kirchberg, der als Umsteigeknotenpunkt für Bahn und Bus fungieren soll, ist vor dem Hintergrund der prognostizierten Entwicklung bis 2020, die fast eine Verdopplung der Arbeitsplätze und Studentenzahlen sowie eine Verdreifachung der Wohnbevölkerung vorsieht, eine richtige und zukunftsweisende Maßnahme (M 3, M 4, M 7, M 8, M 9).

Leistungskurs Geographie (NRW) – Abiturprüfung 2014
Aufgabe 3

Thema

Aktuelle Entwicklungstendenzen im Agrarsektor von Entwicklungsländern – Das Beispiel der Region des „Office du Niger“/Mali

Aufgabenstellung Punkte

1. Lokalisieren Sie Mali und kennzeichnen Sie den Entwicklungsstand des Landes. 17

2. Erläutern Sie die agrarische Nutzung im Bereich des „Office du Niger“ sowie die Entwicklung dieser Region und deren Bedeutung für Mali. 36

3. Nehmen Sie am Beispiel des Malibya-Projektes kritisch Stellung zu den Chancen und Risiken aktueller Agrarprojekte in Mali. 27

Zugelassene Hilfsmittel

- der an der Schule in der Qualifikationsphase überwiegend verwendete Atlas, in einer für alle Prüflinge gleichen Auflage
- Wörterbuch zur deutschen Rechtschreibung
- Taschenrechner

Materialgrundlage

M 1 Atlaskarten nach Wahl

M 2 Mali: Daten und Fakten

	1970	1980	1990	2000	2011
Einwohnerzahl (Mio.)	6,0	7,2	8,7	11,3	15,8
Lebenserwartung (Jahre)	34	40	44	47	51
Alphabetenrate (% der über 15-Jährigen)	9	k. A.	11	19	33
HDI	k. A.	0,176	0,204	0,270	0,347
BIP/Einwohner (US-$)	60	247	279	215	684
Beitrag der Landwirtschaft zum BIP (% des BIP)	66	48	46	42	37
Beschäftigte in der Landwirtschaft (% aller Erwerbspersonen (Schätzung))	83	82	82	k. A.	66
Importe (Mio. US-$)	66	520	817	954	3 862
Exporte (Mio. US-$)	45	263	415	649	2 721
Reisernttefläche (Mio. ha)	0,17	0,14	0,20	0,35	0,83
Reisernte (Mio. t)	0,17	0,13	0,28	0,74	1,74
Reisimporte (Mio. t)	0,01	0,05	0,02	0,05	0,10
Reisexporte (Mio. t)	0	0	0	0	0
vom Erzeuger erzielter Preis für Reis (CFA-Franc* pro kg)	13	38	83	110	196
Kalorienversorgung** (kcal/Einw./Tag)	1 863	1 560	2 205	2 217	2 624***
davon aus Reis (kcal/Einw./Tag)	137	260	251	460	555***

* CFA-Franc = Währung in Mali und sieben weiteren Staaten Westafrikas; fester Wechselkurs: 1 Euro = 656 CFA-Franc

** Nahrungsbedarf in Mali: 2 310 kcal/Einw./Tag

*** Werte für 2009

zusammengestellt nach:
http://data.worldbank.org/country/mali; http://hdrstats.undp.org/en/countries/profiles/mali.html (Zugriff 27. 05. 2013);
http://faostat.fao.org; https://www.cia.gov/library/publications/the-world-factbook/geos/ml.html; http://www.xago.org/senegal/rechner.php (Zugriff jeweils 11. 10. 2013);
Statistisches Bundesamt Wiesbaden (Hrsg.): Länderbericht Mali 1990, S. 17 und S. 41;
K.-H. Novotny: Alexander Statistik. Stuttgart: Klett Verlag 1985, S. 29

M 3 Die Region des „Office du Niger“ 2002 (siehe Farbabbildungen)

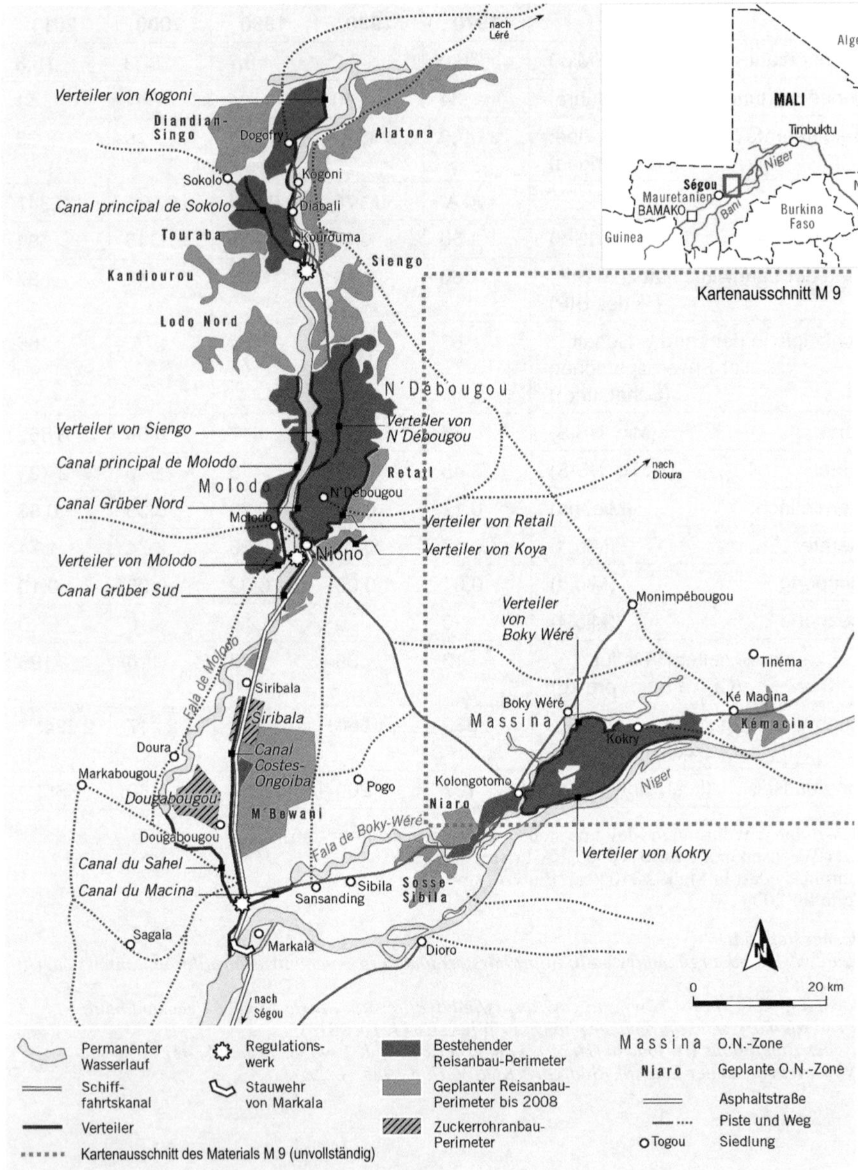

Anmerkungen: Fala = Altarm / Totarm des Niger;
Perimeter = Bewässerungsfelder, die mithilfe von Dieselpumpen kontrolliert bewässert werden

Quelle: Krings, Thomas: Sahelländer. Darmstadt, WBG 2006

M 4 Informationen zur Entwicklung des „Office du Niger“

1932	Gründung des „Office du Niger" (ON) durch französische Kolonialverwaltung; Ziel der halbstaatlichen* Gesellschaft: Schaffung von 510 000 ha Bewässerungsland für Baumwolle und 450 000 ha für Reis bis 1982; Ansiedlung von 800 000 Arbeitskräften
1934–1947	Bau des Staudamms von Markala
1960	Unabhängigkeit Malis; Bewässerungsland im Gebiet des ON: 35 000–40 000 ha; Probleme: mangelhafte Verkehrsanbindung der Region, Kapitalmangel der Bauern, unzureichendes Wassermanagement, fehlende Ausrüstung und Arbeitskräfte
1960er-Jahre	Das ON wird Staatsbetrieb; Organisation des Reisanbaus in Kollektiven; Aufgabe des Baumwollanbaus; Bewässerungsland im Gebiet des ON 1969: 34 000 ha
1968–1991	diktatorische Herrschaft von Moussa Traoré in Mali
1970er- –1980er-Jahre	Bauern müssen Reisernte zu niedrigem Preis an den Staat liefern, der sie verbilligt an Armee-, Zoll- und Polizeimitglieder weitergibt; viele Bauern im ON verschuldet; niederländische und französische Entwicklungshilfeprojekte zur Instandsetzung und Modernisierung der Bewässerungsanlagen im Gebiet des ON
1990er-Jahre	1994 wird das ON in eine öffentlich-rechtliche Anstalt umgewandelt und ist seither nur noch für Wassermanagement und Unterhalt des Wassernetzes zuständig; Kosten hierfür aus Wasserabgaben der Bauern gedeckt; Bereitstellung von Geldern für Bauernberatung und Infrastrukturverbesserungen durch die malische Regierung; Liberalisierung des malischen Reismarktes: Bauern können Reis selber vermarkten
2008–2011	„Initiative Riz“ der malischen Regierung: verbilligte Lieferung von Saatgut und Subventionierung von Düngemitteln für Reisbauern
2010	Reis trägt 4,1 % zum BIP Malis bei
2012–2013	Vorstoß islamistischer Rebellen aus dem Norden Malis nach Süden; Region des ON nicht erreicht; französische und multi-afrikanische Truppen drängen Rebellen zurück

* halbstaatlich = unter Beteiligung des Staates betrieben; eine halbstaatliche Gesellschaft wird vom Staat beaufsichtigt und ganz oder in Teilen vom Staat finanziert, hat aber eine eigene Verwaltung

zusammengestellt nach:
Krings, Thomas: Sahelländer. Darmstadt, WBG 2006, S. 139 ff.;
http://liportal.giz.de/mali/wirtschaft-entwicklung.html;
http://resakss.files.wordpress.com/2011/10/mali_investment-planfrench.pdf;
http://www.mali-nord.de/archiv/projektberichte/Projektbericht_Nr.30_%282009-10%29.pdf;
http://www.mali-mali.de/Entwicklungspolitik.pdf (Zugriff jeweils 22. 02. 2013)

Zu M 4 Einwohner im Bereich des „Office du Niger“*

Jahr	1976	1987	1998	2009
Einwohnerzahl (Mio.)	0,57	0,73	0,90	1,29

* Kreise Niono, Macina und Ségou

zusammengestellt nach:
http://instat.gov.ml/documentation/segou.pdf (Zugriff 23. 02. 2013);
OECD (Hrsg.): L'économie locale de Ségou (Écoloc, Gérer l'économie localement en Afrique: Evaluation et prospective). Paris 2002, S. 17

M 5 Klima im Bereich des „Office du Niger“

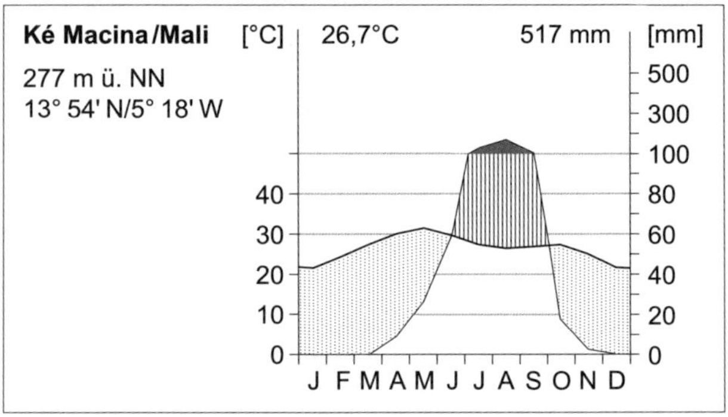

Darstellung nach:
www.levoyageur.net/weather-city-KE-MACINA.html (Zugriff 09. 12. 2012)

Jahresniederschläge 1930–2010*

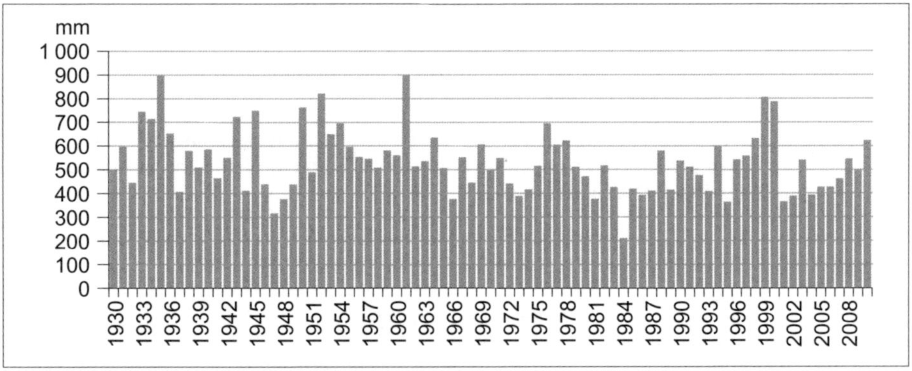

* 1930–2000 Jahresniederschläge der Station Ké Macina;
2001–2010 durchschnittliche Jahresniederschläge im Gebiet des „Office du Niger“ (Mittelwert verschiedener Stationen)

zusammengestellt nach:
http://climexp.knmi.nl/data/pa61277.2.dat (Zugriff 09. 12. 2012);
http://www.office-du-niger.org.ml/internet/ (Zugriff 03. 03. 2013)

M 6 Wasser- und Bodenverhältnisse im Bereich des „Office du Niger“

Wasserführung des Niger

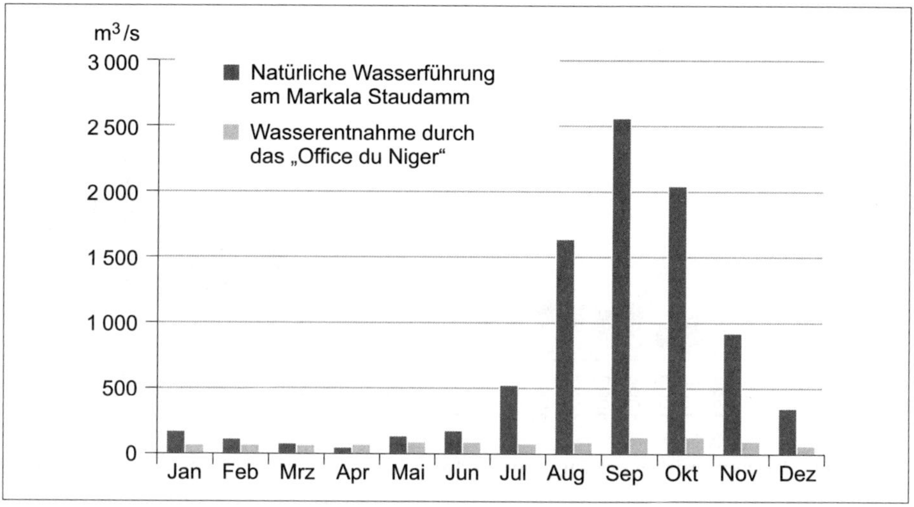

Böden im Bereich des „Office du Niger“: überwiegend leichte Sand- und Kiesböden; insgesamt arm an organischer Substanz und Mineralien

zusammengestellt nach:
http://www.wetlands.org/WatchRead/tabid/56/mod/1570/articleType/ArticleView/articleId/2687/Default.aspx;
http://www.hubrural.org/IMG/pdf/iied_soils_12.pdf;
http://tel.archives-ouvertes.fr/docs/00/42/34/69/PDF/These_Mohamed_Dicko_2005.pdf (Zugriff jeweils 23. 02. 2013)

M 7 Reisanbau im Bereich des „Office du Niger“

Reisernte im „Office du Niger“ und im übrigen Mali

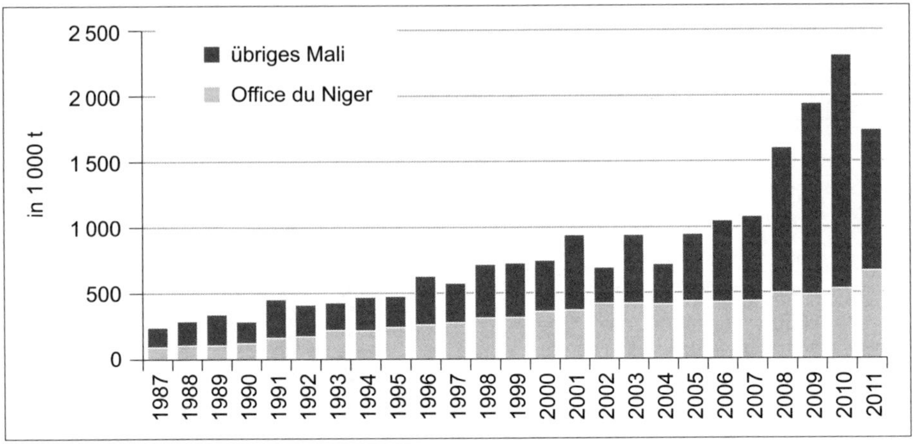

Anmerkung: Angaben beziehen sich auf Landwirtschaftsjahre vom 01. 07. eines Jahres bis 30. 06. des Folgejahres.

Anbaufläche im Bereich des „Office du Niger“*

	1987	1992	1997	2002	2007	2011
Reis (1 000 ha)	44	46	56	75	82	112
sonstige Anbaufrüchte**(1 000 ha)	0	0	4	8	9	7

* Angaben beziehen sich auf Landwirtschaftsjahre vom 01. 07. eines Jahres bis 30. 06. des Folgejahres.
** Kartoffeln, Zwiebeln, Tomaten u. a.

zusammengestellt nach:
http://faostat.fao.org;
http://www.office-du-niger.org.ml/internet/index.php?option=com_content&view=article&id=93:campagne-agricole-2011-2012-un-bilan-satisfaisant&catid=1:actualite;
http://www.coraf.org/database/publication/publication/RapportfinalEtudedereferenceMaliriz.pdf;
http://www.inter-reseaux.org/IMG/pdf_BILAN_initiative_riz.pdf (Zugriff jeweils 23. 02. 2013);
http://maliactu.net/production-de-riz-en-zone-office-du-niger-un-record/ (Zugriff 03. 03. 2013);
http://fsg.afre.msu.edu/papers/idwp129.pdf (Zugriff 11. 10. 2013)

M 8 Bewässerungsland pro Familie im Bereich des „Office du Niger“

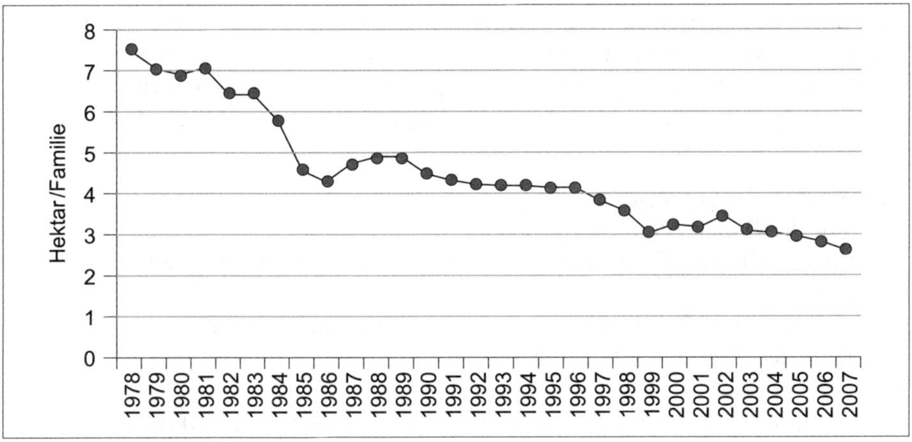

Anmerkung: benötigte Bewässerungsfläche für den Unterhalt einer Familie: 3 ha

zusammengestellt nach:
http://www.globalbioenergy.org/uploads/media/0910_OXFAM_-_Unravelling_the_%E2%80%98 land_grab%E2%80%99.pdf;
http://www.kit.nl/kit/Publication?ItemID=3058 (Zugriff jeweils 23. 02. 2013);
http://www.fao.org/fileadmin/templates/tc/tce/pdf/crise_rizicole_marche%25CC%2581s_se%25CC%258 1curite%25CC%2581_alim_AO.pdf (Zugriff 02. 03. 2013)

M 9 Das Malibya-Projekt: Lage (siehe Farbabbildungen)

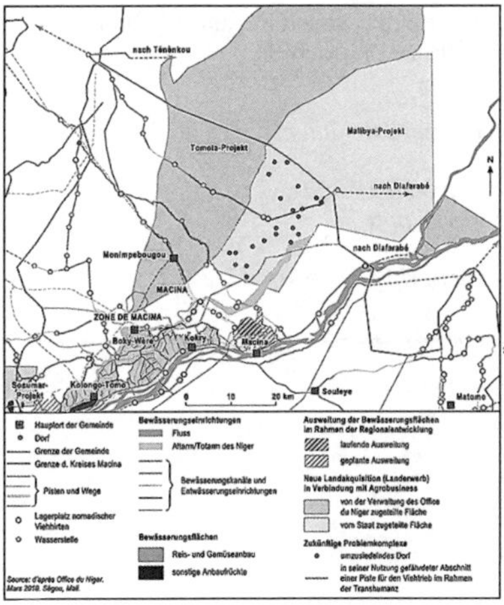

Transhumanz = Wanderviehwirtschaft mit jahreszeitlichem Wechsel der Weidegebiete, wobei die Familien der Wanderhirten in ihrem Heimatdorf verbleiben

Karte nach: Office du Niger, Ségou, Mali, März 2010; Text zusammengestellt nach: http://www.jle.com/en/ revues/agro_biotech/agr/e-docs/00/04/66/97/article. phtml?fichier= images.htm (Zugriff 9. 12. 2012)

M 10 Das Malibya-Projekt: Charakteristika

Im Bereich des „Office du Niger“ seit 2005 Start verschiedener „Projekte“ mit einer zugeteilten Fläche von insgesamt 360 000 ha Bewässerungsland für den Anbau von Zuckerrohr, Jatropha**, Reis u. a. an ausländische Investoren unter anderem aus den USA, China, den Niederlanden, Frankreich, Libyen und Südafrika. Hierzu zählt das *Malibya-Projekt.*

Kennzeichen des *Malibya-Projektes:*

- Größe des Projektgebietes: 100 000 ha
- Investor: libysche Entwicklungsgesellschaft Malibya; sie trägt alle Kosten des Projektes
- Ziel: Anbau von Reis und Weizen für den Export nach Libyen
- Beginn der Projektumsetzung: 2009
- bisher umgesetzt:
  - Bau eines Kanals (geflutet; noch ohne Wasserentnahmestellen) sowie von 40 km asphaltierter Straße
  - Vorbereitung von 25 000 ha Bewässerungsland
  - Enteignung von Kleinbauern; Entschädigungen nicht (in ausreichender Höhe) gezahlt
  - Im Investitionsabkommen wurde Malibya ein privilegierter Zugang zu Niger-Wasser zugesichert; Forderung der Investoren: in Endstufe 130 m^3/s ganzjährig
  - Wegen der politischen Umwälzungen in Libyen bisher nur landwirtschaftliche Vorversuche
  - Neue libysche Regierung bekräftigt 2012 die feste Absicht, das Projekt umzusetzen.

**Jatropha curcas (Purgiernuss) = genügsame Pflanze; Anbau sogar in trockenen Savannengebieten möglich; Samen enthalten eines der effektivsten technisch nutzbaren Pflanzenöle der Welt.

zusammengestellt nach:
Philippe Kersting und Martin Doevenspeck: Land grabbing in Westafrika – intensiv diskutiert, kaum untersucht. In: Geographische Rundschau, Heft 9, 2012, S. 16;
http://www.monde-diplomatique.de/pm/2011/09/09.mondeText.artikel,a0055.idx,17;
http://www.welt-ernaehrung.de/wp-content/.../03/Landgrabbing-A17.ppt;
http://echogeo.revues.org/12008;
http://www.globallandproject.org/arquivos/GLP_report_01.pdf (Zugriff jeweils 09. 12. 2012)

Die Aufgabe bezieht sich auf die folgenden **inhaltlichen Schwerpunkte:**
- Klima- und Vegetationszonen in ihrer unterschiedlichen Bedeutung für die Entwicklung von Räumen
  - Mechanisierung, Intensivierung und Spezialisierung als Kennzeichen einer industrialisierten Landwirtschaft in der gemäßigten Zone, den Subtropen und den Tropen
- Ernährungspotenzial für eine wachsende Weltbevölkerung zwischen Subsistenzwirtschaft und Agrobusiness
  - Subsistenzwirtschaft versus Marktorientierung
  - Merkmale des Agrobusiness

Lösungsvorschlag

Berücksichtigen Sie die Tipps für die Anfertigung der Abiturklausur (siehe S. 7 ff.). Denken Sie zum Beispiel daran, Ihre Ausführungen mithilfe von Zwischenüberschriften zu gliedern. Wenn Sie einen neuen Sachverhalt vorstellen, geben Sie am Ende des (Sinn-)Abschnitts die Materialbelege in Klammern an.

Teilaufgabe 1

Der Operator „lokalisieren" (Anforderungsbereich I) erfordert zunächst die Einordnung des Raumbeispiels Mali in Ihnen bekannte Orientierungsraster. Anschließend sollen Sie in dieser Teilaufgabe gemäß den Anforderungen an den Operator „kennzeichnen" (Anforderungsbereich II) den Entwicklungsstand Malis auf der Grundlage wirtschaftlicher und sozialer Indikatoren aufzeigen (M 1–M 4).

Geographische Lage

Der **Binnenstaat** Mali liegt im Nordwesten Afrikas. Das Land grenzt im Norden an Algerien und im Westen an Mauretanien und den Senegal. Südlich von Mali liegen Guinea und die Elfenbeinküste, im Südosten Burkina Faso und im Osten Niger. Die Hauptstadt Bamako liegt im südlichen Teil des Landes am Fluss Niger, der auch als einziger Fluss von Süden kommend das Land bis zur Mitte durchfließt und dann bei Timbuktu in Richtung Osten nach Niger weiterfließt. Klimatisch zählt das Land zu den semi-ariden Gebieten: Der Norden liegt in der Wüste Sahara, während der Süden aus Dornstrauch- und Trockensavannen besteht (M 1, M 3).

Niedriger Entwicklungsstand

Mali ist durch einen **niedrigen Entwicklungsstand** gekennzeichnet, was sich sowohl an **wirtschaftlichen** als auch an **sozialen Indikatoren** zeigt.

Das **BIP pro Einwohner** betrug 2011 684 US-$. Es wird zu mehr als einem Drittel, nämlich zu 37 %, durch den primären Sektor erwirtschaftet. Der Anteil der Beschäftigten in diesem Sektor liegt bei 66 %. Zudem weist die Wirtschaft des Landes eine **negative Handelsbilanz** auf. Die Exporte entsprachen 2011 einem Wert von 2,7 Mrd. US-$, die Importe lagen mit einem Wert von 3,8 Mrd. US-$ deutlich darüber (M 2).

Wirtschaftliche Indikatoren

Das **Bevölkerungswachstum** ist hoch. Seit 1970 ist die Bevölkerung Malis um das 2,5-fache gestiegen und lag im Jahr 2011 bei 15,8 Mio. Einwohnern. Weitere Indikatoren für einen niedrigen Entwicklungsstand sind die **geringe Lebenserwartung** von 51 Jahren sowie die **niedrige Alphabetenrate** von nur 33 % bei den über 15-Jährigen. Problematisch ist außerdem die Versorgung mit Nahrungsmitteln. Bis zum Jahr 2000 lag die tägliche **Kalorienversorgung** pro Einwohner noch unter dem täglichen Nahrungsbedarf von 2 310 kcal pro Einwohner. Erst seit 2009 liegt diese mit 2 624 kcal pro Einwohner pro Tag etwas über dem Nahrungsbedarf. Der **HDI** von 0,347 spiegelt den niedrigen Entwicklungsstand insgesamt wider und verdeutlicht, dass Mali zu den ärmsten Ländern der Welt zählt (M 2).

Soziale Indikatoren

Dennoch machen einige Indikatoren deutlich, dass sich das Land seit den 1990er-Jahren weiterentwickelt hat. U. a. ist dies auf **Infrastrukturverbesserungen** sowie die **Liberalisierung des Reismarktes** in den 1990er-Jahren, aber auch auf die „**Initiative Riz**" der Regierung Malis von 2008–2011 zurückzuführen. Die beiden letzten Punkte schlagen sich auch in einer größeren Reisernteflӓche, einer steigenden Reisernte sowie einem besseren Reispreis für die Erzeuger nieder. Dennoch ist auch die Menge der Reisimporte von 1970 bis 2011 um 900 000 Tonnen gestiegen, was auf die schnell wachsende Bevölkerung zurückzuführen ist. Dies trägt zur negativen Handelsbilanz bei (M 2, M 4).

Agrarprodukt Reis

Teilaufgabe 2

Der Operator „erläutern" (Anforderungsbereich II) verlangt von Ihnen, dass Sie aus dem Material entnehmbare Zusammenhänge verdeutlichen. In dieser Teilaufgabe sollen Sie die agrarische Nutzung im Bereich des „Office du Niger" sowie die Entwicklung dieser Region verdeutlichen. Zudem sollen Sie die Bedeutung dieser Region für das Land Mali aufzeigen (M 1, M 3–M 10).

Die Region der Gesellschaft „Office du Niger“ befindet sich im Nigerdelta zwischen Ségou und Timbuktu. Die Einwohnerzahl betrug dort im Jahr 2009 1,29 Millionen. Der Fluss Niger ist der **zentrale Wasserlieferant** der Region; er wird in den **humiden Monaten** von Juni bis Oktober gespeist. In diesem Zeitraum fällt fast der gesamte Jahresniederschlag von 517 mm; die monatlichen Niederschlagsmengen können bis zu 180 mm betragen. Die Temperaturen liegen ganzjährig über 20 °C, wobei das Maximum im Mai bei 33 °C liegt. Bis August fällt die Temperatur auf 27 °C und steigt bis Oktober wieder leicht an. Das Temperaturminimum von 22 °C wird im Dezember und Januar erreicht. Die Tatsache, dass das „Office du Niger“ seit seiner Gründung 1932 nach und nach Bewässerungsland erschlossen hat, stellt ebenso wie die Niederschläge in der humiden Periode einen **Gunstfaktor** für die agrarische Nutzung dar (M 3, M 4, M 5).

Gunstfaktoren für die agrarische Nutzung

Demgegenüber stehen aber begrenzende Faktoren für die landwirtschaftliche Nutzung. Problematisch ist, dass die Wasserführung des Niger **jahreszeitlich schwankt**. So steigt die Wasserführung am Markala-Staudamm in den humiden Monaten an und erreicht das Maximum von rund 2 500 Kubikmeter pro Sekunde im September (M 6).

Ungunstfaktoren für die agrarische Nutzung

Neben der jahreszeitlichen Schwankung wird die Wasserführung auch durch die **Niederschlagsvariabilität** in der Region, die auf die Lage in der **Innertropischen Konvergenzzone** zurückzuführen ist, beeinflusst. Zusätzlich zu den ohnehin **ariden Wintermonaten**, können die Jahresniederschläge in einzelnen Jahren extrem vom Durchschnitt abweichen, sodass es in Jahren mit sehr geringem Niederschlag zu **Dürren** oder **Dürreperioden** mit Niederschlagsmengen deutlich unter 517 mm kommt. Für die gesamte Region des „Office du Niger“ fällt auf, dass die Niederschläge im Zeitraum von 2001–2010 nur in drei Jahren darüber lagen. Aufgrund der Niederschlagsvariabilität und der daraus resultierenden Wahrscheinlichkeit für Dürren ist eine konstante landwirtschaftliche Nutzung im „Office du Niger“ nur durch **Bewässerungsfeldbau** zu realisieren. Zusätzlich wird die agrarische Nutzung durch die überwiegend vorhandenen Sand- und Kiesböden eingeschränkt, denn diese sind durch **geringe Bodenfruchtbarkeit** gekennzeichnet (M 1, M 3, M 5, M 6).

Entwicklung der Gesellschaft „Office du Niger“

Die agrarische Nutzung der Region wurde bereits von der französischen Kolonialverwaltung initiiert. 1932 wurde die halbstaatliche Gesellschaft „**Office du Niger**“ mit dem Ziel gegründet, bis

1982 das Bewässerungsland auf 510 000 ha für den Anbau von Baumwolle und 450 000 ha für Reis auszuweiten. Für den Anbau dieser **cash crops** sollten 800 000 Arbeitskräfte angesiedelt werden. Nach der Unabhängigkeit Malis 1960 wurde das „Office du Niger" zu einem Staatsbetrieb, der im Auftrag der diktatorischen Herrschaft von Moussa Traoré die ansässigen Bauern ausbeutete. Nach Ende der Diktatur wurde das „Office du Niger" 1994 in eine öffentlich-rechtliche Anstalt umgewandelt, deren Hauptaufgaben seitdem im **Wassermanagement** sowie dem **Unterhalt des Wassernetzes** besteht (M 3, M 4).

Entwicklung der Anbaufläche und der landwirtschaftlichen Produkte

Die bei der Gründung der Gesellschaft „Office du Niger" geplante Bewässerungsfläche wurde zwar nie erreicht, aber die Anbaufläche wurde kontinuierlich ausgeweitet. In den 1960er-Jahren betrug die bewässerte Fläche für den Reis- und Baumwollanbau 34 000 ha. Die Fläche für den Reisanbau, der als bedeutendes Grundnahrungsmittel den Schwerpunkt des Anbaus ausmacht, ist seitdem deutlich gestiegen. 1987 betrug sie 44 000 ha, bis 2011 ist sie auf das 2,5-fache, auf 112 000 ha vergrößert worden. Die Anbauflächen liegen an den **Hauptbewässerungskanälen und -verteilern** der Region, über die die Felder aus dem permanenten Flusslauf bewässert werden. Der Zulauf wird in zwei von drei Anbaugebieten durch je ein flussaufwärts gelegenes Regulationswerk reguliert. Dieses **Bewässerungssystem** ist auf eine stetige **Modernisierung der Landwirtschaft** sowie **Infrastrukturprojekte** – zunächst in Form von **Entwicklungshilfe** in den 1980er-Jahren, später durch Projekte des „Office du Niger" sowie der Regierung von Mali – zurückzuführen. Die Reisernten sind hierdurch im „Office du Niger" seit 1987 kontinuierlich gestiegen, während es im übrigen Mali, u. a. als Folge von Dürren, immer wieder zu Einbrüchen kam. Seit 1997 hat eine **Diversifizierung** des Anbaus stattgefunden und die Fläche für den Anbau von Produkten wie Kartoffeln, Zwiebeln und Tomaten wurde innerhalb von zehn Jahren von 4 000 ha auf 9 000 ha ausgedehnt. Bis 2011 ist sie jedoch wieder um 2 000 ha gesunken (M 3, M 4, M 7).

Investitionen ausländischer Investoren und die Folgen

Zudem wird Zuckerrohr als **cash crop** angebaut. Die Anbauflächen liegen im südlichen Bereich der Region in der Nähe des Markala-Staudamms. Diese Entwicklung hängt mit **agrarischen Großprojekten** zusammen, die von **ausländischen Investoren**, aus verschiedenen Industrieländern und China, aber auch aus den afrikanischen Ländern Libyen und Südafrika, durchgeführt werden.

Gleichzeitig ist festzustellen, dass sich die **Bewässerungsfläche pro Familie** im „Office du Niger" seit Ende der 1970er-Jahre, als sie noch bei 7,5 ha lag, immer weiter verringert hat. Im Jahr 1999 lag dieser Wert erstmalig bei den 3 ha Bewässerungsfläche, die für den Unterhalt einer Familie mindestens notwendig sind. Nach einer leichten Erhöhung bis 2002 ist die Fläche stetig gefallen und betrug im Jahr 2007 nur noch etwa 2,5 ha. Einerseits hängt dies mit dem hohen Bevölkerungswachstum zusammen: Die Einwohnerzahl im „Office du Niger" hat sich im Zeitraum von 1976 bis 2009 mehr als verdoppelt. Andererseits wird die verfügbare Fläche durch die Vergabe an ausländische Investoren verringert (M 3, M 4, M 8, M 10).

Bedeutung des „Office du Niger" für Mali

Das „Office du Niger" ist insbesondere im Hinblick auf die Versorgung mit dem Grundnahrungsmittel Reis von großer Bedeutung für das Land Mali. Etwa ein Fünftel der Kalorienversorgung in Mali wird derzeit aus Reis gewonnen. Mit der Ausweitung der Reisanbauflächen im „Office du Niger" hat sich sowohl die Kalorienversorgung insgesamt als auch der Anteil von Reis an der täglichen Ernährung erhöht. 2010 betrug der Anteil des Reisanbaus im „Office du Niger" am BIP Malis 4,1 %. Die Bereitstellung von Bewässerungsland in einer durch naturräumliche Faktoren nur eingeschränkt agrarisch nutzbaren Region leistet einen wichtigen Beitrag zur Ernährungssicherung in Mali (M 2–M 4, M 7).

Teilaufgabe 3

Hier sollen Sie „kritisch Stellung nehmen" (Anforderungsbereich III), also die Chancen und Risiken aktueller Agrarprojekte am Beispiel des Malibya-Projektes gegeneinander abwägen. Abschließend sollen Sie auf der Grundlage Ihrer Argumentation ein begründetes Urteil formulieren (M 2, M 6–M 10).

Das Malibya-Projekt

Seit 2005 ist es im „Office du Niger" zu **großflächigen Landzuteilungen** an ausländische Investoren für den Anbau von Zuckerrohr, Jatropha und Reis gekommen. Der Projektumfang von 360 000 ha übersteigt das bisher genutzte Bewässerungsland um ein Vielfaches. Zu den ausländischen Investoren zählt auch die libysche Regierung, die im Rahmen des Malibya-Projektes auf ca. 100 000 ha den Anbau von Weizen und Reis für den Export nach Libyen initiiert hat. Das Projekt wird von der gleichnamigen Entwicklungsgesellschaft Malibya realisiert und befindet sich im Zentrum des Nigerdeltas (M 7, M 9, M 10).

Die Umsetzung eines solchen Projektes kann einerseits Impulse für die **wirtschaftliche** und **räumliche Entwicklung** Malis geben. So wird im Rahmen des Malibya-Projekts die **regionale Infrastruktur** ausgebaut. Eine Zunahme der **Auslandsdirektinvestitionen** sowie der Export der hier produzierten Agrargüter kann die **Wirtschaftsleistung** Malis und die **negative Handelsbilanz** verbessern. Durch die Vorbereitung von weiterem Bewässerungsland kann dieses Projekt langfristig zur Ernährungssicherung beitragen (M 2, M 10).

Entwicklungs-impulse

Andererseits bringt ein solches Projekt negative Folgen mit sich, die insbesondere die Bevölkerung Malis treffen. Auf den durch die Regierung Malis zugeteilten Flächen befinden sich zahlreiche Dörfer und Siedlungen, die **umgesiedelt** werden müssen, sowie **Routen von Nomaden**, die unterbrochen werden. Zudem ist die **Enteignung von Kleinbauern** vorgesehen, die in nicht ausreichendem Maße entschädigt werden. Da ohnehin ein großer **Bevölkerungsdruck** herrscht und die Möglichkeiten der landwirtschaftlichen Nutzung durch die naturräumlichen Bedingungen eingeschränkt sind, kann es durch Umsiedlungen zur **Übernutzung** landwirtschaftlicher Flächen kommen, die langfristig die Ernährungssicherheit gefährdet (M 9, M 10).

Negative Folgen

Ein weiteres Problem besteht in der dem Investor zugesicherten ganzjährigen Wassermenge von 130 m^3/s. Malibya erhält so einen **privilegierten Zugang** zum Wasser des Niger. Durch Bewässerungsprojekte in diesem Umfang kann es zur **Absenkung des Grundwasserspiegels** sowie **ökologischen Problemen** wie Bodendegradation kommen. Die Verringerung der Bewässerungsfläche pro Familie zeigt bereits Konsequenzen der agrarischen Großprojekte. Dadurch ist der Konflikt um die **Ressource Wasser**, die aufgrund der klimatischen Bedingungen insbesondere in den Wintermonaten knapp ist, vorprogrammiert (M 6, M 8, M 9, M 10).

Da das Projekt aktuell weiter ausgeweitet wird und zukünftig weitere Vergrößerungen der Bewässerungsflächen geplant sind, wird den **subsistent wirtschaftenden** kleinbäuerlichen Familien, aber auch den Nomaden die Lebensgrundlage entzogen, da die ernährungssichernden Ressourcen Wasser und Boden ausländischen Investoren zur Verfügung gestellt werden. Zudem steht das Projekt wegen der **politischen Umwälzungen** in Libyen auf wackligen Füßen. Trotz der Absichtserklärung der libyschen Regierung, das Projekt umzusetzen, haben bisher nur landwirtschaftliche Vorversuche stattgefunden. Auch Mali ist seit 2012/13 von Unruhen betroffen, die durch islamistische Rebellen hervorgerufen wurden. Die Unzufriedenheit über Landzuteilungen an „unzuverlässige" ausländische Investoren könnte diese Konflikte im Land zusätzlich verschärfen bzw. einer Ausweitung ins „Office du Niger" Vorschub leisten (M 4, M 8, M 9, M 10).

Fazit

Insgesamt betrachtet überwiegen die kritischen Aspekte bei der Landvergabe an ausländische Investoren. Dabei handelt es sich eher um einen **kurzfristigen** Beitrag, der für die Entwicklung Malis geleistet wird. Demgegenüber stehen die **langfristigen** sozialen und ökologischen Folgen, die die Bevölkerung zu tragen hat. Eine unsichere und sich weiter **verschärfende Ernährungssituation** durch Umsiedlungsmaßnahmen und fehlende natürliche Ressourcen sind in diesem Zusammenhang hervorzuheben. Sobald die Investoren abziehen bzw. wie im Fall der libyschen Regierung ihre Projekte nicht wie angekündigt realisieren, hinterlassen sie zwar die Infrastruktur, aber nicht das Know-how, um die Bewässerungsflächen weiter zu bewirtschaften. Ein Entwicklungsland wie Mali steht dann vor neuen Problemen.

Grundkurs Geographie (NRW) – Abiturprüfung 2015
Aufgabe 1

Thema
Wissenschafts- und Technologieparks als Impulsgeber im Strukturwandel?
– Das Beispiel Berlin-Adlershof

Aufgabenstellung Punkte

1. Lokalisieren Sie den Stadtteil Berlin-Adlershof und kennzeichnen Sie diesen Wirtschaftsstandort sowie die Wirtschaftsstruktur Berlins um 1990. 20
2. Erläutern Sie die Zielsetzungen und bisherigen Entwicklungen im Wissenschafts- und Technologiepark Adlershof vor dem Hintergrund der gesamtstädtischen Entwicklung. 34
3. Nehmen Sie Stellung zu Perspektiven des Standortes Adlershof und seiner Bedeutung als Impulsgeber im Strukturwandel. 26

Zugelassene Hilfsmittel

- der an der Schule in der Qualifikationsphase überwiegend verwendete Atlas, in einer für alle Prüflinge gleichen Auflage
- Wörterbuch zur deutschen Rechtschreibung
- Taschenrechner

Materialgrundlage

M 1 Atlaskarten nach Wahl

M 2 Berlin: Wirtschaftsstandorte um 1990 (siehe Farbabbildungen)

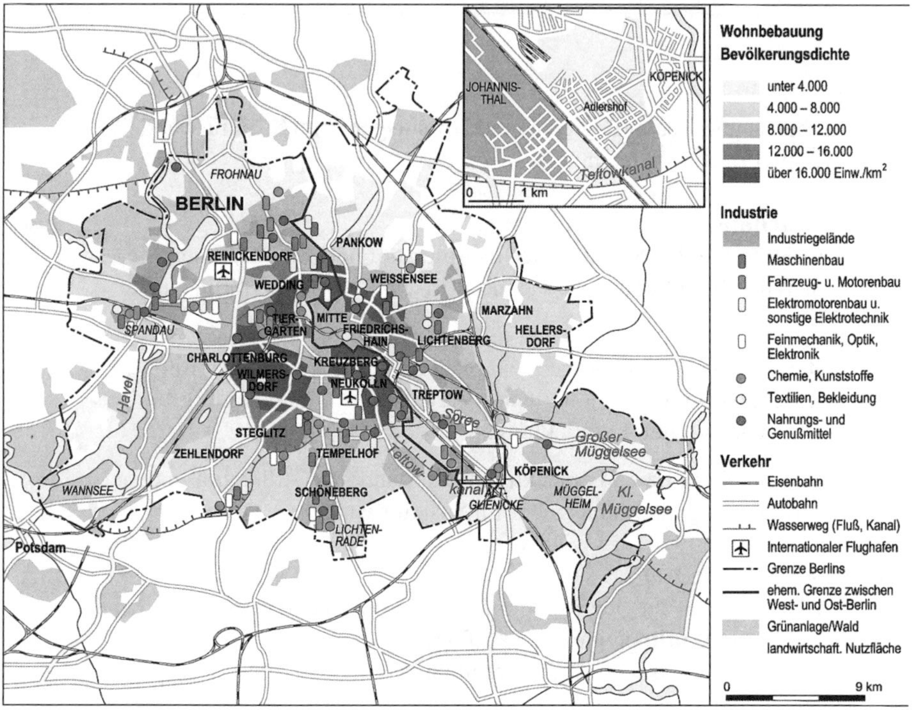

Anmerkung: Das Industriegelände westlich der Bahnlinie (im Ausschnittfenster) zeigt die Grenzen des heutigen Wissenschafts- und Technologieparks (siehe M 5). Adlershof verfügt über einen S-Bahn-Anschluss.

Quelle: © cartomedia, Karlsruhe

M 3 Berlin: ökonomische Indikatoren

Erwerbstätige nach Wirtschaftsbereichen

Jahr	Land- und Forstwirtschaft, Fischerei (%)	Produzierendes Gewerbe, Baugewerbe (%)		Dienstleistungsbereiche (%)		
		Produzierendes Gewerbe	Baugewerbe	Handel, Verkehr, Gastgewerbe, Information und Kommunikation	Finanz-, Versicherungs- und Unternehmensdienstleister	Öffentliche und sonstige Dienstleister
1991	0,1	18,7	8,1	28,5	13,7	30,9
2000	0,1	10,6	7,1	24,9	19,6	37,7
2012	0,0	7,8	4,7	25,9	22,0	39,6
zum Vergleich: Hamburg 2013	*0,1*	*9,4*	*3,4*	*33,3*	*25,5*	*28,3*

Ausgewählte Wirtschaftsbereiche im Dienstleistungssektor

Wirtschaftsbereich (Stand 2011)	Unternehmen (Anzahl)	Beschäftigte (Anzahl)	Umsatz (1 000 EUR)
Verkehr und Lager	2 831	68 897	10 760 486
Information und Kommunikation	6 838	57 291	10 715 051
Grundstücks- und Wohnungswesen	6 366	29 017	8 377 869
Erbringung von freiberuflichen, wissenschaftlichen und technischen Dienstleistungen	22 855	117 410	11 725 718
Erbringung von sonstigen Dienstleistungen	6 221	150 470	6 942 809

zusammengestellt nach:
https://www.statistik-berlin-brandenburg.de/Publikationen/Stat_Berichte/2014/SB_A06-09-00_2013h02_BE.pdf (Zugriff 23. 05. 2014);
http://www.hwf-hamburg.de/contentblob/1005676/data/statistisches-jahrbuch-hamburg.pdf (Zugriff 15. 12. 2014);
https://www.statistik-berlin-brandenburg.de/produkte/Jahrbuch/jb2013/JB_201314_BE.pdf (Zugriff 23. 05. 2014);

Arbeitslosigkeit

Jahr	1991	1995	2001	2005	2011	2012
Arbeitslosenquote (%)	10,6	13,6	16,1	19,0	13,3	12,3

Anmerkung: Arbeitslosenquote 2012 in Hamburg: 7,5 %, in Deutschland: 6,8 %

© Bundesagentur für Arbeit, 2007; http://www.khd-research.net/Docs/BAfA_Arbeitslose_1991-2007.pdf (Zugriff 19. 09. 2013)

M 4 Wissenschafts- und Technologiepark Adlershof: Entwicklung

Vor dem 2. Weltkrieg	Das heutige Gelände des Wissenschafts- und Technologieparks Adlershof war ein Standort für einen Flugplatz, eine Versuchsanstalt für Luftfahrtforschung sowie Flugzeugproduktion
Während der deutsch-deutschen Teilung	Standort für anwendungsorientierte Forschungs- und Entwicklungseinrichtungen der Akademie der Wissenschaften, Deutscher Fernsehfunk, Wachregiment der Nationalen Volksarmee
Nach der Wiedervereinigung	Schrittweise Schließung des Militärstandortes, Transformation der Forschungseinrichtungen und Privatisierung des Fernsehfunks
1991	Entscheidung des Berliner Senats, auf dem ehemaligen Flugplatz einen Wissenschafts- und Technologiepark zu entwickeln mit Maßnahmen wie Einrichtung von staatlich finanzierten Großforschungseinrichtungen, Umsiedlung der naturwissenschaftlichen Institute der Humboldt-Universität Berlin (Ende der 1990er-Jahre), Schaffung von Platz für Unternehmen der Privatwirtschaft; Gründung des Innovations- und Gründerzentrums (IGZ); Finanzierung durch EU-Mittel, Bundesmittel, Landesmittel und privatwirtschaftliche Investitionen
1994	Gründung des Studios Berlin Adlershof „Hauptstadtstudio Berlin" durch Studio Hamburg Atelier GmbH (Marktführer in der Film- und Fernsehproduktion)
1997	Gründung des Ost-West-Zentrums (OWZ); Beginn der Ansiedlung von Einzelhandel, Gastronomie, Hotels, Bürogebäuden, Ärzten, Wohngebäuden
2011	Eröffnung des Zentrums für Mikrosysteme und Materialien und des Zentrums für IT und Medien
2013	Adlershof wird zum ausgewiesenen Projektstandort für die Errichtung von Wohnsitzen für 15 000 Menschen; Eröffnung des Zentrums für Photovoltaik und erneuerbare Energien

zusammengestellt nach: WISTA, Jahresbericht 2011; http://www.adlershof.de/uploads/tx_psdokugalerie/WISTA_JAHRESBERICHT_2011.pdf, veröffentlicht Mai 2012 (Zugriff 10. 03. 2013)

M 5 Wissenschafts- und Technologiepark Adlershof: Flächennutzung

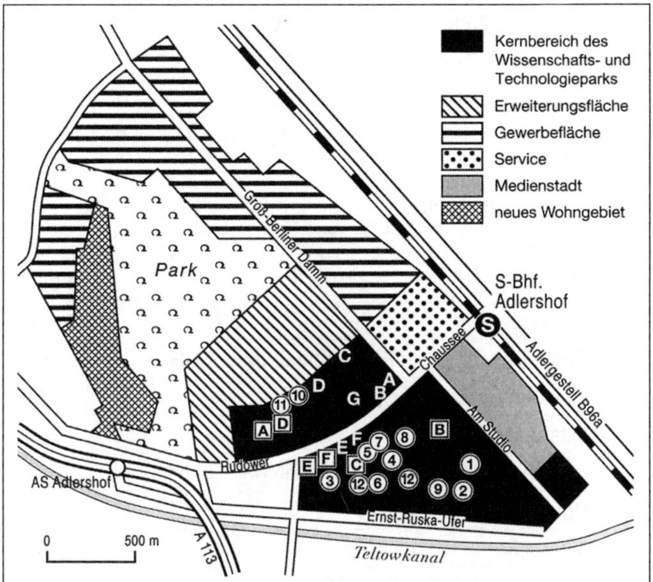

Institute der Humboldt-Universität zu Berlin

- A Geographie
- B Psychologie
- C Physik
- D Chemie
- E Mathematik
- F Informatik
- G Bibliothek, Medienzentrum, Hörsäle

Technologie- und Gründerzentren

- A Photonik
- B Umwelttechnologie
- C Informationstechnologie
- D Materialtechnologie
- E Ost-West Zentrum
- F Innovations- und Gründerzentrum

Forschungsinstitute

1. Brandenburgische Technische Universität Cottbus (BTU), AG Luftchemie
2. Bundesanstalt für Materialforschung und -prüfung (BAM)
3. Deutsches Zentrum für Luft- und Raumfahrt e.V. (DLR)
4. Ferdinand-Braun-Institut für Höchstfrequenztechnik (FBH) Zentrum für Mikrosystemtechnik Berlin (ZEMI)
5. Fraunhofer-Institut für Rechnerarchitektur und Softwaretechnik (FIRST)
6. Helmholtz-Zentrum Berlin für Materialien und Energie (ehemals BESSY)
7. Helmholtz-Zentrum Berlin für Materialien und Energie (ehemals HMI)
8. Institute for Analytical Sciences (ISAS), Institutsteil Berlin
9. Leibniz-Institut für Katalyse
10. Leibniz-Institut für Kristallzüchtung (IKZ)
11. Max-Born-Institut für Nichtlineare Optik und Kurzzeitspektroskopie
12. Physikalisch-Technische Bundesanstalt (PTB)

Anmerkungen:
Flächennutzung Stand 2012; Gesamtfläche 4,2 km^2
Photonik: Grundlagen und Anwendungen von optischen Verfahren und Technologien auf die Bereiche der Übertragung, Speicherung und Verarbeitung von Information
Gründerzentrum: Einrichtung zur Unterstützung technologieorientierter innovativer Unternehmensgründungen

Quelle:
Kulke, Elmar: „Auferstanden aus Ruinen“ – Neue Wirtschaftscluster in Berlin. In: Geographische Rundschau 2013, Heft 2, S. 14

M 6 Wissenschafts- und Technologiepark Adlershof: Daten

	2005	2009	2012
Unternehmen (Anzahl)	714	819	954
Beschäftigte (Anzahl)	11 816	13 981	14 942
Umsatz (Mrd. EUR)	1,2	1,7	1,7

Stand 2012		
Humboldt-Universität	Institute	6
	Mitarbeiter	1 056
	Studierende	8 438
	Budget (Grund- und Fördermittel) (Mio. EUR)	69
Wissenschaftliche Einrichtungen	Institute	11
	Mitarbeiter	1 760
	Budget (Grund- und Fördermittel) (Mio. EUR)	177
Medienstadt	Unternehmen	146
	Mitarbeiter	1 688
	Umsatz zzgl. Drittmitteln (Mio. EUR)	184
Technologie- und Gründerzentren	Unternehmen	445
	Mitarbeiter	5 287
	Umsatz (Mio. EUR)	668
Übriges Entwicklungsgebiet	Unternehmen	363
	Mitarbeiter	5 151
	Umsatz (Mio. EUR)	583

zusammengestellt nach:
Suwala, Lech; Dannenberg, Peter: Cluster- und Innovationspolitik maßgeschneidert. Das Beispiel Adlershof in Berlin. In: Standort – Zeitschrift für angewandte Geographie 2009, Heft 33, S. 107; http://www.adlershof.de/uploads/tx_psdokugalerie/DIW_Studie_adlershof.pdf (Zugriff 25. 03. 2013); http://www.adlershof.de/fileadmin/user_upload/downloads/jahresberichte/WISTA-MG-Jahresbericht-Adlershof-2012.pdf (Zugriff 06. 02. 2014)

M 7 Wissenschafts- und Technologiepark Adlershof: ökonomische Effekte für Berlin

Auswirkungen der wirtschaftlichen und wissenschaftlichen Aktivitäten in Adlershof auf die Bruttowertschöpfung in Berlin

	2005	2007	2010
Unmittelbarer Effekt (Mio. Euro)	676	781	1012
Mittelbarer Effekt (Mio. Euro)	559	631	739
Gesamt (Mio. Euro)	1 235	1 412	1 751

Auswirkungen der wirtschaftlichen und wissenschaftlichen Aktivitäten in Adlershof auf die Beschäftigtenzahl in Berlin

	2005	2007	2010
Unmittelbarer Effekt	11 816	13 432	14 213
Mittelbarer Effekt	10 975	12 268	13 712
Gesamt	22 791	25 700	27 925

zusammengestellt nach Berechnungen der DIW econ in:
http://www.adlershof.de/uploads/tx_psdokugalerie/DIW_Studie_adlershof.pdf (Zugriff 25. 03. 2013)

M 8 Berlin-Brandenburg: Zukunftsfelder einer regionalen Innovationsstrategie

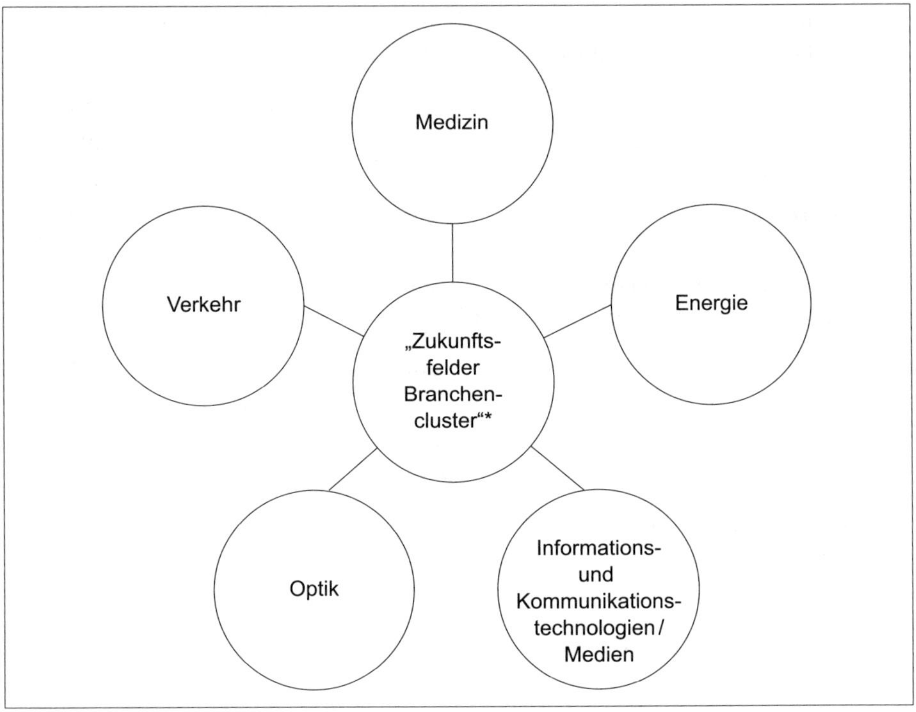

* Herausgeber: Bundesländer Berlin und Brandenburg: Allgemeine Cluster- und Innovationspolitik Berlin-Brandenburg; Ergebnis einer 2007 eingeleiteten und 2010 unterzeichneten Kooperation aller innovationspolitischen Akteure beider Länder

Darstellung nach Informationen aus: http://www.innobb.de/de/Gemeinsame-Innovationsstrategie-Berlin-Brandenburg-innoBB (Zugriff 15. 12. 2014)

Die Aufgabe bezieht sich auf die folgenden **inhaltlichen Schwerpunkte:**
- Wandel von Standortfaktoren in seiner Wirkung auf industrieräumliche Strukturen
  - Hauptphasen des industriellen Strukturwandels
  - Standortentscheidungen und -vernetzung (Cluster) im Zusammenhang mit harten und weichen Standortfaktoren
- Siedlungsentwicklung in Abhängigkeit von soziokulturellen und politischen Leitbildern
  - Aktuelle Leitbilder der Stadtplanung

Lösungsvorschlag

Berücksichtigen Sie die Tipps für die Anfertigung der Abiturklausur (siehe S. 7 ff.). Denken Sie zum Beispiel daran, Ihre Ausführungen mithilfe von Zwischenüberschriften zu gliedern. Wenn Sie einen neuen Sachverhalt vorstellen, geben Sie am Ende des (Sinn-)Abschnittes die Materialbelege in Klammern an. Achten Sie auf eine allgemein- und fachsprachlich angemessene Darstellung.

Teilaufgabe 1

Der Operator „kennzeichnen" (Anforderungsbereich II) verlangt, dass Sie einen Raum oder einen Sachverhalt auf der Grundlage bestimmter Kriterien begründet charakterisieren. In dieser Teilaufgabe sollen Sie im Anschluss an die räumliche Einordnung aufzeigen, in welcher wirtschaftlichen Situation sich der Stadtteil Adlershof sowie ganz Berlin um das Jahr 1990 befunden haben (M 1–M 4). Denken Sie daran, dass Sie bei der räumlichen Einordnung Lagekriterien anführen, die für die Aufgabe relevant sind; eine stereotype Einordnung mithilfe des Gradnetzes reicht nicht aus.

Lage

Der Stadtteil Adlershof liegt im Südosten Berlins, ca. 12 km Luftlinie von Berlin-Mitte entfernt im ehemaligen Ostteil der Stadt. Er grenzt, im S an Altglienicke und an den Teltowkanal, im W an Johannisthal und im O an Köpenick. Der S-Bahnhof Adlershof liegt an der Strecke Richtung Hauptbahnhof bzw. kurz vor dem Berliner S-Bahn-Ring. Adlershof besitzt einen eigenen Autobahnanschluss, der Flughafen Schönefeld ist ca. 7 km entfernt (M 1, M 2).

Die wirtschaftliche Situation in Adlershof um 1990

Vor der **deutschen Wiedervereinigung** befanden sich im Ostberliner Stadtteil Adlershof um 1990 verschiedene **anwendungsbezogene Forschungs- und Entwicklungseinrichtungen der Akademie der Wissenschaften** der DDR und der Deutsche Fernsehfunk. In der Nachfolge des Versuchsstandortes für Luftfahrtforschung und Flugzeugproduktion vor dem Zweiten Weltkrieg gab es zudem eine **militärische Nutzung** durch die Stationierung eines Wachregimentes der Nationalen Volksarmee der DDR (M 4).

Damals befanden sich folgende **Industriebranchen** im Stadtteil Adlershof: Maschinenbau, Chemie-, Nahrungs- und Genussmittel- sowie Elektronikindustrie. Die verkehrsmäßige Anbindung an das Straßen-, Schienen- und Gewässernetz war gegeben (M 2, M 4, M 5). Unmittelbar nach der deutschen Wiedervereinigung wurde die militärische Nutzung des Geländes des heutigen **Wissenschafts- und Technologieparks Adlershof (WISTA)** aufgegeben und die vorhandenen Gewerbe und Industrien wurden im Rahmen des Transformationsprozesses privatisiert (M 4).

Wirtschaftsstandort Berlin um 1990

Vor der deutschen Wiedervereinigung wies der Westen Berlins einen deutlich **höheren Industriebesatz** (Schwerpunktbranchen: Maschinen-, Fahrzeug- und Motorenbau, Elektrotechnik/Feinmechanik/Optik, aber auch Chemie/ Kunststoffe, ferner Textil- sowie Nahrungs- und Genussmittelindustrie) auf als der Osten der Stadt. Räumliche Schwerpunkte befanden sich u. a. in Wilmersdorf und Charlottenburg, zudem in Stadtteilen nahe der innerstädtischen Mauer wie Wedding, Tiergarten, Kreuzberg oder Neukölln, aber auch in Stadtrandnähe wie in Spandau im Westen oder Tempelhoff und Lichtenrade im Süden (M 2). Im Vergleich mit dem **tertiären Sektor**, in dem 73,1 % aller Beschäftigten tätig waren (darunter 30,9 % in öffentlichen und sonstigen Dienstleistungseinrichtungen), stand der **sekundäre Sektor** 1991 mit nur 26,8 % deutlich zurück (M 2, M 3).

Im Ostteil der Stadt, der damaligen Hauptstadt der DDR, konzentrierte sich die Industrie in einer ca. 2–4 km von der innerdeutschen Grenze befindlichen Zone von Friedrichshain bis Adlershof sowie in den weiter von der Mauer entfernten Stadtteilen Weißensee und Lichtenberg (M 2).

Teilaufgabe 2

Der Operator „erläutern" (Anforderungsbereich II) fordert von Ihnen, dass Sie die aus dem Material zu entnehmenden Zusammenhänge verdeutlichen. In dieser Teilaufgabe sollen Sie aufzeigen, welche Zielsetzungen der Berliner Senat mit dem Wissenschafts- und Technologiepark Adlershof ursprünglich verfolgt hat und wie dessen Entwicklung bis zur Gegenwart im Vergleich mit der gesamtstädtischen Entwicklung Berlins aussah (M 2–M 6, M 8).

Die deutsche Wiedervereinigung im Jahr 1990 hatte vor allem für die östlichen Bundesländer und für Ost-Berlin weitreichende Folgen. Der sog. **Transformationsprozess** führte zu gravierenden Veränderungen hinsichtlich der sozioökonomischen Strukturen und Prozesse. So zogen z. B. im Zuge einer massiven **Binnenwanderung** viele Menschen, v. a. jüngere im arbeitsfähigen Alter, in den Großraum Berlin.

Die deutsche Wiedervereinigung und die Folgen für Berlin

Der Senatsbeschluss der wiedervereinigten deutschen Hauptstadt Berlin aus dem Jahr 1991 sah für den ehemaligen Flugplatz Adlershof die Entwicklung eines Wissenschafts- und Technologieparks auf der südwestlichen Seite des Stadtteils Adlershof vor. Mithilfe **umfangreicher Fremdfinanzierungen** sowie Geldern der Privatwirtschaft sollte ein **Cluster mit Großforschungseinrichtungen** entstehen, der die wirtschaftliche Entwicklung in der Stadt befördern helfen sollte (M 4).

Zielsetzungen Adlershof

Dieser Standort sollte anknüpfen an Vorgänger mit wissenschaftlicher und technischer Tradition, er sollte die Bereiche Wissenschaft und Forschung (Hochschule, Forschungsinstitute) an einem Standort mit privatwirtschaftlichen Aktivitäten im **Technologie- und Gründerzentrum** kombinieren. Durch die **gute infrastrukturelle Anbindung** sowie die vorhandenen hochqualifizierten Arbeitskräfte waren günstige Startvoraussetzungen gegeben. Die Bereitstellung neuen Wohnraumes innerhalb des WISTA bot neben staatlichen Fördermitteln ebenso **weitere Ansiedlungsanreize** wie das Vorhandensein ausreichender und preiswerter Expansionsflächen (M 4, M 5).

Standortvorteile

Herausstechendes Merkmal der Entwicklung nach der deutschen Wiedervereinigung war der **fortschreitende Tertiärisierungsprozess**. Waren 1991 noch 26,8 % im sekundären Sektor tätig, so sank dieser Anteil bis 2012 auf nur noch 12,5 %. Gleichzeitig stieg der Anteil der im tertiären Sektor Beschäftigten von 73,1 auf 87,5 % und übertraf zuletzt sogar den Wert von Hamburg. Hierbei entwickelte vor allem der Teilbereich der freiberuflichen, wissenschaftlichen und technischen Dienstleistungen mit 22 855 Betrieben, 117 410 Beschäftigten sowie 11,7 Mrd. Euro Umsatz große Bedeutung, gefolgt von den Wirtschaftsbereichen Verkehr und Lager sowie Information und Kommunikation mit jeweils 10,7 Mrd. Euro Umsatz, aber deutlich weniger Beschäftigten (M 3).

Gesamtstädtische Wirtschaftsentwicklung 1990 – 2012

Nach einem zwischenzeitlich und nicht zuletzt durch die Transformationsprozesse in Ostdeutschland bedingten dramatischen

Höchstwert der **Arbeitslosenzahlen** von 19 % (2005) ist dieser bis zum Jahr 2012 auf 12,3 % abgesunken, lag damit aber immer noch signifikant über demjenigen von Hamburg (7,5 %) und noch deutlicher über dem bundesdeutschen Durchschnittswert von 6,8 %. Dies ist ggf. auf die hohe Anzahl von **Binnenzuwanderungen** v. a. aus den übrigen ostdeutschen Bundesländern nach 1990 zurückzuführen: In dem Maße, wie arbeitsfähige Bevölkerung in den Großraum Berlin zugewandert ist, konnten nicht neue Arbeitsplätze geschaffen werden. Berlin wies 2012 – u. a. im Vergleich zu Hamburg – insofern eine **Strukturschwäche** auf, als der Anteil der öffentlichen und sonstigen Dienstleister mit fast 40 % eindeutig zu hoch war (M 3, Unterrichtswissen).

Entwicklung des WISTA bis 2013

In den Jahren seit 1991 hat sich der WISTA-Cluster Adlershof ständig weiterentwickelt: Nach der Gründung des Hauptstadtstudios Berlin (1994) folgte die Gründung des Ost-West-Zentrums (1997) mit der **Ansiedlung unterschiedlichster Branchen des tertiären Sektors** und der **Schaffung neuen Wohnraums**. Nachdem seit den 1990er-Jahren der Schwerpunkt zunächst auf dem Wissenschafts- und Technologiebereich lag und v. a. dort zahlreiche Arbeitsplätze für hochqualifizierte Arbeitskräfte angeboten wurden, folgten 2011 zwei weitere Schwerpunkte mit den **Wirtschaftsbereichen IT und Medien**; als vorläufig Letzter schloss sich 2013 der **Schwerpunkt Erneuerbare Energien** an. Im Zuge der Cluster-Erweiterung u. a. um einen großflächigen Gewerbebereich nahmen sowohl die Anzahl an Unternehmen und Beschäftigten zu (von 2005 bis 2012 um 33,6 bzw. 26,5 %) als auch der Umsatz, der sogar um 41,6 % auf 1,7 Mrd. Euro stieg (M 6).

Neben den rein ökonomischen Zuwächsen verzeichnete Adlershof seit 1991 weitere positive Entwicklungen in infrastruktureller und sozioökonomischer Hinsicht. So wurde das Wege- und Straßennetz erweitert, u. a. der Autobahn-Anschluss Adlershof geschaffen; ferner entstand inmitten des WISTA ein **Landschaftspark mit Naherholungsfunktion**. Die gesamtstädtische Bedeutung auch als **Entlastungsort** verdeutlicht die Projektierung als **Wohnstandort** für weitere 15 000 Bewohner 2013 (M 4–M 6).

Teilaufgabe 3

Der Operator „nehmen Sie Stellung" (Anforderungsbereich III) verlangt eine reflektierte Auseinandersetzung mit den von Ihnen aufgezeigten Sachverhalten. In dieser Teilaufgabe sollen Sie die bisherigen Entwicklungen in Adlershof auf ihre Zukunftsfähigkeit hin und bezüglich der Bedeutung für den gesamtstädtischen Strukturwandel bewerten (M 3–M 8).

Im Zuge des Tertiärisierungsprozesses mit dem Ziel einer wissensbasierten Ausrichtung sollte Adlershof einen wichtigen Teilstandort im ehemaligen Ostteil Berlins darstellen. Eine Betrachtung der seit den 1990er-Jahren zu beobachtenden Entwicklungen führt zu unterschiedlichen Teilbewertungen:

Zuwachs an Beschäftigung und Wertschöpfung

Der eingeleitete **Strukturwandel** zeigt bis 2012 erkennbar positive Ergebnisse. Hierzu zählen die mittelbaren und unmittelbaren Effekte auf die Beschäftigungssituation Berlins binnen fünf Jahren von 2005 bis 2010 mit einem Zuwachs von mehr als 5 000 Arbeitsplätzen (= +23 %). Hierzu zählt ebenso die Steigerung der Bruttowertschöpfung im selben Zeitraum um insgesamt 516 Mio. Euro auf 1,75 Mrd. Euro (= +42 %). Der Beschäftigungszuwachs bleibt also deutlich hinter dem Wertschöpfungszuwachs zurück (M 7).

Bestandteil der regionalen Innovationsstrategie Berlin-Brandenburg

Im Jahr 2010 haben die Bundesländer Berlin und Brandenburg ein **länderübergreifendes Konzept künftiger Cluster- und Innovationspolitik** unterzeichnet, um gemeinsam und damit erfolgreicher zukünftige Entwicklungen im Großraum Berlin-Brandenburg in Angriff nehmen und konkurrenzfähiger sein zu können Mit bereits vorhandenen Standorten und Strukturen der hierin enthaltenen Zukunftsfelder IT, Medien, Optik und Energie passt der Cluster Adlershof eindeutig in diese zukunftsweisende Ausrichtung. Das Vorhandensein hinreichender Expansionsfläche ermöglicht weitere Entwicklungen und Erweiterungen (M 5, M 8)

Beitrag zur gesamtstädtischen Diversifizierung

Vor dem Hintergrund der zu starken dienstleistungsbezogenen Ausrichtung des tertiären Sektors in Berlin leistet Adlershof durch seine andersartige Ausrichtung einen **wichtigen Diversifizierungsbeitrag**, z. B. durch die Bereiche IT und Kommunikation (M 3, M 5).

Einschränkungen

Die nach wie vor sehr hohe Arbeitslosenquote bremst und beeinträchtigt die gesamtstädtische Entwicklung nicht unerheblich; die überproportionalen Wertschöpfungszuwächse im Verhältnis zum Zuwachs der Beschäftigtenzahlen verheißen hierauf bezogen zunächst keine Besserung (M 3, M 7).

Adlershof **hängt am Förderungstropf** von Stadt, Land, Bund und EU. Bei Änderung der Fördermodalitäten, u. a. aufgrund gesamtwirtschaftlicher Entwicklungen und/oder Entwicklungen innerhalb der EU, ist eine dauerhafte Weiterentwicklung u. U. nur eingeschränkt möglich oder gefährdet.

Betrachtet man den Beitrag des Clusters Adlershof zum gesamten Tertiärsektor Berlins, so nehmen sich seine 1,7 Mrd. Euro Wertschöpfung bezogen auf die Gesamtsumme von mehr als 48 Mrd. Euro eher bescheiden aus (M 3, M 7).

Fazit

Der WISTA ist ein zentrales Element der Berliner Wirtschaftsentwicklung; er hat bereits einen wichtigen **Beitrag zum gesamtstädtischen Strukturwandel** geleistet – auch wenn der Anteil an der Wertschöpfung mit 4 % noch gering ist. Aufgrund seines Cluster-Charakters, seiner Binnenstruktur, seiner nachgewiesenen Innovationsfähigkeit und seiner Expansionsmöglichkeiten wird der Wissenschafts- und Technologiepark grundsätzlich eine positive Rolle innerhalb der Zukunftsentwicklung Berlins und Brandenburgs spielen können. Diese wird umso bedeutsamer sein, je mehr es gelingen wird, auch positive Beschäftigungseffekte zu erzielen.

Grundkurs Geographie (NRW) – Abiturprüfung 2015
Aufgabe 2

Thema

Strukturen und Prozesse in Städten von Entwicklungsländern
– Das Beispiel Karachi

Aufgabenstellung

		Punkte
1.	Lokalisieren Sie Karachi und kennzeichnen Sie die Entwicklung und Bedeutung der Stadt.	23
2.	Erläutern Sie die funktions- und sozialräumliche Gliederung Karachis.	31
3.	Nehmen Sie vor dem Hintergrund der erwarteten demographischen Entwicklung kritisch Stellung zu Maßnahmen und Zielen des Karachi Strategic Development Plan 2020.	26

Zugelassene Hilfsmittel

- der an der Schule in der Qualifikationsphase überwiegend verwendete Atlas, in einer für alle Prüflinge gleichen Auflage
- Wörterbuch zur deutschen Rechtschreibung
- Taschenrechner

Materialgrundlage

M 1 Atlaskarten nach Wahl

M 2 Karachi: Daten und Fakten

- 1839–1947 Sitz der Kolonialverwaltung Britisch Indien
- 1947–1958 Hauptstadt des neu gegründeten islamischen Staates Pakistan, seit 1958 ist Islamabad Hauptstadt Pakistans
- ab 1950 Einwanderungswellen muslimischer Migranten aus Indien
- Einwohner der 5 größten Agglomerationen Pakistans in Mio. (2010):

1.	Karachi	13,12
2.	Lahore	7,35
3.	Faisalabad	2,95
4.	Rawalpindi	2,01
5.	Hyderabad	1,65

- Wirtschaftsstandort Agglomeration Karachi:
  - wichtige Branchen: Textilindustrie, Zement, Stahl, Maschinenbau, Chemie, Banken und Versicherungen
  - Sitz der pakistanischen Börse
  - Hauptverwaltung vieler nationaler und internationaler Unternehmen
  - Produktion von 32 % aller Waren und Güter
  - ca. 20 % des BNE und 62 % des pakistanischen Steueraufkommens
  - Abwicklung von 95 % des pakistanischen Seehandels über Port Karachi und Port Qasim
- Pro-Kopf-Einkommen ca. viermal höher als Landesdurchschnitt

zusammengestellt nach:
Salman Qureshi: The fast growing megacity Karachi as a frontier of environmental challenges: Urbanization and contemporary urbanism issues. In: Journal of Geography and Regional Planning Vol. 3 (11), S. 306–321, November 2010 unter http://www.academicjournals.org/jgrp/pdf/pdf2010/Nov/Qureshi.pdf;
http://de.wikipedia.org/wiki/Karatschi (Zugriff jeweils 15. 08. 2012);
http://esa.un.org/unup/unup/p2k0data.asp (Zugriff 12. 08. 2012)

M 3 Karachi: Bevölkerungsentwicklung

Jahr	Bevölkerung Pakistan (in Mio.)	Bevölkerung Karachi (in Mio.)	Anteil an Gesamtbevölkerung (in %)
1955	42,1	1,419	3,8
1965	52,0	2,405	4,6
1975	68,5	3,989	5,8
1985	95,4	6,033	6,3
1995	127,3	8,467	6,7
2005	155,9	11,618	7,4
2010	173,6	13,125	7,6
2015	189,6	15,500	8,2
2020	205,3	17,729	8,6
2025	230,6	20,190	8,8

zusammengestellt nach: Weltbank und UN/ESA; http://data.worldbank.org/country/pakistan#cp_wdi; http://esa.un.org/unup/unup/p2k0data.asp (Zugriff jeweils 12. 08. 2012)

M 4 Karachi: Siedlungsentwicklung (siehe Farbabbildungen)

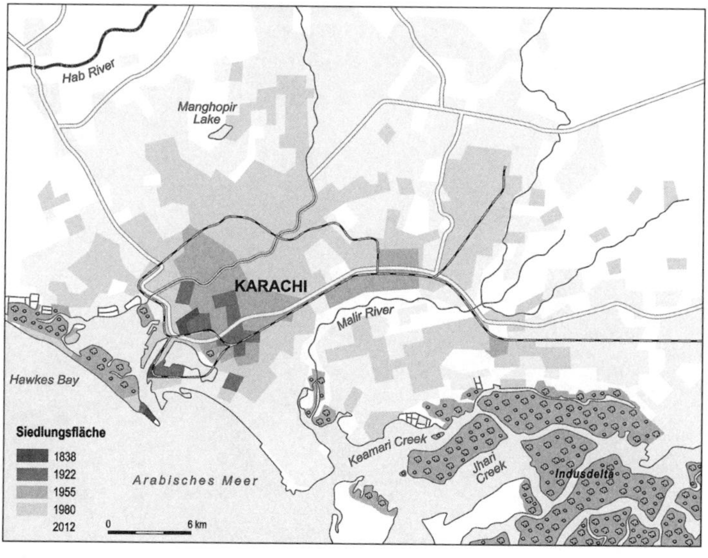

Quelle: © cartomedia, Karlsruhe

M 5 Karachi: sozioökonomische Daten 2010

Durchschnittliches Monatseinkommen je Haushalt (US-$)	ca. 65
Haushalte unter der Armutsgrenze (in %)	35 (22,9)
Stadtbevölkerung in informellen Siedlungen (in %)	42
Kindersterblichkeit je 1 000 Geburten	52 (65)
Alphabetisierung (in %)	68,3 (54,9)
Zustrom Arbeitsmigranten pro Monat	ca. 45 000
Morde je 100 000 Einwohner (Vergleich Hamburg)	78 3,5

Anmerkung: Zahlen in Klammern: Vergleichswerte Pakistan

zusammengestellt nach:
Salman Qureshi: The fast growing megacity Karachi as a frontier of environmental challenges: Urbanization and contemporary urbanism issues. In: Journal of Geography and Regional Planning Vol. 3 (11), S. 306–321, November 2010 unter http://www.academicjournals.org/jgrp/pdf/pdf2010/Nov/Qureshi.pdf (Zugriff 15. 08. 2012);
https://www.cia.gov/library/publications/the-world-factbook/geos/pk.html (Zugriff 03. 01. 2015)

M 6 Karachi: städtische Infrastruktur

Verkehr (Jahr)	**2002**	**2011**
Busse/Minibusse	8 351	22 313
Pkw	531 056	998 920
Taxis	36 852	47 165
Motorroller/Motorräder	325 987	1 296 481
Verkehrsunfälle	19 763	32 567
Durchschnittliche Fahrgeschwindigkeit während Rushhour		30–40 km/h 15–20 km/h

Wasserver- und -entsorgung	**2011**
Verbrauch (Liter/Person/Tag)	132
Verbrauch in informellen Siedlungen (Liter/Person/Tag)	63
Anschluss Haushalte an Wasserversorgung (in %)	72
Klärung der Abwässer (in %)	10
Anteil der Haushalte mit bakteriell kontaminiertem Trinkwasser (in %)	61

Abfallentsorgung	**2011**
anfallende Gesamtmenge (in t/Tag)	ca. 9 000
gesammelte Abfallmenge (in t/Tag)	5057
Entsorgung auf offenen Müllkippen (in %)	71

zusammengestellt nach:
Urban Resource Center Karachi; http://www.urckarachi.org/KMP-2020%20Solid%20Waste%20Management.pdf;
http://www.urckarachi.org/Water%20and%20Sanitation%20Sector%20Overview%202012%20Final%20report%20UNICEF%2019%20May.pdf;
http://www.urckarachi.org/Registered%20vehicle%202002%20-%202011.pdf (Zugriff jeweils 15. 08. 2012)

M 7: Karachi: Sozialräumliche und Funktionale Gliederung (siehe Farbabbildungen)

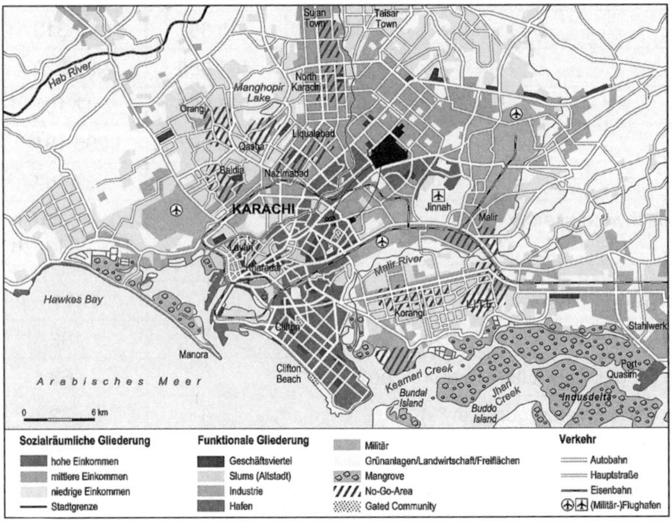

Quelle: © cartomedia, Karlsruhe

M 8 Karachi Strategic Development Plan 2020 (Veröffentlichung 2007)

- Anwerbung ausländischer Investoren
- Ausbau öffentlicher Verkehrsmittel (z. B. Verdoppelung der Buslinien, Park-and-Ride-Systeme)
- 32 km lange Ringbahn um die City, Schaffung von Fußgängerbereichen
- vertikales Wachstum (z. B. „Skyscraper City“) im Innenstadtbereich
- Schaffung von Wohnraum, 5–7 % für Einwohner mit hohem Einkommen, 15–20 % für Einwohner mittleren Einkommens, 75 % für Einwohner mit niedrigem bis fast keinem Einkommen, Bau von Satellitenstädten
- Anschluss an Stromversorgung: 100 % (bis 2015: 90 %)
- Entsorgung der Hälfte der erwarteten Gesamtabfallmenge von 16 000–18 000 t/ Tag
- Bau von 760 zusätzlichen Grundschulen, 117 weiterführenden Schulen und 36 Fach- und Hochschulen
- Wasserversorgung bis 2015: 100 % (2006: 60 %)

zusammengestellt nach:
Urban Resource Center Karachi; http://www.urckarachi.org/KMP-2020-Draft%20Final%20Report.pdf (Zugriff 15. 08. 2012)

Die Aufgabe bezieht sich auf die folgenden **inhaltlichen Schwerpunkte:**
- Raumbedarf und Tragfähigkeit im Zusammenhang mit demographischen Prozessen
  - Ursachen und Folgen von Wanderungsbewegungen
- Siedlungsentwicklung in Abhängigkeit von soziokulturellen und politischen Leitbildern
  - Aktuelle Leitbilder der Stadtplanung

Lösungsvorschlag

Berücksichtigen Sie die Tipps für die Anfertigung der Abiturklausur (siehe S. 7 ff.). Denken Sie zum Beispiel daran, Ihre Ausführungen mithilfe von Zwischenüberschriften zu gliedern. Wenn Sie einen neuen Sachverhalt vorstellen, geben Sie am Ende des (Sinn-)Abschnittes die Materialbelege in Klammern an. Achten Sie auf eine allgemein- und fachsprachlich angemessene Darstellung.
Beachten Sie auch den Lösungsschlüssel zu dieser Aufgabe (siehe S. 11 ff.). Anhand dessen können Sie nachvollziehen, nach welchen Kriterien Ihre Ausführungen bewertet werden.

Teilaufgabe 1

Der Operator „kennzeichnen" (Anforderungsbereich II) verlangt, dass Sie einen Raum oder einen Sachverhalt auf der Grundlage bestimmter Kriterien begründet charakterisieren. In dieser Teilaufgabe sollen Sie im Anschluss an die räumliche Einordnung darlegen, wie sich Karachi seit 1838 entwickelt hat und welche Bedeutung die Stadt für ganz Pakistan besitzt (M 1–M 4, M 7). Hilfreich ist es, wenn Sie den Index of Primacy Karachis errechnen, indem Sie die Einwohnerzahl Karachis durch die Einwohnerzahl der zweitgrößten Stadt Pakistans teilen. Am Ende der Teilaufgabe sollten Sie ein Zwischenfazit zum Thema „demographische und funktionale Primacy" ziehen.

Lage

Karachi, bis 1958 **Hauptstadt** des 1947 gegründeten islamischen Staates Pakistan und gegenwärtig mit 15,5 Mio. die einwohnerstärkste Stadt des Landes, liegt in der Provinz Sind am Arabischen Meer am westlichen Rand des Mündungsdeltas des Indus. Der Hafen der Stadt liegt in geschützter Buchtlage im SW der städtischen Agglomeration (M 1–M 4, M 7).

Bevölkerungswachstum

Mit 1,4 Mio. Einwohnern war Karachi bereits Mitte der 1950er-Jahre die größte Stadt Pakistans. Die Rolle als **Sitz der Kolonialverwaltung von Britisch Indien** von 1839–1947 und damit als frühes Handelszentrum war hierfür ebenso entscheidend wie die anschließende Funktion als Hauptstadt. Hinzu kamen **Einwanderungswellen muslimischer Immigranten** aus Indien nach 1950, die die Einwohnerzahl stetig steigen ließen. In der Summe führte dies zu einem **exponentiellen Wachstum**, wobei der Zuwachs je 10-Jahres-Abschnitt von 1,0 Mio. von 1955–1965 um jeweils plus eine halbe Million anwuchs (also + rund 1,5 Mio. von 1965–1975 usw.) bis auf +4,0 Mio. von 2005–2015. Dies bedeutete einen Anstieg des Anteils an der Gesamtbevölkerung Pakistans von 3,8 % im Jahr 1955 auf 8,2 % 2015 (M 2, M 3).

Mit nunmehr 15,5 Mio. Einwohnern ist Karachi **eine der größten Megastädte der Welt**, deren stetes Anwachsen einherging mit einem allgemeinen Verstädterungsprozess in Pakistan, in dessen Verlauf weitere Millionenstädte wie Lahore (7,35 Mio.) oder Faisalabad (2,95 Mio.) entstanden. Mit einem **Primacy Index** von 1,8 nimmt Karachi in Pakistan eine **Vormachtstellung** ein (M 2, M 3).

Flächenmäßige Ausdehnung

Mit dem starken Bevölkerungswachstum verbunden war eine **starke flächenmäßige Ausdehnung**. Der historische Stadtkern lag 1838 am östlichen Hafenbecken; bis 1922 erfolgte eine erste Erweiterung auf ca. 5×5 km^2. Bis 1955 verzeichnete Karachi eine in etwa kreisförmige Ausdehnung auf 10×10 km^2 innerhalb des heutigen Eisenbahnringes nördlich des östlichen Hafenbeckens. Bis 1980 dehnte sich die Stadt im Zuge ihrer rasanten Bevölkerungszunahme nach N, W und O aus, schwerpunktmäßig **entlang der Entwicklungsachsen** Eisenbahn, nördlicher Flussverlauf und Hauptverkehrsstraßen (M 4).

Heute erstreckt sich die **städtische Agglomeration** über eine Fläche von mehr als 50 km W–O und 35 km N–S und reicht im SO bis unmittelbar an das Indusdelta heran. Bis auf die unmittelbare Nähe zu Flussläufen ist dieses Siedlungsgebiet fast vollständig geschlossen. Mögliche Expansionsräume befinden sich im Osten bzw. Westen des Stadtgebietes auf Freiflächen und heute landwirtschaftlich genutzten Flächen (M 7).

Gründe für die Entwicklung zu einer Megastadt

Als ehemalige Hauptstadt und **heutige Metropole** übt Karachi auf die Bewohner Pakistans in ländlichen Regionen und kleineren Städten im besonderen Maße Anziehungskraft aus. Die Stadt bietet Arbeitsplätze in den unterschiedlichsten Branchen des sekundären und tertiären Sektors. Karachi ist mit 32 % der Warenproduktion, 20 % des BNE und 62 % des Steueraufkommens das **eindeutige Wirtschaftszentrum des Landes**; das Pro-Kopf-Einkommen ist überdurchschnittlich hoch (viermal so hoch wie der Landesdurchschnitt). Dies hat zu regelmäßigen und starken **Binnenwanderungsbewegungen** sowie zu Zuwanderungen aus Indien geführt; diese Migrationsprozesse werden auch in Zukunft anhalten. Als **demographische und funktionale Primacy** verzeichnet Karachi somit einen starken und anhaltenden **Metropolisierungsprozess** (M 2, M 5).

Teilaufgabe 2

Der Operator „erläutern" (Anforderungsbereich II) zeigt an, dass Sie die aus dem Material entnehmbaren Zusammenhänge verdeutlichen sollen. In dieser Teilaufgabe sollen Sie aufzeigen, welche funktions- und sozialräumliche Untergliederung Karachi aufweist und welche Probleme es hierauf bezogen gibt (M 5– M 7). Hier bietet es sich an, ein Zwischenfazit zur defizitären Infrastrukturausstattung zu ziehen.

Sozialräumliche Situation

Das schnelle und ausufernde Wachstum hat augenscheinlich seinen Tribut gefordert: Der Anteil der sozial Schwachen, davon **ein Drittel unter der Armutsgrenze**, ist in Karachi überdurchschnittlich groß. Im Hinblick auf Bildung, Gesundheitsfürsorge, Trink- und Abwasserver- bzw. -entsorgung sowie die persönliche Sicherheit weist die Stadt deutlich negative (Vergleichs-)Werte auf. Mehr als 40 % der Stadtbevölkerung leben in **Marginalsiedlungen** und der enorme monatliche Zustrom von Arbeitssuchenden in die Stadt lässt diese Wohnungsprobleme weiter anwachsen (M 5, M 6).

Sozialräumliche Gliederung

Karachi weist ein **deutliches Kern-Rand-Gefälle** auf: Ausgehend von der Küste verläuft in S-N-Richtung eine breite Mittelachse mit Einwohnern, die überwiegend zur Ober- bzw. Mittelschicht gehören. Von dort erstrecken sich nach W bzw. O jeweils Stadtviertel, in denen überwiegend Einwohner mit niedrigem Einkommen leben. **Weite Teile des Stadtkerns sind sozial ausgehöhlt** und weisen **Slum-Charakter** auf. Im krassen Gegensatz dazu haben sich im N, O und SO der City geschlossene Oberschichtviertel gebildet, in denen sich in großer Anzahl **Gated Communities** befinden wie z. B. in Clifton (M 7).

Dieser **tiefgreifende Segregations- und Fragmentierungsprozess** wird verstärkt durch eine **sehr große Anzahl von No-Go-Areas**, die über die ganze Stadt verteilt sind (außer in Oberschichtvierteln) und insgesamt fast ein Viertel der gesamten Stadtfläche betreffen. Dies korrespondiert mit einer im Vergleich mit Hamburg überaus hohen Anzahl von Morden je 100 000 Einwohnern und kennzeichnet das stark durch Armut und Kriminalität geprägte Leben in der Stadt (M 5, M 7).

Funktionale Gliederung der Stadt

Karachi weist eine **deutliche Trennung der Grunddaseinsfunktionen** auf. Auffällig hierbei sind Anzahl und Größe der **drei Stadtviertel mit militärischer Nutzung** inmitten der städtischen Agglomeration, die zudem jeweils einen militärischen Flughafen aufweisen. Große zusammenhängende Industrieflächen befinden sich rund um das westliche Hafenbecken sowie entlang der Eisenbahnlinien und Autobahnen, ebenso an vielen Stellen in unmittelbarer Nähe zu Wohngebieten der unteren sozialen Schichten; so z. B. im W an der Hab River Road oder im O am National Highway. Einkaufs- und Gewerbeviertel finden sich in der traditionellen City und über das gesamte Stadtgebiet verteilt, gewisse Konzentrationen gibt es entlang wichtiger Verkehrslinien sowie in Vierteln der Oberschicht wie im S in Clifton (M 7).

Verkehrsstruktur und -situation

Das Verkehrsnetz spiegelt die Bedeutung Karachis als **funktionale Primacy** wider: Auf das Stadtzentrum ausgerichtete Straßen und Eisenbahnlinien, die beiden großen Überseehäfen Port Karachi im W und Port Qasim im O, der internationale Flughafen und der dichte Verkehrsbesatz sind Kennzeichen hierfür (M 2, M 7).

Auffällig ist die **enorme Zunahme des Individualverkehrs** in dem kurzen Zeitraum von 2002–2011 mit einer annähernden Verdoppelung des Pkw-Besatzes und einer knappen Vervierfachung der Zweiradanzahl, was auf Defizite bezüglich des ÖPNV-Angebotes schließen lässt. Zudem ist die Fahrgeschwindigkeit in der Stadt niedrig; in Rushhour-Zeiten sinkt sie sogar auf 15–20 km/h ab. Die Zahl der Verkehrsunfälle ist im Zeitraum von 2002–2011 sogar um 65 % gestiegen (M 6).

Allgemeine Infrastrukturausstattung

Die **Ausstattung der städtischen Infrastruktur ist defizitär**, sie kann mit dem bevölkerungs- und flächenmäßigen Wachstum der Stadt offensichtlich nicht Schritt halten: Nicht nur die Verkehrsinfrastruktur ist hinter dieser Entwicklung zurückgeblieben, sondern auch Trinkwasserversorgung mit nur 72 % und Abwasserentsorgung mit völlig unzureichenden 10 % kennzeichnen diese Defizite. Dieser Mangel stellt für die Hygiene und Gesundheit der städtischen Bevölkerung eine große Gefahr dar, vor allem für die Bewohner der **informellen Siedlungsbereiche**, in denen die Ausstattung noch schlechter ist. Der täglich anfallende Müll wird nur zu 56 % gesammelt; insgesamt können nur 29 % in geschlossenen Müllkippen nachhaltig entsorgt werden – hier liegen deutliche Gefahrenpotenziale für Grundwasser und Umwelt. Möglicherweise deutet der mit 61 % große Anteil an Haushalten mit bakteriell kontaminiertem Trinkwasser auf diesen Umstand hin (M 6).

Auch im Hinblick auf die medizinische Versorgung und das Bildungswesen sind deutlich negative Entwicklungsstände festzustellen: So ist die Kindersterblichkeit mit 52 von 1 000 zwar niedriger als die in Gesamtpakistan mit 65 von 1 000, gleichwohl aber deutlich höher als in entwickelten Staaten. Ebenso weist die Analphabetenquote mit 32 % einen relativ günstigen Wert auf, im globalen Vergleich werden hier jedoch Merkmale eines Entwicklungslandes deutlich (M 5, M 6).

Teilaufgabe 3

„Kritisch Stellung nehmen" (Operator des Anforderungsbereiches III) heißt, dass Sie sich reflektiert mit den von Ihnen aufgezeigten Sachverhalten auseinandersetzen müssen. In dieser Teilaufgabe wird von Ihnen erwartet, dass Sie die Ziele und Maßnahmen der Stadtplanung bis 2020 kritisch reflektieren und zu einer begründeten Bewertung gelangen. Berücksichtigen Sie dabei auch die demographische Entwicklung (M 2–M 8).

Bevölkerungsprognose 2025

Laut Vorhersage soll die Bevölkerung Karachis von derzeit 15,5 Mio. auf 20,2 Mio. Einwohner im Jahr 2025 anwachsen – mit dem Zwischenwert von 17,7 Mio. Einwohnern im Jahr 2020. Die Probleme der Stadt werden damit zunehmen. Gegenmaßnahmen, die auch finanziert werden müssen, sind dringend notwendig (M 3).

Der Karachi Strategic Development Plan 2020

Bereits 2007 wurde der Entwicklungsplan („Karachi Strategic Development Plan") vorgelegt, sodass zum jetzigen Zeitpunkt – zumindest teilweise – eine Zwischenbilanz zu folgenden Bereichen möglich ist: Wohnen und Bauen, Verkehr, Bildungswesen und allgemeine Infrastrukturausstattung. Allerdings weist der Plan an mehreren Stellen keine absoluten Zahlen auf, sodass eine Zwischenbilanz in mancher Hinsicht schwierig oder nicht möglich ist.

Positiv zu wertende geplante Maßnahmen

Vor dem Hintergrund des enorm hohen Anteils der in Marginalsiedlungen Lebenden kommt den geplanten **Entlastungsstädten** und **Wohnungen für Einwohner mit niedrigem Einkommen** eine besonders große Bedeutung zu. Auch das Bauen in die Höhe im Stadtkernbereich macht Sinn in Anbetracht der bereits erfolgten Flächenexpansion der Stadt sowie der Rolle als funktionale Primacy – allerdings erfordern „Skyscraper"-Baumaßnahmen umfangreiche finanzielle Mittel. Ebenso sinnvoll und notwendig sind der **Ausbau des ÖPNV** und die **verkehrsmäßigen Entlastungen im weiteren Stadtkernbereich**, u. a. durch eine 32 km lange Ringeisenbahn. Die geplanten **Maßnahmen zur Verbesserung der Infrastruktur**, v. a. im Hinblick auf den Anschluss an das städtische Trink- und Brauchwassernetz, aber auch der Anschluss an das Stromversorgungsnetz, sind ebenso unumgänglich wie die Zielsetzungen bezüglich der Abfallbewältigung.

Die deutlichsten Aussagen enthält der Plan zur **Weiterentwicklung des Bildungswesens**. Angefangen bei den Allgemeinbildenden Schulen bis hin zur Ausbildung hochqualifizierter Arbeitskräfte durch Fach- und Hochschulen sieht der Plan wichtige Investitionen in „Köpfe"/Menschen vor, von denen die Stadt und auch das gesamte Land später werden profitieren können.

Bedenken gegen einzelne Ziele

Fragwürdig erscheinen die Elemente des Plans, in denen **Zuschüsse zu Bauvorhaben der Oberschicht** vorgesehen sind, oder die **Attraktivitätssteigerung von Innenstadtbereichen** durch Fußgängerzonen. Dies wird weite Bevölkerungsschichten nicht tangieren, stellt Gelder bereit für diejenige Bevölkerungsgruppe, die bereits deutlich überproportional über finanzielle Eigenmittel verfügt. Eine weitere Zentrenausstattung wird zudem ggf. noch mehr Zuwanderer anlocken – eine Wirkung, die sicher so nicht beabsichtigt sein kann.

Ein erstes Zwischenfazit 2011

Die ersten Zwischenergebnisse aus dem Jahr 2011 ergeben Unterschiedliches: Zwar wurde das **ÖPNV-Angebot** durch Busse und Minibusse deutlich **erweitert** – gleichzeitig nahm jedoch auch der Individual- und Taxiverkehr fast in demselben Maße zu, was darauf hindeutet, dass die **ÖPNV-Maßnahmen nicht ausreichen**. Zwar existiert 2011 bereits die Ringeisenbahn – Aussagen zum Transportvolumen vor- und nachher liegen jedoch nicht vor. Von der bis 2015 geplanten Versorgung der gesamten Stadtbevölkerung mit sauberem Trinkwasser war Karachi 2011 mit 72 % noch weit entfernt. Hingegen wurde das Ziel der Müllentsorgung bereits leicht übertroffen, wenngleich die dauerhafte und sachgerechte Verbringung in geschlossene Anlagen mit nur 29 % noch gering ist. Vergleichende Aussagen zum Bildungssektor sind mithilfe des vorliegenden Materials nicht möglich; positiv angeführt werden kann allerdings, dass die Alphabetisierungsrate in Karachi 2010 mit 68 % deutlich über derjenigen Pakistans mit 55 % lag (M 5, M 6, M 8).

Die **Stadtplanung setzt deutlich auf die „Anwerbung ausländischer Investoren“**. Was sich so einfach liest, wird sich wohl als das Hauptproblem herausstellen, zumal es seit 2009 weltweit in wirtschaftlicher Hinsicht eine Rezession gegeben hat. Ausländische Investoren benötigen Vertrauen in die Politik und das soziale Umfeld, v. a. in Entwicklungsländern. Sie erwarten eine Aussicht auf Wachstum und Gewinn und rechnen auch mit der Entwicklung des Binnenmarktes. Der große Anteil an No-Go-Areas, die Kriminalstatistik und zahlreiche Gated Communities spiegeln ein solches sicheres Umfeld nicht wider, deuten vielmehr auf soziale Unruhe hin. Die Kaufkraft des lokalen Marktes ist in Anbetracht der hohen Armutsrate und des niedrigen durchschnittlichen Monatseinkommens als nicht sehr hoch einzuschätzen. Das prognostizierte Bevölkerungswachstum bis 2025 lässt die Befürchtung aufkommen, dass viele der in Angriff genommenen Maßnahmen vor diesem Hintergrund teilweise wirkungslos sein könnten. Fazit

So stellt sich letztlich die Frage nach der Aussicht auf ADI. Ohne diese dürften viele der ehrgeizigen Ziele kaum zu erreichen sein, erst recht nicht, wenn der Zuzug weiterer Stadtbewohner wie in der Vergangenheit ungebremst stattfindet und zugelassen wird.

Grundkurs Geographie (NRW) – Abiturprüfung 2015
Aufgabe 3

Thema
Strukturen und Prozesse landwirtschaftlicher Produktion im globalen Wettbewerb – Kaffeeanbau in Vietnam

Aufgabenstellung Punkte

1. Lokalisieren Sie Vietnam und beschreiben Sie die naturgeographischen Voraussetzungen für den Kaffeeanbau sowie seine Verbreitung in Vietnam. 19
2. Erläutern Sie die Entwicklung und Bedeutung des Kaffeeanbaus in Vietnam. 33
3. Erörtern Sie die Zukunftsfähigkeit des Kaffeeanbaus in Vietnam. 28

Zugelassene Hilfsmittel

- der an der Schule in der Qualifikationsphase überwiegend verwendete Atlas, in einer für alle Prüflinge gleichen Auflage
- Wörterbuch zur deutschen Rechtschreibung
- Taschenrechner

Materialgrundlage

M 1 Atlaskarten nach Wahl

M 2 Kaffeeanbau- und Waldgebiete in Vietnam (siehe Farbabbildungen)

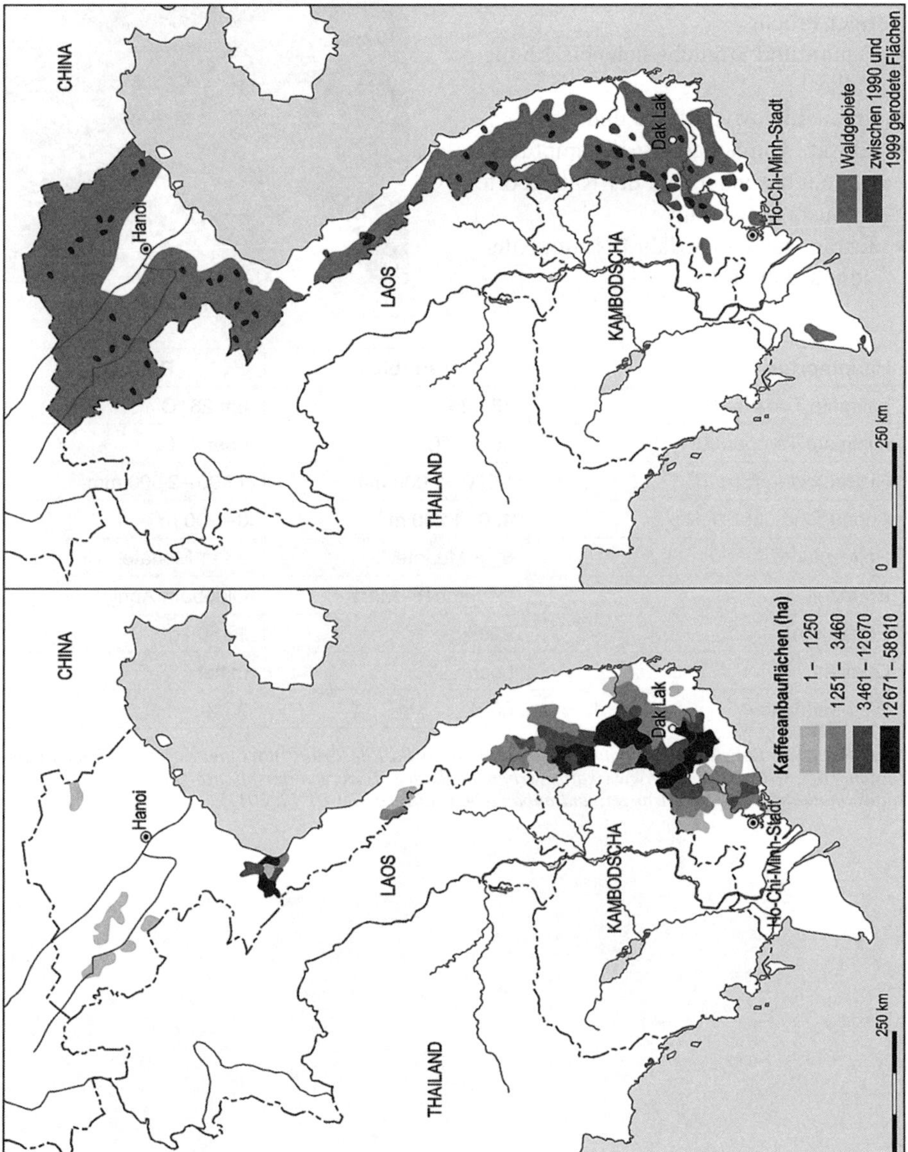

Quelle: © cartomedia, Karlsruhe

M 3 Steckbrief Kaffeepflanze

- tropische Nutzpflanze mit kirschartiger Frucht
- Baum- und Strauchwuchs bis 2,5 m Höhe
- arbeitsintensive Pflege und Ernte
- Einsatz von Schädlingsbekämpfungsmitteln besonders bei der Kaffeesorte Robusta notwendig
- Erträge ab dem 4. Jahr bis zum Alter von 20 Jahren

Kaffeepflanze

Hauptsorten	**Arabica**	**Robusta**
optimale Temperatur	18–25 °C	um 26 °C
minimale Temperatur	über 0 °C	über 8 °C
Niederschlagsbedarf	1 000–2 000 mm	1 500–2 000 mm
Anbauhöhe über N. N.	400–1 200 m	0–900 m
Reifezeit	6–8 Monate	9–11 Monate
Erntezeit	November–März	Oktober–April
Ertrag je ha	820 kg	1 450 kg
Qualität	hoch	mittel
Weltmarktanteil	60 %	36 %

Foto: Fernando Rebelo; http://commons.wikimedia.org/wiki/File:FruitColors.jpg; cc-by-sa 3.0 unported; zusammengestellt nach: http://www.kaffeeverband.de/kaffeewissen/von-der-pflanze-zur-bohne/kaffeeanbau/anbauvoraussetzungen-und-anbaugebiete (Zugriff am 10. 12. 2011)

M 4 Klima Dak Lak

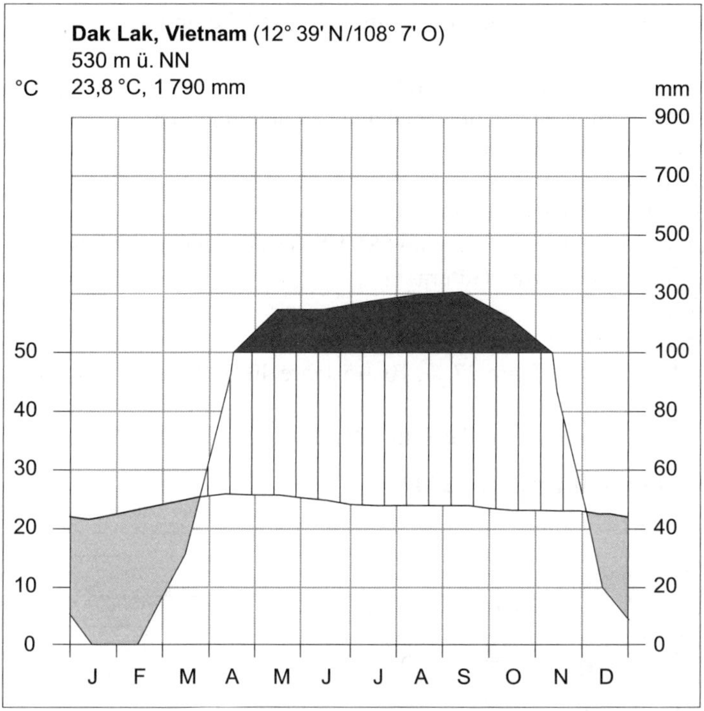

nach Daten von: http://www.weatherbase.com/weather/weatherall.php3?s=57884&refer=$refer&cityname=Buon-Me-Thuot-Dak-Lak-Vietnam&units =metric (Zugriff 16. 01. 2012)

M 5 Kaffeesektor Vietnam: Indikatoren

- Steuerung und Förderung durch staatliche Institutionen seit Anfang der 1990er-Jahre
- Erschließung von Anbauflächen in Bergwäldern
- Ansiedlung von Bevölkerung aus dicht besiedelten Tieflandregionen
- 95 % der Anbaufläche Sorte Robusta
- ca. 500 000 ständige Arbeitsplätze
- ca. 2 000 000 Beschäftigte im Kaffeesektor
- Arbeits-/Transportkosten je Tonne: Vietnam 585 US-$ (Indonesien 822 US-$)
- 2,64 % Anteil an allen produzierten Gütern
- 1,53 % Kaffee-Anteil am BIP
- zweitgrößtes Kaffeeexportland der Welt nach Brasilien
- Alter der Kaffeepflanzen: 0–9 Jahre 27 %, 10–15 Jahre 40 %, 15–20 Jahre 24 %, > 20 Jahre 9 %

(Statistische Angaben beziehen sich auf das Jahr 2012.)

Anzahl der Betriebe und Besitzgrößen (2009)

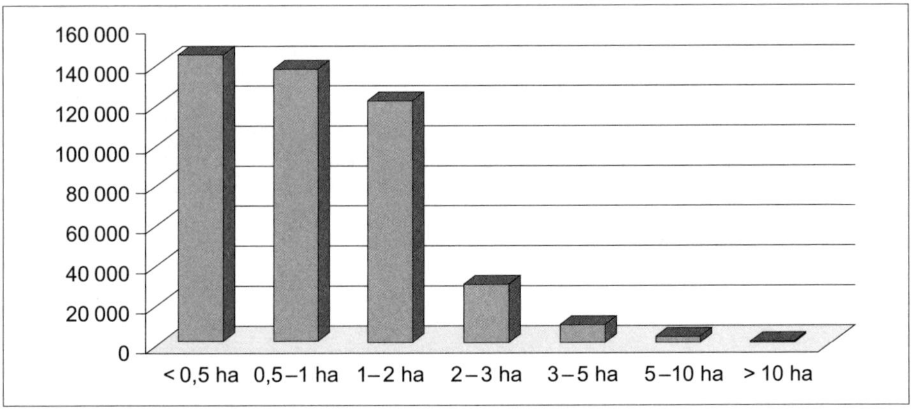

zusammengestellt nach:
http://www.gfbv.de/inhaltsDok.php?id=486&highlight=montagnards;
http://www.ico.org/countries/vietnam.pdf;
http://www.ico.org/historical/2010-19/PDF/EXPCALY.pdf (Zugriff jeweils 10. 6. 2014);
http://gain.fas.usda.gov/Recent%20GAIN%20Publications/Coffee%20Annal_Hanoi_Vietnam_5-21-2013.pdf (Zugriff 23. 06. 2014)

M 6 Vietnam: Kaffeeproduktion

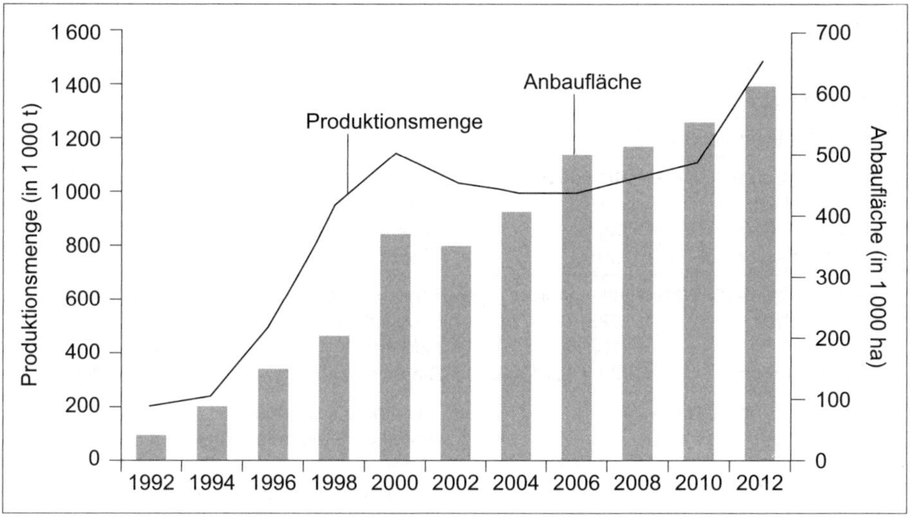

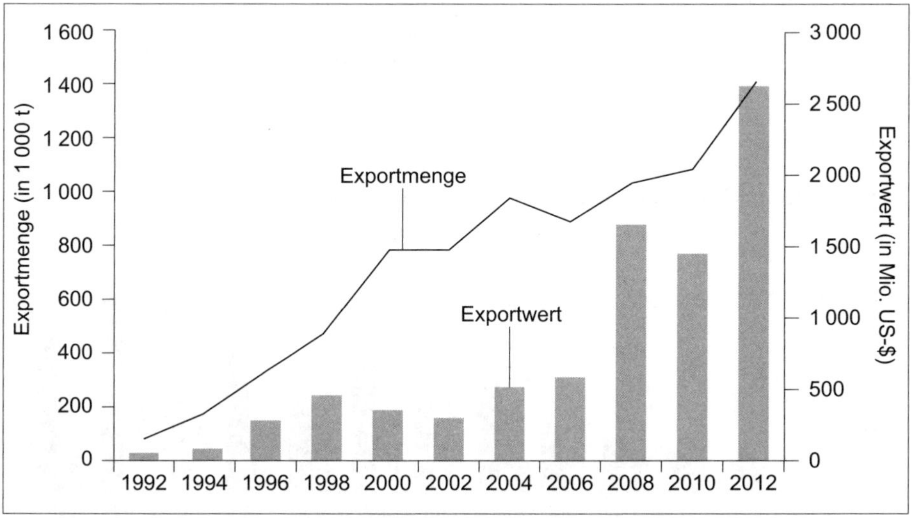

zusammengestellt nach:
http://dev.ico.org/event_pdfs/wcc2010/presentations/wcc2010-son-e.pdf (Zugriff 05. 12. 2013);
http://www.ico.org/countries/vietnam.pdf;
http://www.docstoc.com/docs/27139628/COFFEE-PRODUCTION-AND-CONSUMPTION-IN-VIETNAM-Prepared-by-Nguyen-;
http://www.vietrade.gov.vn/en/index.php?option=com_content&view=article&id=953:coffee&catid=271:vietnams-major-export-sectors&Itemid=240 (Zugriff jeweils 10. 06. 2014)

M 7 Vietnam: sozioökonomische Daten

2001		2013	
Einwohner: 79 526 300 (2002)		Einwohner: 93 421 835	
Wachstumsrate: 1,9 %		Wachstumsrate: 1,01 %	
BIP pro Einwohner: 410 US-$		BIP pro Einwohner: 3 930 US-$	
Anteil am BIP nach Wirtschaftssektoren:		Anteil am BIP nach Wirtschaftssektoren:	
Landwirtschaft	24 %	Landwirtschaft	19,3 %
Industrie	38 %	Industrie	38,5 %
Dienstleistungen	39 %	Dienstleistungen	42,2 %
Erwerbstätige nach Wirtschaftssektoren:		Erwerbstätige nach Wirtschaftssektoren:	
Landwirtschaft	62,6 %	Landwirtschaft	48 %
Industrie	13,1 %	Industrie	21 %
Dienstleistungen	24,3 % (2000)	Dienstleistungen	31 % (2009)
Wichtigste Exportgüter (Anteil am Gesamtexport)		Wichtigste Exportgüter (Anteil am Gesamtexport)	
Rohöl	21,1 %	Rohöl	18 %
Textilien und Bekleidung	13,3 %	Textilien und Bekleidung	16 %
Schuhe, Accessoires	6,0 %	Schuhe, Accessoires	8 %
Fisch und Meeresfrüchte	12,0 %	Meeresfrüchte	8 %
Reis und Kaffee	11,6 %	Reis und Kaffee	7 %
		Elektronikerzeugnisse	6 %

zusammengestellt nach:
Der Fischer Weltalmanach 2002 und 2011. Frankfurt/Main: Fischer 2001 und 2010; https://www.cia.gov/library/publications/the-world-factbook/geos/vm.html (Zugriff 23. 06. 2014)

M 8 Weltmarktpreis der Kaffeesorten Arabica und Robusta

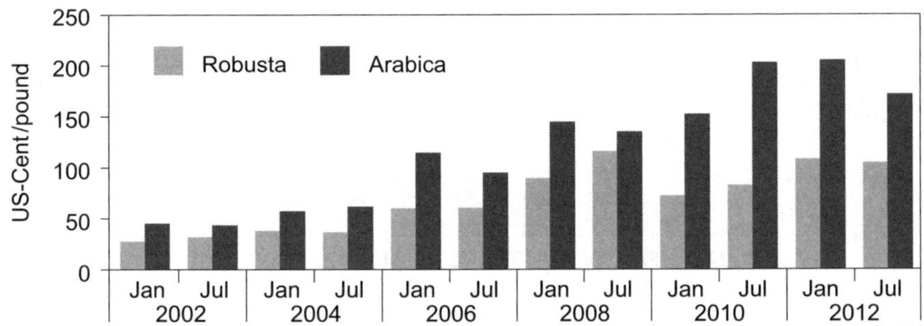

Anmerkung: Gewichtseinheit 1 pound entspricht 453 g.

zusammengestellt nach:
http://www.indexmundi.com/de/rohstoffpreise/?ware=arabica-kaffee&monate=120; http://www.indexmundi.com/de/rohstoffpreise/?ware=robusta-kaffee&monate=180 (Zugriff jeweils 23. 06. 2014)

Die Aufgabe bezieht sich auf die folgenden **inhaltlichen Schwerpunkte:**
- Klima- und Vegetationszonen in ihrer unterschiedlichen Bedeutung für die Entwicklung von Räumen
  - Mechanisierung, Intensivierung und Spezialisierung als Kennzeichen einer industrialisierten Landwirtschaft in der gemäßigten Zone, den Subtropen und den Tropen
- Ernährungspotenzial für eine wachsende Weltbevölkerung zwischen Subsistenzwirtschaft und Agrobusiness
  - Subsistenzwirtschaft versus Marktorientierung

Lösungsvorschlag

Berücksichtigen Sie die Tipps für die Anfertigung der Abiturklausur (siehe S. 7 ff.). Denken Sie zum Beispiel daran, Ihre Ausführungen mithilfe von Zwischenüberschriften zu gliedern. Wenn Sie einen neuen Sachverhalt vorstellen, geben Sie am Ende des (Sinn-)Abschnittes die Materialbelege in Klammern an. Achten Sie auf eine allgemein- und fachsprachlich angemessene Darstellung.

Teilaufgabe 1

Der Operator „beschreiben" (Anforderungsbereich I) verlangt, dass Sie einen Sachverhalt materialgestützt mit eigenen Worten geordnet wiedergeben. In dieser Teilaufgabe sollen Sie im Anschluss an die räumliche Einordnung Vietnams die natürlichen Voraussetzungen für den dortigen Kaffeeanbau sowie dessen regionale Verteilung erarbeiten (M 1–M 4). Denken Sie daran, dass Sie bei der räumlichen Einordnung Lagekriterien anführen, die für die Aufgabe relevant sind; eine stereotype Einordnung mithilfe des Gradnetzes reicht nicht aus.

Lage

Der **südostasiatische Staat** Vietnam liegt in den **Tropen** zwischen 8 und 23° n. Br.; er erstreckt sich über mehr als 1 600 km von N nach S, seine breiteste O-W-Ausdehnung beträgt 600 km, seine schmalste nur ca. 50 km. Von N nach S grenzt das Land an China, Laos und Kambodscha. Die gesamte Ostseite besitzt eine **durchgehende Küste zum Südchinesischen Meer** vom Golf von Tonkin im Norden bis zum Bereich des Mekongdeltas und westlich davon Kap Ca Mau im S. Den Grenzraum im Westen zu Laos und zu Teilen Kambodschas bildet das **Annam-Gebirge** mit Höhen bis 2 598 m (M 1, M 2).

Ansprüche der Kaffeepflanze

Die beiden auf dem Weltmarkt vertretenen Hauptkaffeesorten **Arabica** und **Robusta** haben leicht unterschiedliche Ansprüche an das Klima, weswegen sich ihre Verbreitungsgebiete z. T. unterscheiden. Beide benötigen für ein starkes Wachstum **tropische**

Temperaturen zwischen 18 und 26 °C, wobei Robusta-Pflanzen diesen Höchstwert erfordern sowie ein Temperaturminimum von +8 °C, wohingegen Arabica-Pflanzen bereits ab 0 °C gedeihen. Letztere kommen ggf. mit 1 000 mm **Jahresniederschlag** aus, während die Sorte Robusta mit mindestens 1 500 mm ein feuchteres Klima benötigt; beide **vertragen bis zu 2 000 mm** Jahresniederschlag. Die Arabica-Sorte reift mit 6–8 Monaten drei Monate schneller als die Robusta-Sorte; beider Erntezeiten liegen zeitparallel zwischen Oktober und April. Bei einem deutlich niedrigeren Flächenertrag von 820 zu 1 450 kg je ha besitzt die **Arabica-Sorte hohe Qualität**; hingegen weist die ertragreichere **Robusta-Sorte** nur eine **mittlere Qualität** auf (M 3).

Voraussetzungen für den Kaffeeanbau in Vietnam

Auf die Pflanzenansprüche bezogen findet der Kaffeeanbau in weiten Teilen Vietnams **ideale Anbauvoraussetzungen**. Zum einen ist der gesamte mittlere, bergige und überwiegend bewaldete Teil Vietnams mit Höhen von überwiegend zwischen 500 und 1 000 m N. N. ein geeigneter Standort. Zum anderen ist das **Klima in der wärmeren Südhälfte** des Landes in diesem Mittelgebirgsbereich günstig, z. B. weist Dak Lak eine durchschnittliche Temperatur von 23,8 °C und Jahresniederschläge von 1 790 mm auf (M 1, M 4).

Hauptanbaugebiete von Kaffee in Vietnam

Die Hauptanbauregion von Kaffee in Vietnam befindet sich in der **Südhälfte des Landes** zwischen Quang Ngai und Ho-Chi-Minh-Stadt, darunter vier Teilregionen mit bis zu 58 610 ha Kaffeeanbauflächen. Ein kleinerer Schwerpunkt befindet sich westlich von Vinh sowohl in der Küstenebene als auch auf den angrenzenden Hochflächen. Daneben gibt es westlich von Hanoi kleinere Anbauregionen mit bis zu 1 250 ha großen Anbauflächen in den flacheren Bereichen des Tonkin-Gebirges beiderseits des Schwarzen Flusses (M 1, M 2).

Teilaufgabe 2

Der Operator „erläutern" (Anforderungsbereich II) fordert von Ihnen, dass Sie aus dem Material entnehmbare Zusammenhänge verdeutlichen. In dieser Teilaufgabe sollen Sie die Entwicklung des Kaffeeanbaus in Vietnam sowie dessen sozioökonomische Bedeutung aufzeigen (M 2, M 3, M 5–M 8).

Steigerung des Anbaus mit staatlicher Hilfe

Seit der „Steuerung und Förderung durch staatliche Institutionen seit Anfang der 1990er-Jahre" (M 5) nahm der Kaffeeanbau rapide zu. So wurden vor allem im westlichen Teil des südlichen Anbaugebietes in der Nähe von Ho-Chi-Minh-Stadt, aber auch in der Mitte bei Hue sowie punktuell westlich von Hanoi neue **Anbauflächen durch Rodung von Waldflächen gewonnen**. In diesem Zuge wurde Bevölkerung aus den dichter besiedelten Tieflandregionen des Landes in diese Bergregionen **umgesiedelt**. Diese Dezentralisierungsmaßnahme war/ist in demographischer Hinsicht ein nicht unwichtiger Beitrag zur Verhinderung von Metropolisierungsprozessen und einer Zunahme des Zentrum-Peripherie-Gefälles zwischen den beiden großen Zentren Hanoi im Nordteil bzw. Ho-Chi-Minh-Stadt im Südteil des Landes und den jeweiligen ländlichen Hinterlandregionen. Im Zusammenhang mit der weiterhin jährlich um 1 % wachsenden Bevölkerung ist eine **Erschließung von** bis dahin nicht oder **kaum besiedelten Regionen des Landes** sinnvoll (M 2, M 5 – M 7).

Binnen acht Jahren seit 1992 **stieg die Produktionsmenge** von 200 000 auf 1,1 Mio. t bei gleichzeitiger **Ausweitung der Anbaufläche** von 50 000 auf über 400 000 ha an. Nach einer Stagnationsphase ist seit 2010 das momentane Produktionshoch von mehr als 1,4 Mio. t bei einer nochmaligen Ausweitung der Gesamtanbaufläche von über 600 000 ha im Jahr 2012 erzielt worden (M 6).

Anteil am Weltmarkt

Dabei hat in Vietnam die Robusta-Sorte mit 95 % einen deutlich höheren Anteil als auf dem Weltmarkt (36 %), hingegen spielt die qualitativ bessere und auf dem Weltmarkt dominierende Sorte Arabica (60 %) in Vietnam mit nur 5 % eine **untergeordnete Rolle**. **Für den Binnenmarkt** hat der Kaffeeanbau in Vietnam kaum Bedeutung, die jährliche Ernte geht fast geschlossen in den Export. Dieser ist mit kurzen Phasen der Stagnation bzw. leichtem jährlichen Rückgang von 1992 bis 2012 von knapp 100 000 auf ca. 1,4 Mio. t gestiegen. Gleichzeitig wurde der **Exportwert gesteigert** bei allerdings zwischenzeitlich deutlichen Schwankungen seit 1992 von unter 100 000 auf über 2,5 Mio. US-$ im Jahr 2012, als Vietnam nach Brasilien der zweitgrößte Kaffeeexporteur der Welt war (M 3, M 5, M 6).

Der Kaffeeanbau als Beschäftigungsfaktor

Im Kaffeeanbau Vietnams arbeitet fast eine halbe Million dauerhaft Beschäftigter. **Insgesamt sind 2 Millionen Menschen im Kaffeesektor tätig**, z. B. auch in den nachgelagerten Bereichen wie Weiterverarbeitung, Transport oder Handel. Die Kaffeepflanze erfordert intensive Arbeit während des ganzen Jahres für Pflege, Schädlingsbekämpfung und Ernte. Es dominieren **kleinbäuerliche Strukturen** mit ca. 400 000 Betrieben, die eine Besitzgröße von unter 0,5 – 2 ha aufweisen sowie weiteren ca. 25 000 mit einer

Besitzgröße zwischen 2 und 5 ha. Im Vergleich damit haben größere Betriebe keine nennenswerte Bedeutung (M 5).

Gesamtwirtschaftliche Bedeutung

Trotz der hohen Beschäftigtenzahl spielt der **Kaffeeanbau** mit nur 2,64 % Anteil an allen produzierten Gütern des Landes sowie sogar nur 1,53 % BIP-Anteil im Jahr 2012 eine **nachrangige Rolle**. Hierbei hat die Landwirtschaft insgesamt und damit auch der Kaffeeanbau im Zuge des seit 2001 erkennbaren **gesamtwirtschaftlichen Strukturwandels in Vietnam** eine immer geringere Bedeutung besessen: So ist die Anzahl der im primären Sektor Beschäftigten von 63 auf 48 % gesunken, der Anteil am BIP von 24 auf 19 %, schließlich der Exportanteil der wichtigsten Landwirtschaftserzeugnisse von 24 auf 15 % (M 5, M 7).

Gleichwohl sind die Erlöse aus dem Weltmarktverkauf von **Kaffee als Cash Crop** wichtige **Deviseneinnahmen** für Vietnam. Hierbei ist allerdings zu berücksichtigen, dass der **Weltmarktpreis** für beide Kaffeesorten seit 2002 **wiederholt schwankte,** besonders bei der Sorte Robusta sehr deutlich. Der Höchstwert von ca. 120 US-Cent pro pound aus dem Jahr 2008 konnte bis zur Gegenwart nicht wieder erzielt werden, wenngleich er nach dem Zwischentief von 2010 im Zuge der allgemeinen weltwirtschaftlichen Rezession nach 2009 bis 2012 auf über 100 Cent pro pound wiederangestiegen ist. Als Folge davon verzeichnete Vietnam, nach deutlichen Rückgängen bereits 1998 bis 2002, einen nochmaligen Rückgang des Kaffeeexportwertes von 2008 bis 2010, vor einem zuletzt jedoch deutlichen Wiederanstieg von 2010 bis 2012 auf den neuen Höchstwert von 2,5 Mrd. US-$ (M 6, M 8).

Teilaufgabe 3

Der Operator „erörtern“ (Anforderungsbereich III) verlangt von Ihnen das begründete Abwägen zwischen Pro und Kontra mit dem Ziel einer eigenen Urteilsbildung am Schluss. In dieser Teilaufgabe sollen Sie begründet darlegen, wie groß Sie die Zukunftsfähigkeit des vietnamesischen Kaffeeanbaus einschätzen (M 2, M 3, M 5–M 8). Denken Sie daran, dass Sie nicht nur das Geschriebene wiederholen, sondern ein schlüssiges Fazit auf Basis von Argumenten formulieren.

Positive Ausblicke

Diese **Steigerung der Produktions- und Exportmenge seit 2010** ist einer der Gründe, weshalb man die weitere Entwicklung des Kaffeeanbaus in Vietnam optimistisch betrachten kann, ebenso die **positive Preisentwicklung für Robusta-Kaffeesorten** seit Januar 2010. Als zweitgrößter Kaffeeexporteur nach Brasilien verfügt

Vietnam zudem über eine bedeutende Position auf dem Weltkaffeemarkt. Die **günstigen Gestehungskosten** je Tonne produzierten Kaffees im internationalen Vergleich, z. B. mit Indonesien, lassen den vietnamesischen Kaffee konkurrenzfähig erscheinen. Mit einer denkbaren Ausweitung der Anbauflächen verbunden sein könnten zudem weitere Umsiedlungsmaßnahmen, die den Verdichtungsräumen Vietnams im Sinne einer Entlastung zugutekommen würden (M 5, M 6, M 8).

Abhängigkeit vom Weltmarkt

Das **unausgewogene Verhältnis von Robusta- und Arabica-Kaffee** bedeutet eine unnötig **große Abhängigkeit von Schwankungen auf dem Kaffeeweltmarkt** – die Vergangenheit hat gezeigt, dass die jeweilige Preisentwicklung durchaus unterschiedlich verläuft. Und da aufgrund der natürlichen Gegebenheiten mehr Arabica-Kaffeepflanzen angebaut werden könnten, wäre eine solche Änderung des Produktionsanteils sinnvoll. Eventuell wird dies möglich und auch notwendig, da die vietnamesischen Kaffeepflanzen ein durchschnittlich recht hohes Alter aufweisen, wovon 9 % sogar schon das Höchstalter von 20 Jahren überschritten haben. Hier werden **Neuanpflanzungen** im großen Stil notwendig werden, was u. a. auch hohe Investitionskosten mit sich bringt (M 3, M 5, M 8).

Risiken weiterer Flächenexpansion

Eine weitere Ausweitung der Anbauflächen ist v. a. in Bergregionen denkbar – mit Blick auf die langsame Zunahme seit 2002 und den nicht parallel dazu angestiegenen Produktionsumfang ist eine Skepsis bezüglich weiterer Flächenexpansion angebracht. Zum einen handelt es sich um Lagen in höheren **Regionen mit weniger günstigen klimatischen Bedingungen**. Zum anderen sind die notwendigen **Rodungen** unter ökologischen Gesichtspunkten negativ zu sehen, da als Folge davon die **ökologische Vielfalt in Mitleidenschaft gezogen** wird. Der v. a. bei der Robusta-Pflanze notwendige Einsatz von Schädlingsbekämpfungsmitteln stellt eine weitere **Belastung des Ökosystems** dar (M 2, M 3, M 6).

Allgemeiner Bedeutungsverlust der Landwirtschaft

Vietnams Gesamtwirtschaft weist seit 2001 deutlich erkennbare **Ansätze zu einer Tertiärisierung** auf – in diesem Zuge haben sich die Bewertungsparameter für die Landwirtschaft und damit auch für den Kaffeeanbau negativ entwickelt. Weitere ökonomische Zugewinne, auf die das Land angewiesen ist, dürften eher im sekundären Sektor, z. B. durch die Ausweitung der weiterverarbeitenden Industrien, oder im tertiären Sektor zu erwarten sein (M 7).

Der Kaffeeanbau wird nicht zuletzt wegen seiner **Beschäftigungsintensität** auch in Zukunft ein wichtiges Standbein der landwirtschaftlichen Produktion in Vietnam bleiben. Ob seine ökonomische Gesamtbedeutung erhalten oder gar ausgeweitet werden kann, wird von der allgemeinen Nachfrage auf dem Weltmarkt und dem Weltmarktpreis ebenso abhängen wie von **strukturellen Modernisierungsmaßnahmen** in Vietnam. Fazit

Leistungskurs Geographie (NRW) – Abiturprüfung 2015
Aufgabe 1

Thema

Rohstoffförderung als zukunftsfähiger regionaler Entwicklungsimpuls für periphere Räume? – Das Beispiel Norilsk/Russland

Aufgabenstellung

	Punkte
1. Lokalisieren Sie Norilsk und kennzeichnen Sie die in der Region Norilsk gegebenen naturgeographischen Voraussetzungen für eine industrielle Entwicklung.	22
2. Erläutern Sie vor diesem Hintergrund die wirtschaftliche und demographische Entwicklung von Norilsk.	31
3. Nehmen Sie zur Themenfrage kritisch Stellung.	27

Zugelassene Hilfsmittel

- der an der Schule in der Qualifikationsphase überwiegend verwendete Atlas, in einer für alle Prüflinge gleichen Auflage
- Wörterbuch zur deutschen Rechtschreibung
- Taschenrechner

Materialgrundlage

M 1 Atlaskarten nach Wahl

M 2 Region Norilsk 2012
(siehe Farbabbildungen)

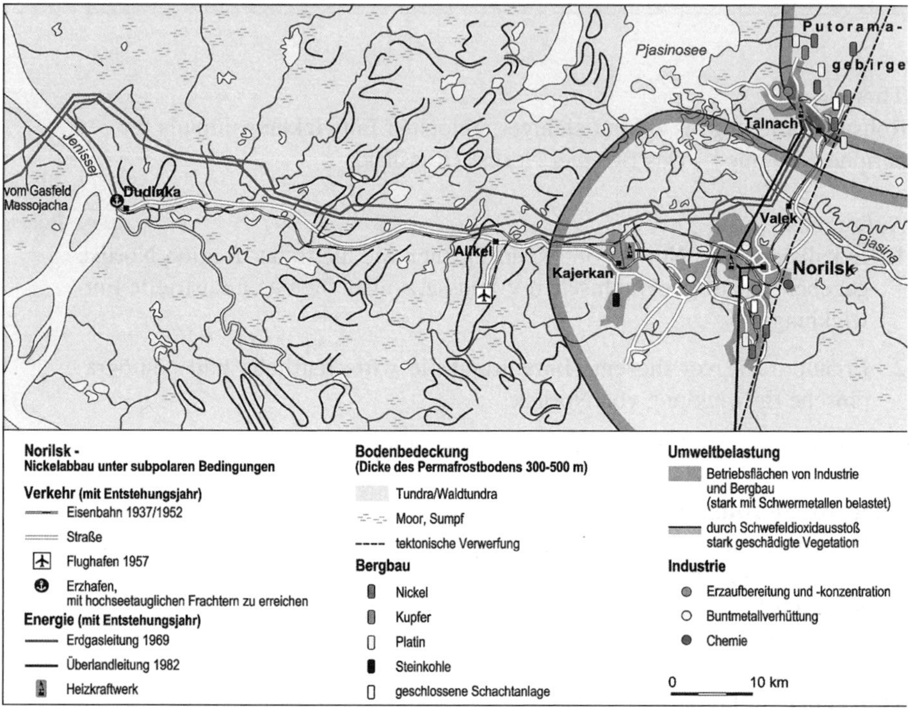

Quelle: © cartomedia, Karlsruhe

M 3 Klima in der Region Norilsk

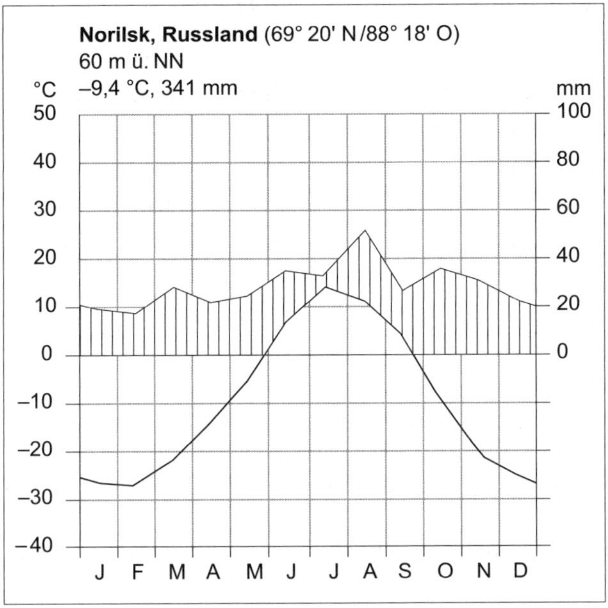

Nördliche Breite	Tage ohne Sonnen-aufgang (Polarnacht)
66,5°	1
70°	60

erstellt nach Daten von: www.weatherbase.com;
nach: Harms Handbuch der Erdkunde, Bd. VIII: Physische Geographie; Schroedel 1994

Auswirkungen des Klimas

Permafrostboden (Dauerfrostboden) im Raum Norilsk

- Definition Permafrostboden: Boden, Sediment oder Gestein, das mindestens 2 Jahre ununterbrochen Temperaturen unter dem Gefrierpunkt aufweist
- Oberste Schicht taut im Sommer auf; Dicke der Auftauschicht im Raum Norilsk 0,2–1,6 m

Vereisung des Jenessej

- Fluss ist bis auf die Sommermonate vereist
- Einsatz von Eisbrechern notwendig

Verhalten verschiedener Materialien bei Temperaturen unter minus 20 °C

- Diesel flockt aus, weist zunehmend verringerte Fließfähigkeit auf
- Metallische Werkstoffe und Gummi werden spröde, brechen bei mechanischer Belastung

Stoffabbau

- Dauer der Zersetzung von Erdöl: viele Jahre (in wärmeren Regionen dauert dies nur Monate)
- Ähnliches gilt für die Zersetzung von Biomüll und anderen Abfällen

M 4 Ressourcen in der Region Norilsk (Stand 31. 12. 2011)

	in Mio. Tonnen		in Tonnen		
	Nickel	**Kupfer**	**Palladium**	**Platin**	**Gold**
Sichere Ressourcen	1,93	3,50	891	250	45
Wahrscheinliche Ressourcen	2,59	4,16	931	230	50
Ressourcen insgesamt	4,52	7,66	1 822	480	95
Vermutete weitere Ressourcen	7,86	15,29	4 233	1 205	265

Anmerkung: Angegeben ist der Metallanteil der Erze.

Quelle: www.bloomberg.com

Merkmale der Ressourcen

- Abbau der Erze in rund 1 300 m Tiefe (Ausnahme: ein Tagebau in Norilsk)
- Metallgehalt der Erze im Raum Norilsk: Nickel ca. 1,5 %; Kupfer ca. 2,7 %
- Wirtschaftlichkeit des Abbaus von Nickelerzen: ab einem Nickelgehalt des Erzes von 0,5 %
- Wirtschaftlichkeit des Abbaus von Kupfererzen: ab einem Kupfergehalt des Erzes von 0,3 %

Hauptsächliche Nutzung der Metalle

- Gold: Schmuck, Elektrobauteile, Zahnfüllungen/-kronen, Münzen und Barren (Hortung)
- Platinmetalle (Platin, Palladium): Schmuck, Katalysatoren, Elektronikbauteile
- Nickel: Stahlveredlung (Erhöhung der Korrosionsbeständigkeit/Härte), Modeschmuck, Laborgeräte
- Kupfer: Münzen, Stromkabel, Kessel, Rohre, elektrische Motoren, Solarzellen, Schaltgeräte

Quelle: Klaus Achim Boesler: Rohstoffwirtschaft. Frankfurt am Main: Diesterweg, Aarau: Sauerländer, 1989, S. 121 ff.

M 5 Entwicklung von Norilsk

Anfang 1930er-Jahre	Entdeckung von Bodenschatzvorkommen in der Region Norilsk
1935	Gründung eines Industriestandortes in Norilsk durch die sowjetische Führung
1939	Beschluss der politischen Führung der Sowjetunion, in Norilsk eine Stadt zu errichten; Beginn der Nickelproduktion
1956 bis 1989	staatliche Vergünstigungen für Arbeitskräfte, unter anderem höhere Löhne, Anwartschaft auf ein Auto, früheres Renteneintrittsalter
1980er-Jahre	Durchschnittsalter der Bevölkerung: 26 Jahre
1989	staatliche Verfügung: Vereinigung des Norilsker Kombinates mit weiteren Metall-Kombinaten und Unternehmen zu *Norilsk Nickel*
1991	Ende der Sowjetunion; Norilsk gehört nun zu Russland
1993	Umwandlung des Staatsbetriebes *Norilsk Nickel* in eine Aktiengesellschaft
2000/2001	• Umstrukturierung und Umbenennung von *Norilsk Nickel* in *MMC Norilsk Nickel* • Unternehmen nun weltweit tätig; Firmensitz ist Moskau • Unternehmen ist in Norilsk einziger Arbeitgeber in Bergbau und Metallindustrie
ab 2001	• Zunahme der Arbeitslosen- und Rentnerzahlen • „Schließung" der Stadt für zuzugswillige Arbeitskräfte • Anreize für Abwanderungswillige (z. B. lebenslänglich zwei Renten)
2004	Durchschnittsalter der Bevölkerung: 40 Jahre
2011	*MMC Norilsk Nickel* erwirtschaftet rund 1,5 Prozent des russischen BIP

zusammengestellt nach:
D. Kanwischer und H. Oertel: Norilsk – Aufschwung oder Niedergang einer isolierten Stadt. In: Praxis Geographie, Heft 6, 2006, S. 32 f.;
H. Kiegel und M. Schneider: Norilsk – Nickelabbau unter subpolaren Bedingungen.
http://www.heimatundwelt.de/kartenansicht.xtp?artId=978-3-14-100262-1&stichwort=Nickel&fs=1;
http://www.nornik.ru/en/development/social_policy2010/personnel_characteristics/ (Zugriff 07. 04. 2013)

M 6 Einwohner- und Beschäftigtenentwicklung

Einwohner Region Norilsk

Jahr	1939	1959	1970	1979	1989	2002	2010	2012
Einwohner	13 886	114 609	149 521	231 781	265 403	220 602	175 365	177 273

zusammengestellt nach: http://pop-stat.mashke.org/russia-cities.htm (Basis Volkszählungsdaten)

Beschäftigte Norilsk Nickel

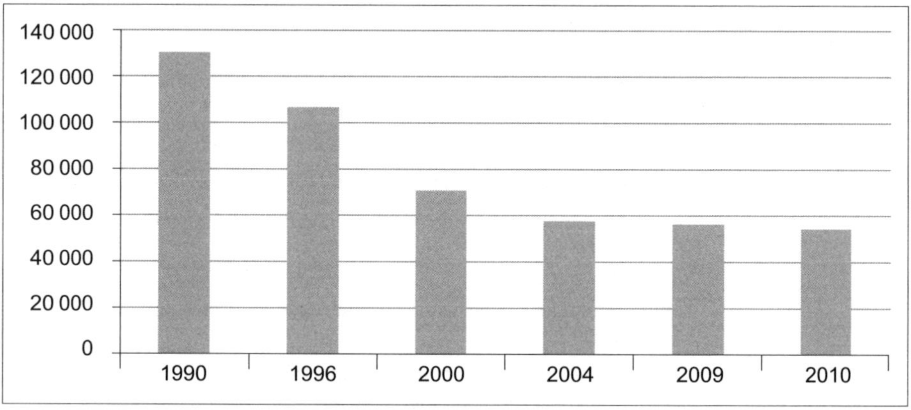

zusammengestellt nach: Norilsk Nickel; www.nornik.ru, Stand 2013

M 7 Rohstoffförderung und Metallproduktion in der Region Norilsk

Erzförderung insgesamt

Jahr	2001	2004	2007	2011	Planung 2025
Gefördertes Erz (Mio. t)	12,6	13,8	15,0	16,6	29,7

Gewonnenes Metall

Jahr	2001	2004	2007	2011
Kupfer (1000 t)	384	353	338	304
Nickel (1000 t)	125	127	119	124

zusammengestellt nach: Norilsk Nickel; www.nornik.ru, Stand 2011

Zum Vergleich

Die führenden Kupferproduzenten der Welt 2011

Staat	Chile	VR China	Peru	USA	...	Russ-land	WELT
Kupfer (1 000 t)	5 260	1 310	1 240	1 110	...	713	16 100

Die führenden Nickelproduzenten der Welt 2011

Staat	Indonesien	Philippinen	Russland	Kanada	Australien	WELT
Nickel (1 000 t)	290	270	267	220	215	1 940

zusammengestellt nach: Copper Development Association und USGS Stand 2011

M 8 Preise und Lagerbestände von Nickel und Kupfer

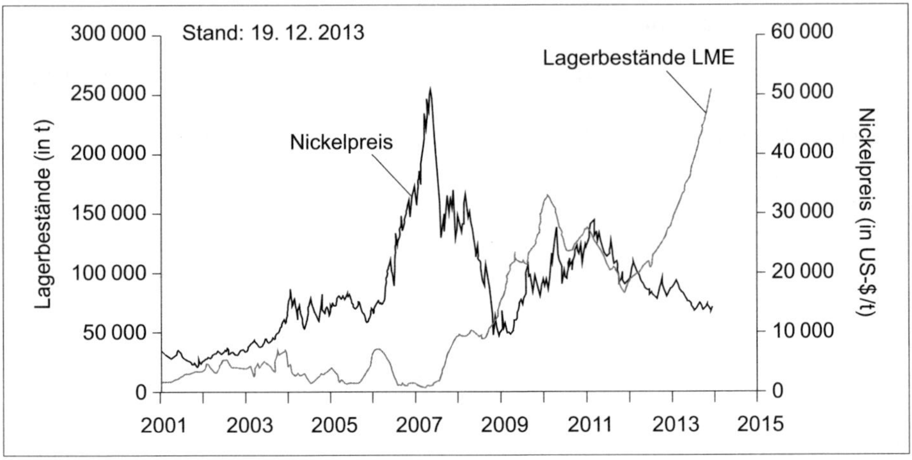

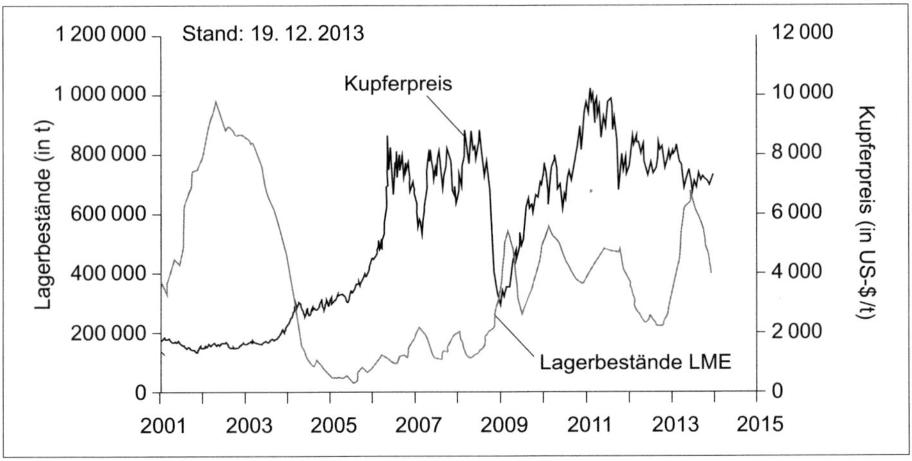

Anmerkungen: LME: London Metal Exchange (Londoner Metallbörse); Lagerbestände an Nickel werden fast ausschließlich, Lagerbestände an Kupfer in großen Teilen an der LME notiert.

nach: http://www.markt-daten.de/charts/rohstoffe/nickel.htm; http://www.markt-daten.de/charts/rohstoffe/kupfer.htm (Zugriff jeweils 11. 01. 2014)

M 9 Umwelt-Situation in der Region Norilsk

Jahr	Ausstoß von Schwefeldioxid in der Region Norilsk (Mio. t)	Ausstoß von Schwefeldioxid in Deutschland insgesamt (Mio. t)
1990	2,2	5,3
2000	2,3	0,7
2010	1,8	0,5

Anmerkung: Schwefeldioxid: stechend riechendes Gas; starke Reizwirkung auf Schleimhäute; führt zu saurem Regen

Weitere Emissionen

- Kohlendioxid; Staub, der Nickel, Kupfer, Cadmium, Kobalt, Blei, Selen sowie radioaktives Strontium-90 und Cäsium-137 enthält
- Seit 2000 hat Norilsk Nickel nach eigenen Angaben hohe Investitionen im Umweltschutz getätigt; dieses habe, nach Angaben der Firma, zur Verringerung insbesondere des Ausstoßes an Stäuben geführt

zusammengestellt nach: http://www.infomine.ru/pages/148; http://www.rusnature.info/env/21_7.htm; http://www.themoscowtimes.com/news/article/city-of-norilsk-still-tops-pollution-list/439413.html (Zugriff jeweils 01. 06. 2013)

M 10 Leben in Norilsk

Auch 2010 hat Norilsk Nickel nach eigenen Angaben neue Sozialprogramme und Rentenfonds aufgelegt. „Soziale Verantwortung wahrzunehmen, ist ein unverzichtbarer Bestandteil unserer Firmenphilosophie. […] Die Jahre der [weltweiten Wirtschafts-]Krise haben deutlich gezeigt, dass die Mitarbeiter der wichtigste Aktivposten der Firma sind. Daher investiert Norilsk Nickel ernsthaft in die Entwicklung von Sozialprogrammen für seine Beschäftigten wie auch für die Einwohner jener Regionen, in denen das Unternehmen arbeitet […]", so Vyacheslav Poltavtsev, stellvertretender Generaldirektor und Leiter der Abteilung für Zusammenarbeit mit Verwaltungs- und Sozialbehörden 2010.

zusammengestellt nach:
http://www.nornik.ru/_upload/editor_files/file1694.pdf;
http://www.nornik.ru/_upload/news_lang/UBS_GGEM_pro.pdf;
http://www.welt.de/print-welt/artide308353/Haerter-als-Metall.html (Zugriff jeweils 08. 04. 2013)

Die Aufgabe bezieht sich auf die folgenden **inhaltlichen Schwerpunkte:**
- Wandel von Standortfaktoren in seiner Wirkung auf industrieräumliche Strukturen
  - Hauptphasen des industriellen Strukturwandels
  - Standortentscheidungen und -vernetzung (Cluster) im Zusammenhang mit harten und weichen Standortfaktoren
- Veränderung von Konsummustern und Wertorientierungen als wesentliche Voraussetzungen für nachhaltiges Wirtschaften in der Einen Welt
  - Ökobilanzierung, u. a. ökologischer Fußabdruck und ökologischer Rucksack
- Raumbedarf und Tragfähigkeit im Zusammenhang mit demographischen Prozessen
  - Ursachen und Folgen von Wanderungsbewegungen

Lösungsvorschlag

Berücksichtigen Sie die Tipps für die Anfertigung der Abiturklausur (siehe S. 7 ff.). Denken Sie zum Beispiel daran, Ihre Ausführungen mithilfe von Zwischenüberschriften zu gliedern. Wenn Sie einen neuen Sachverhalt vorstellen, geben Sie am Ende des (Sinn-)Abschnitts die Materialbelege in Klammern an.

Teilaufgabe 1

Der Operator „lokalisieren" (Anforderungsbereich I) erfordert zunächst die Einordnung des Raumbeispiels Norilsk in Ihnen bekannte Orientierungsraster. Anschließend sollen Sie gemäß den Anforderungen an den Operator „kennzeichnen" (Anforderungsbereich II) einen Raum bzw. einen Sachverhalt auf der Grundlage bestimmter Kriterien begründet charakterisieren. In dieser Teilaufgabe sollen Sie die naturgeographischen Voraussetzungen in der Region Norilsk im Hinblick auf eine industrielle Entwicklung verdeutlichen. Es kann ein Zwischenfazit gezogen werden (M 1–M 7).

Lage

Norilsk ist eine Stadt im Norden Russlands und liegt **nördlich des Polarkreises** bei 69 °N und 88 °O. Sie hat ca. 180 000 Einwohner, die Region ist insgesamt aber nur gering besiedelt. Die Stadt liegt am Fluss Pjasina südlich des Pjasinosees, auf der anderen Flussseite befindet sich die Stadt Talnach. Norilsk liegt an einer Eisenbahnlinie, die von Talnach kommend über Norilsk nach Westen führt und am Fluss Jenessej endet. Fast parallel hierzu verlaufen eine Straße sowie zwei Erdgasleitungen (M 1, M 2, M 6).

Klima und Boden

Die Region Norilsk ist durch das Klima der **Tundra** geprägt, welches der Grund für die **geringe Besiedlungsdichte** ist und

Probleme für die industrielle Entwicklung mit sich bringt. Die **Jahresdurchschnittstemperatur** liegt bei –9,4 °C. Von Dezember bis Februar fallen die Durchschnittstemperaturen auf bis zu –28 °C, nur zwischen Mai und September steigen die Temperaturen auf über 0 °C an. Das **Temperaturmaximum** liegt im Juli bei durchschnittlich 14 °C. Der Jahresniederschlag ist mit 341 mm eher gering. In der Region gibt es **Permafrostboden**, dessen Dicke 300–500 m beträgt. Die oberste Schicht taut im Sommer bis zu einer Tiefe von 0,2 bis 1,6 m auf, während die darunterliegenden Bodenschichten immer Temperaturen unter dem Gefrierpunkt aufweisen. Norilsk liegt im Gebiet der **Polarnacht**, die nördlich des Polarkreises auftritt und hier fast 60 Tage andauert (M 1–M 3).

Rohstoffvorkommen und -förderung

Die Region verfügt über vielfältige **Rohstoffvorkommen**. Dazu gehören die Metallerze Nickel, Kupfer, Palladium, Gold und Platin, die in unterschiedlichen Bereichen der industriellen Produktion genutzt werden. Die Lagerstätten der Metallerze liegen südlich des Zentrums von Norilsk an der Eisenbahnlinie sowie in Talnach am Fuß des Putoramagebirges. Im Jahr 2011 wurden 16,6 Mio. t dieser Erze in Norilsk gefördert. Daraus wurden 304 000 t Kupfer und 124 000 t Nickel gewonnen (M 2, M 4, M 7).

Naturgeographische Hemmnisse

Der Abbau der Rohstoffe wird jedoch durch die naturgeographischen Bedingungen beeinträchtigt. Die meisten Vorkommen befinden sich in großer Tiefe von rund 1 300 m, was den Abbau im **Untertagebau** und den Bau von Förderschächten notwendig macht. Durch den **Permafrostboden** wird die Förderung untertage zusätzlich erschwert, da dieser im Winter gefroren ist; im Sommer wird der Boden durch das Auftauen der obersten Schicht **instabil**. Auch das Verhalten anderer Materialien schränkt die Möglichkeiten der Rohstoffförderung, vor allem bei großer Kälte in den Wintermonaten, ein. So flockt Diesel bei unter –20 °C aus und seine Fließfähigkeit verringert sich, metallische Werkstoffe und Gummi werden spröde. Das Klima bereitet außerdem Probleme beim Ausbau von **Verkehrswegen**, die für eine industrielle Entwicklung notwendig sind; es ist nur eine Eisenbahn- und Straßenverbindung von Talnach bis zum Fluss Jenessej vorhanden. Der weitere **Transport** der Rohstoffe oder anderer Güter über den Wasserweg ist ebenso problematisch wie aufwendig, da der Jenessej abgesehen von den Sommermonaten **vereist** ist und Eisbrecher eingesetzt werden müssen, um den Fluss in den übrigen Monaten **schiffbar zu machen**. Aufgrund dieser Schwierigkeiten setzte eine **industrielle Entwicklung** erst Mitte der 1930er-Jahre ein, nachdem die Rohstoffvorkommen entdeckt worden waren (M 1, M 2, M 3, M 5).

Eignung als Industriestandort

Zusammenfassend lässt sich feststellen, dass die Region Norilsk zwar in Bezug auf die Rohstoffvorkommen eine günstige Ausgangssituation für eine industrielle Entwicklung hat, diese jedoch durch die naturgeographischen Bedingungen sowie die periphere Lage beeinträchtigt wird.

Teilaufgabe 2

Der Operator „erläutern" (Anforderungsbereich II) verlangt von Ihnen, dass Sie aus dem Material entnehmbare Zusammenhänge verdeutlichen. In dieser Teilaufgabe sollen Sie die wirtschaftliche und demographische Entwicklung von Norilsk verdeutlichen (M 2–M 7).

Bergbaustandort Norilsk

Aufgrund der **Rohstofffunde** zu Beginn der 1930er-Jahre wurde durch die damalige **sowjetische Regierung** ein **Industriestandort** in Norilsk gegründet. Ende der 1930er-Jahre erging der Beschluss, die Stadt Norilsk zu errichten, und es wurde mit der Nickelproduktion begonnen. Die Stadt entstand in räumlicher **Nähe zu den Rohstoffvorkommen** und die **Einwohnerzahl** betrug 1939 13 886. In Folge von **staatlichen Vergünstigungen** für Arbeitskräfte, die nach 1956 gewährt wurden, stieg die Einwohnerzahl kontinuierlich an. 1959 lag sie bei 114 609, bis 1989 hatte sie sich mehr als verdoppelt und lag bei 265 403 (M 2, M 5, M 6).

Da die **Wirtschaftlichkeit des Abbaus** durch den hohen Metallgehalt der Erze von 1,5 % bei Nickel und 2,7 % bei Kupfer gegeben war, entstanden im Zuge der **Industrialisierung** nach und nach verschiedene **Bergbaustandorte** für die Förderung von Nickel und Kupfer, aber auch Platin sowie vereinzelte **Industriestandorte** zur Aufbereitung und Konzentration von Erz und zur Verhüttung von Buntmetall sowie Standorte der chemischen Industrie, jedoch keine Standorte zur Weiterverarbeitung bzw. zur industriellen Produktion.

Infrastruktur

Auch die **Infrastruktur** wurde nur im Sinne der industriellen Entwicklung aufgebaut. Eine **Bahnlinie**, die ab 1937 gebaut wurde, führt entlang der Bergbau- und Industriestandorte und dient zum Abtransport der Erze und Metalle. Sie endet in Dudinka, wo die Rohstoffe über den dort errichteten **Erzhafen**, der mit hochseetauglichen Frachtern erreichbar ist, über den Wasserweg weitertransportiert werden können. Zur **Energiegewinnung** wurden zwei

Heizkraftwerke in Norilsk und eines in Talnach errichtet. Sie werden über eine Erdgaspipeline vom Gasfeld Messojacha beliefert und sind über Überlandleitungen miteinander verbunden. 1957 wurde außerdem ein **Flughafen** ca. 20 km westlich der Stadt errichtet, der über die Bahnlinie an Norilsk angebunden ist (M 2, M 4).

Entwicklung von Bevölkerung und Beschäftigung

Schließlich betrug die **Beschäftigtenzahl** 1990 130 000 und *Norilsk Nickel*, ein durch eine staatliche Verfügung gebildetes **staatliches Unternehmen**, war der einzige Arbeitgeber in der Region. Nach dem Ende der Sowjetunion 1991 wurde der Staatsbetrieb nach und nach **umstrukturiert**. 1993 erfolgte zunächst die Umwandlung in eine AG und das Unternehmen entwickelte sich infolgedessen zum **weltweit operierenden** *MMC Norilsk Nickel* mit Firmensitz in Moskau. Die **Beschäftigtenzahlen** sanken stetig, von 1990 bis 2000 halbierten sich diese nahezu, in den folgenden zehn Jahren nahmen sie noch um weitere ca. 15 000 ab. Eine ähnliche Entwicklung wird bei der **Einwohnerzahl** deutlich: Nach 1989 ist diese ebenfalls stetig gesunken. Direkt nach der Umstrukturierung ist im Jahr 2002 eine Abnahme von ca. 45 000 zu verzeichnen, in den folgenden acht Jahren von weiteren 45 000 Einwohnern. Von 2010 bis 2012 kam es zu einem leichten Wiederanstieg von ca. 2 000 Einwohnern. Das **Altern der Bevölkerung** ist eine Folge des Bevölkerungsrückgangs: Das Durchschnittsalter lag 2004 bei 40 Jahren, während es in den 1980er-Jahren 26 Jahre betrug. Diese Entwicklungen sind auf verschiedene **politische Maßnahmen** zurückzuführen, die ab 2001 getroffen wurden. Im Gegensatz zu den während der Industrialisierungsphase gewährten Vergünstigungen, um Arbeiter in diesen durch die klimatischen Bedingungen siedlungsfeindlichen Raum zu locken, wurden nun **Anreize für Abwanderungswillige** geschaffen. Für zuzugswillige Arbeitskräfte wurde die Stadt „geschlossen“ (M 3, M 5 – M 6).

Russland als Metallproduzent

Dennoch ist die **Fördermenge** von Erzen nach der Umstrukturierung des Unternehmens gestiegen. 2001 lag die Fördermenge bei 12,6 Mio. t, 2011 4 Mio. t darüber. Dagegen ist die Menge an **gewonnenem Metall** gesunken. Bei Kupfer waren es 2011 80 000 t weniger als 2001, die Nickelgewinnung ist von 2001 bis 2007 zunächst um 6 000 t reduziert worden, bis 2011 aber wieder um 5 000 t gestiegen. Im **internationalen Vergleich** zeigt sich die Stellung Russlands als **Metallproduzent**. Der führende Kupferförderer Chile produziert etwa die siebenfache Menge dieses Metalls, China fast doppelt so viel wie Russland. Bei der Nickelgewinnung steht Russland weltweit an dritter Stelle nach Indonesien und den Philippinen. Dabei trägt alleine das Unternehmen Norilsk Nickel 1,5 % zur Erwirtschaftung des BIP Russlands bei (M 5, M 7).

Teilaufgabe 3

Der Operator „kritisch Stellung nehmen" (Anforderungsbereich III) fordert von Ihnen das Abwägen unterschiedlicher Argumente mit dem Ziel, zu einer abschließenden begründeten Einschätzung eines Sachverhaltes zu kommen. In dieser Teilaufgabe wird von Ihnen erwartet, dass Sie sich auf die Themenfrage „Rohstoffförderung als zukunftsfähiger regionaler Entwicklungsimpuls für periphere Räume?" beziehen. Im Hinblick hierauf sollen Sie Aspekte anführen, die für eine positive Entwicklung sprechen, aber auch auf Probleme eingehen, die die zukünftige wirtschaftliche Entwicklung beeinträchtigen. Auf der Grundlage Ihrer Argumentation sollen Sie abschließend ein begründetes Urteil formulieren (M 1–M 10).

Die Frage, ob die Rohstoffförderung einen zukunftsfähigen regionalen Entwicklungsimpuls für die periphere Region Norilsk darstellt, muss vor dem Hintergrund ökonomischer, sozialer und ökologischer Aspekte bewertet werden.

Ökonomische Aspekte

Der bedeutendste **Standortfaktor** für die industrielle Entwicklung der Region Norilsk sind die Rohstoffvorkommen. Die vorhandenen Kupfer- und Nickelerze weisen einen hohen Metallgehalt auf, der die **Wirtschaftlichkeit** des Abbaus gewährleistet, die bei Nickelerz bei einem 0,5-prozentigen Metallgehalt beginnt, bei Kupfererz ab 0,3 %. Darüber hinaus besteht weltweit eine große **Nachfrage** nach **metallischen Rohstoffen** für die industrielle Produktion, u. a. in der Elektronikbranche. Die **Lagerbestände** von Nickel und Kupfer, die an der Londoner Metallbörse notiert werden, zeigen seit 2001 erhebliche Schwankungen. Bei Kupfer ist jedoch generell ein Trend zu geringerem Angebot gegeben, während die Lagerbestände von Nickel tendenziell ansteigen. Dies wirkt sich auf die **Weltmarktpreise** für diese Metalle aus, sodass bei geringen Lagerbeständen die Preise steigen, während sie bei wachsenden Lagerbeständen sinken. Da eine nachlassende Nachfrage nach diesen Rohstoffen nicht zu erwarten ist, verfügt die Region Norilsk durch die verschiedenen Rohstoffvorkommen über eine sichere Einnahmequelle (M 4, M 8).

Soziale und ökologische Aspekte

Die Zukunftsfähigkeit des Standortes Norilsk wird auch durch die **Unternehmenspolitik** von *MMC Norilsk Nickel* sowie die

Planungen für die Erzförderung bestätigt. Im Zuge der Umwandlung zu einem weltweit operierenden Unternehmen wurden verschiedene Maßnahmen getroffen, die den Arbeitsplatzabbau und einen erheblichen Bevölkerungsrückgang zur Folge hatten. Dennoch zeigt die Planung, bis 2025 die Erzförderung in Norilsk auf 29,7 Mio. t fast zu verdoppeln, dass das Unternehmen an diesem Standort festhalten möchte. Daher waren diese Maßnahmen zwar einschneidend, dienten aber insgesamt der Sicherung der **Wettbewerbsfähigkeit** in einem weltweit umkämpften Markt. Seit 2010 hat das Unternehmen nach eigenen Angaben außerdem neue **Sozialprogramme** und **Rentenfonds** aufgelegt, mit denen die verbliebenen Arbeitskräfte an das Unternehmen gebunden werden sollen. Auch im Bereich des **Umweltschutzes**, vor allem mit dem Ziel der **Verringerung von Emissionen**, hat sich das Unternehmen engagiert. Hiermit übernimmt der Konzern **soziale Verantwortung** für seine Mitarbeiter und den Ort, an dem diese leben. Die Bedeutung des Unternehmens für die russische Wirtschaft sowie die Stabilisierung der Bevölkerungszahl seit 2010 untermauern eine mögliche positive Zukunft des Standorts (M 5–M 7, M 10).

Standortnachteile

Dennoch sind die Probleme dieses Standortes nicht zu unterschätzen. Die Lage in der **Peripherie** in einer **lebensfeindlichen Umgebung** stellt einen **Standortnachteil** dar. Bisher basiert die Entwicklung der Industrie lediglich auf den Rohstoffvorkommen und auch die Infrastruktur wurde so ausgebaut, dass sie der Erzförderung bzw. Aufbereitung der Metalle dient. An einen weiteren Ausbau der Industrie in Form von Produktionsbetrieben ist aufgrund der **Entfernung zu den Absatzmärkten** und der klimatischen Bedingungen nicht zu denken. Sowohl der erschwerte Abtransport von Waren (Zufrieren der Gewässer) als auch das Verhalten von Werkstoffen bei großer Kälte beeinträchtigen die Wirtschaftlichkeit industrieller Produktion erheblich. Auch eine **Diversifizierung** der Wirtschaft erscheint aufgrund des wenig attraktiven Standortes unwahrscheinlich (M 2, M 3).

Die **Abhängigkeit** des Standortes von den Rohstoffvorkommen stellt einen weiteren Nachteil dar. Einerseits sind die Rohstoffe endlich, andererseits befinden sich die Lagerstätten in großer Tiefe und Rohstoffe können nur mit großem Aufwand im Untertagebau gefördert werden. Dies könnte sich langfristig zu einem wirtschaftlichen Nachteil für den Konzern *MMC Norilsk Nickel* entwickeln, der in **weltweiter Konkurrenz** steht und einen Gewinn erwirtschaften muss. Ein weiterer Abbau von Arbeitsplätzen oder sogar die Schließung des Standortes sind daher nicht unwahrscheinlich. Hierzu trägt auch die weltweite Verfügbarkeit der Rohstoffe als entscheidender Faktor bei. Für Nickel sind auf dem Weltmarkt bereits steigende Lagerbestände zu verzeichnen, die sich nachteilig auf die Weltmarktpreise und damit auf die Gewinne für Nickelproduzenten auswirken. In Zukunft wird zudem die Schließung der Stadt für zuzugswillige Arbeitskräfte ein Problem werden, da die **Überalterung** der Bevölkerung vorprogrammiert ist und langfristig die Verfügbarkeit von Arbeitskräften sinkt (M 1–M 5, M 8).

Umweltschäden

Trotz der Maßnahmen im Umweltschutz sind die über Jahrzehnte enstandenen **Umweltschäden** ein weiteres Problem, unter dem die Region langfristig leidet. Die **Schwefeldioxid-Emissionen** sind zwar auf 1,8 Mio. t jährlich verringert worden, liegen aber im Vergleich zu Deutschland immer noch um 1,3 Mio. t höher. Das Schwefeldioxid hat eine starke Reizwirkung auf die Schleimhäute von Menschen und führt zu saurem Regen. Durch den sauren Regen ist die Vegetation in einem Umkreis von 15–20 km um die Stadt Norilsk bereits stark geschädigt. Weitere Emissionen wie Kohlendioxid und Staub, der verschiedene Metallpartikel sowie **radioaktive Stoffe** enthält, verschlechtern die Umweltsituation zusätzlich. Die **Lebensqualität**, die aufgrund des Klimas und der Lage ohnehin eingeschränkt ist, wird hierdurch weiter verringert und die Gesundheit der Einwohner gefährdet (M 2, M 9).

Fazit

Bezugnehmend auf die Themenfrage wird deutlich, dass die Rohstoffförderung in der Region Norilsk keinen zukunftsfähigen regionalen Entwicklungsimpuls darstellt, da die Nachteile für die Bevölkerung durch die Abhängigkeit von einem Unternehmen und dem weltweiten Rohstoffmarkt und die Beeinträchtigung aufgrund der problematischen Umweltsituation überwiegen.

Leistungskurs Geographie (NRW) – Abiturprüfung 2015
Aufgabe 2

Thema

Energiepolitik als Auslöser agrarstruktureller Veränderungen
– Das Beispiel des Maisanbaus in Iowa/USA

Aufgabenstellung Punkte

1. Lokalisieren Sie Iowa und kennzeichnen Sie die Voraussetzungen für den Maisanbau in Iowa. 20
2. Erläutern Sie die Entwicklung des Maisanbaus und der Maisnutzung in Iowa seit 1980. 30
3. Erörtern Sie die Zukunftsperspektiven des Maisanbaus in Iowa vor dem Hintergrund aktueller Entwicklungen im Energiesektor der USA. 30

Zugelassene Hilfsmittel

- der an der Schule in der Qualifikationsphase überwiegend verwendete Atlas, in einer für alle Prüflinge gleichen Auflage
- Wörterbuch zur deutschen Rechtschreibung
- Taschenrechner

Materialgrundlage

M 1 Atlaskarten nach Wahl

M 2 Steckbrief Iowa 2012

		Iowa	USA
Bevölkerung (Mio.)	ländliche Regionen	1,3	45,9
	städtische Regionen	1,8	268,0
Pro-Kopf-Einkommen (US-Dollar)	ländliche Regionen	43 024	35 324
	städtische Regionen	44 595	45 188
Arbeitslosenquote (%)	2012	5,2	8,1
	2013	4,6	7,4
Landfläche (Mio. acres*)		35,7	2 260,6
Landwirtschaftliche Nutzfläche (Mio. acres)		30,6	914,5
Ackerfläche (Mio. acres)		26,3	389,7
Anteil bewässerte Ackerfläche (%)		0,6	13,4
Durchschnittsgröße landwirtschaftlicher Betriebe (acres)		345	434
Anteil landwirtschaftlicher Betriebe mit … (%)	1–99 acres	44,0	54,6
	100–499 acres	33,7	30,4
	500–999 acres	13,1	6,8
	1 000–1 999 acres	7,4	4,3
	> 1 999 acres	1,9	3,9
BIP (Mrd. US-Dollar)		157	16 141
Beitrag der Landwirtschaft zum BIP (Mrd. US-Dollar)		11	167
Beitrag der Bioethanolproduktion zum BIP (Mrd. US-Dollar)		6	43
Arbeitsplätze in der Bioethanolproduktion (direkte und indirekte)		63 532	383 261

* 1 acre = 0,4047 ha

zusammengestellt nach: http://www.ethanolrfa.org/pages/annual-industry-outlook; http://quickfacts.census.gov/qfd/states/19000.html (Zugriff jeweils 20. 06. 2014)

M 3 Standortanforderungen Mais

- ursprüngliche Verbreitung der Pflanze: Tropen und Subtropen
- Körner stärkehaltig und damit zur Herstellung von Bioethanol geeignet
- Mindesttemperatur: zur Keimung 8–10 °C, in der Vegetationsperiode (Mai–September) über 13,5 °C
- Temperaturoptimum: zwischen 25 und 35 °C
- Mais verträgt keinen Frost
- für ein optimales Wachstum Wasserbedarf während der Vegetationsperiode (Mai–September) rund 460 bis 560 mm
- insgesamt keine hohen Ansprüche an die Bodenqualität

zusammengestellt nach: http:/www.klett.de/sixcms/media.php/229/104002_0806_pflanzen.pdf; http://www.maiskomitee.de/web/public/Produktion.aspx/Anbau/Standortanspr%C3%BCche/Boden (Zugriff jeweils 30. 03. 2011)

M 4 Naturräumliche Gegebenheiten in Iowa

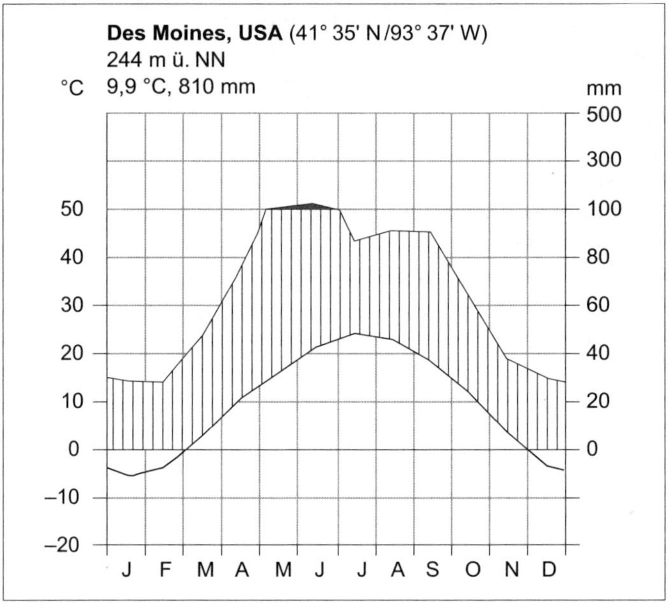

Quelle: Manfred J. Müller: Handbuch ausgewählter Klimastationen der Erde. Trier: Universität Trier, 1996, S. 247

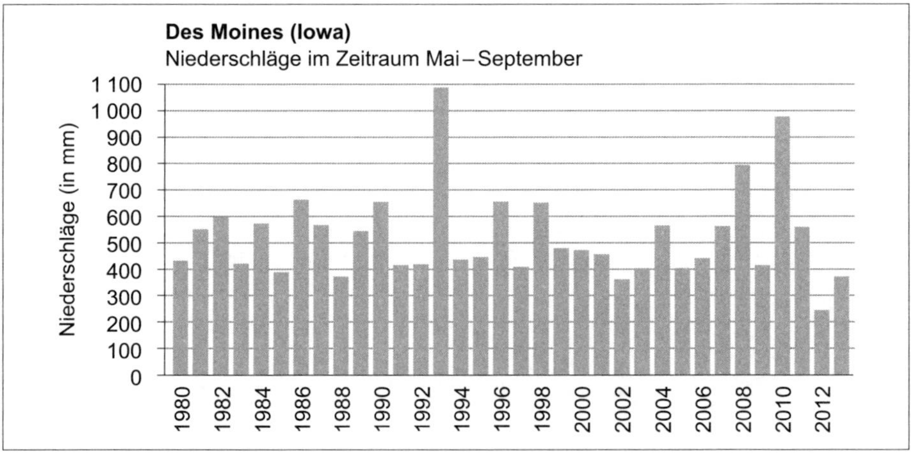

erstellt nach Daten von: U.S. Government Weather Stations (NOAA NWS NCDC)

M 5 Maisanbau in Iowa

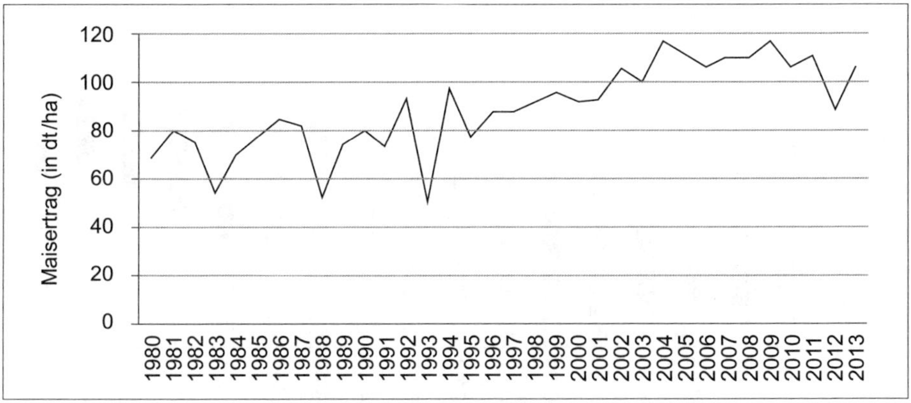

Anmerkung: durchschnittlicher Maisertrag in den USA 2013: 99,7 dt/ha

Kennzeichen des Maisanbaus in Iowa

	1980	1990	2000	2010	2013
Erntefläche Mais (Mio. acres)	13,3	12,4	12,0	13,1	13,1
Maisernte (Mio. t)	37,2	39,7	43,9	54,7	54,9
Anteil gentechnisch veränderter Mais (%)	k. A.	k. A.	30	90	91

Anmerkungen: Maiserntefläche in den USA 2013: 87,7 Mio. acres;
Maisernte in den USA 2013: 353,7 Mio. t

zusammengestellt nach:
http://usda.mannlib.cornell.edu/usda/nass/CropProdSu/1980s/1984/CropProdSu-01-00-1984.pdf;
http://usda.mannlib.cornell.edu/MannUsda/viewDocumentInfo.do?documentID=1047;
http://usda.mannlib.cornell.edu/usda/nass/Acre//2010s/2013/Acre-06-28-2013.pdf (Zugriff jeweils 18. 06. 2014)

M 6 Maisnutzung in Iowa (nach Erntejahren)

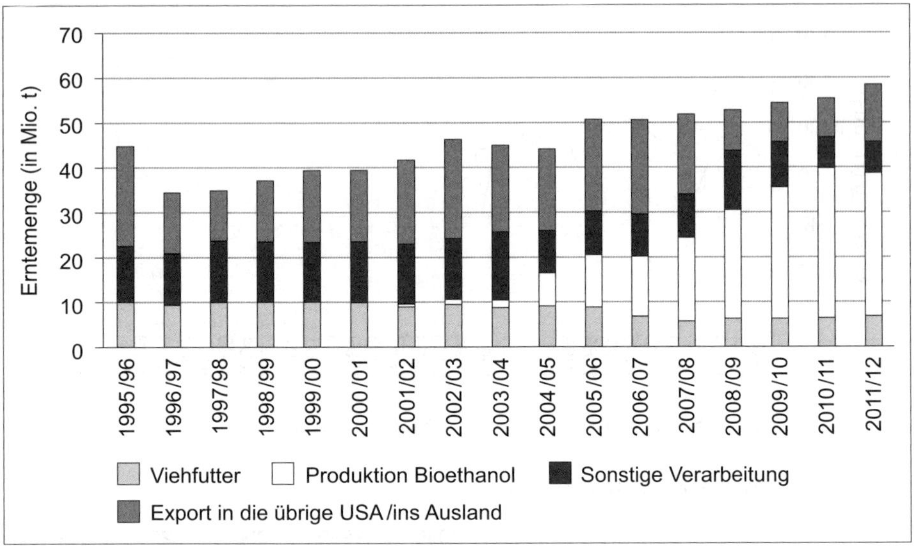

Anmerkung: Erntejahr: September bis August

zusammengestellt nach:
https://www.proexporter.com/library/documents/154/PRX_BS2_CornStateResults.pdf;
https://www.proexporter.com/library/documents/22/PRX_B_Corn.pdf;
http://www.iowarfa.org/documents/FIoss.pdf (Zugriff jeweils 20. 06. 2014)

M 7 Bioethanolproduktion in den USA

Steckbrief Bioethanol

- Bioethanol ist Ethanol (Alkohol), das aus Biomasse und/oder dem biologisch abbaubaren Teil von Abfällen hergestellt wird und für die Verwendung als Biokraftstoff bestimmt ist
- Herstellung vorwiegend aus: USA–Mais, Brasilien–Zuckerrohr, Deutschland–Weizen/Zuckerrüben
- Nutzung fast ausschließlich als Benzinbeimischung
- In USA produziertes Bioethanol wird ausschließlich in den USA genutzt
- Februar 2011: *Enogen*-Mais (gentechnisch optimierter Mais speziell für die Bioethanol-Produktion) für den Anbau in den USA zugelassen

	Ernteertrag (t/ha)	Bioethanolertrag (ltr/ha)	Einsparung an Treibhausgasen gegenüber aus Erdöl gewonnenem Benzin (%)
Mais	9,2	3 520	20–50*

* je nach Produktionsbedingungen der agrarischen Rohstoffe

Bioethanolproduktionskapazität (in Mrd. Liter pro Jahr)

		1998	2005	2008	2011	2014
Produktionskapazität Bioethanol-raffinerien (produzierend)	Iowa	1,4	3,6	7,8	13,6	15,0
	USA	6,6	15,0	29,9	51,1	52,9
Produktionskapazität Bioethanol-raffinerien (im Bau)	Iowa	k.A.	2,5	5,4	0	0,2
	USA	k.A.	3,9	21,0	2,1	0,6

zusammengestellt nach:
http://ec.europa.eu/energy/res/legislation/doc/biofuels/de_final.pdf;
http://zertifikate.commerzbank.de/SiteContent/1/1/2/457/93/160_Rohstoffstrategie.html;
http://www.greengear.de/bioethanol-der-alkohol-fur-den-tank/;
http://www.theeuropean.de/stratfor/12216-ethanolproduktion-und-lebensmittelkrisen;
http://www.transgen.de/pflanzenforschung/bioenergie/1031.doku.html (Zugriff jeweils 29. 11. 2013)

M 8 Energiepolitik in den USA

1978	*Energy Tax Act:* ermöglicht Steuerbefreiung der Biokraftstoffe; ein weiteres Bundesprogramm garantiert Darlehen für den Anbau von Mais für die Ethanolproduktion
1990	Verschärfung von Bundesgesetzen zur Verbesserung der Luftqualität vor allem in Städten durch Senkung der Verkehrsemissionen
2005	*Energy Policy Act (EPA):* Einführung von Steuerrückerstattungen und günstigen Krediten für Bioethanolproduzenten
2007	*Energy Independence and Security Act (EISA):* gibt nach dem „Renewable Fuel Standard Program (RFS)" eine steigende Beimischung von Ethanol in Kraftstoffen bis 2022 vor; Ziel: Verfünffachung der Produktion von Biokraftstoffen bis 2022 auf 136 Mrd. Liter
2011	• staatliche Förderung von Bioethanol aus Mais: insgesamt 47 US-Cent je Liter • Ende des Jahres laufen die Steuererleichterungen für Bioethanol-Maisfarmer aus • im Juni: US-Senat befürwortet Gesetzentwurf zur Abschaffung der staatlichen Förderung der Bioethanol-Industrie
2012	• Bioethanolanteile am Benzin: in zehn der 50 Bundesstaaten 10 % vorgeschrieben; im nationalen Durchschnitt Beimischung 8 % • Präsident Obama „ist überzeugt, dass Ethanol die Wirtschaft vorantreibt und ein Schlüsselelement für erneuerbare Energiequellen ist" • Klage von Industrieverbänden und Verbänden der Tierhalter gegen festgeschriebene Beimischungspflicht von Ethanol auf Maisbasis
2013	Nach dem RFS müssen 51,5 Mrd. Liter Bioethanol erzeugt und dem herkömmlichen Benzin beigefügt werden; erzeugt wurden 50,3 Mrd. Liter Bioethanol, davon 14 Mrd. Liter in Iowa

zusammengestellt nach:
http://www.ethanolrfa.org/pages/annual-industry-outlook (Zugriff 25. 09. 2013);
http://www.faz.net/aktuell/politik/wahl-in-amerika/maisanbau-in-amerika-im-tank-statt-auf-dem-teller-11860333.html;
http://www.reuters.com/article/2011/06/16/us-usa-senate-ethanol-idUSTRE75F5IN20110616 (Zugriff jeweils 19. 06. 2014)

M 9 Maispreis und Erdölpreis

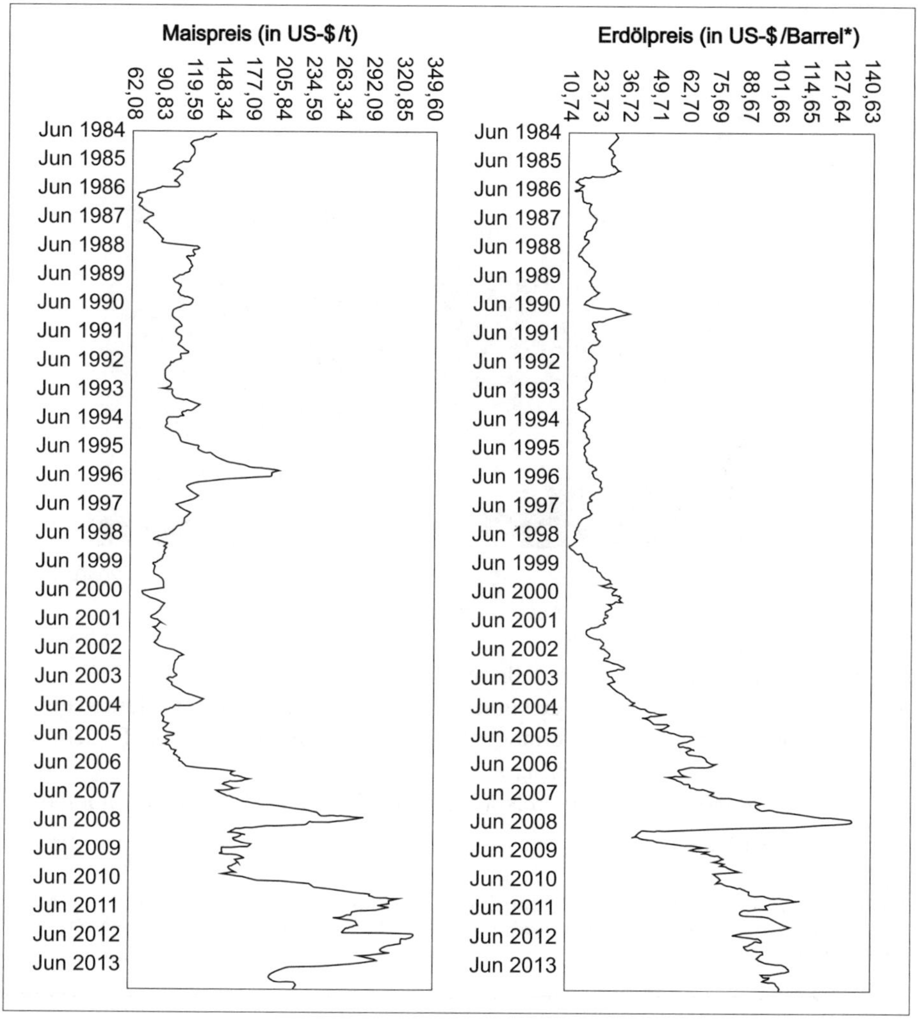

* 1 Barrel: rund 159 Liter

Quellen:
http://www.indexmundi.com/commodities/?commodity=corn&months=360, nach Daten der Weltbank
http://www.indexmundi.com/commodities/?commodity=crude-oil, nach Daten der Weltbank

M 10 Entwicklungen im US-amerikanischen Erdölsektor

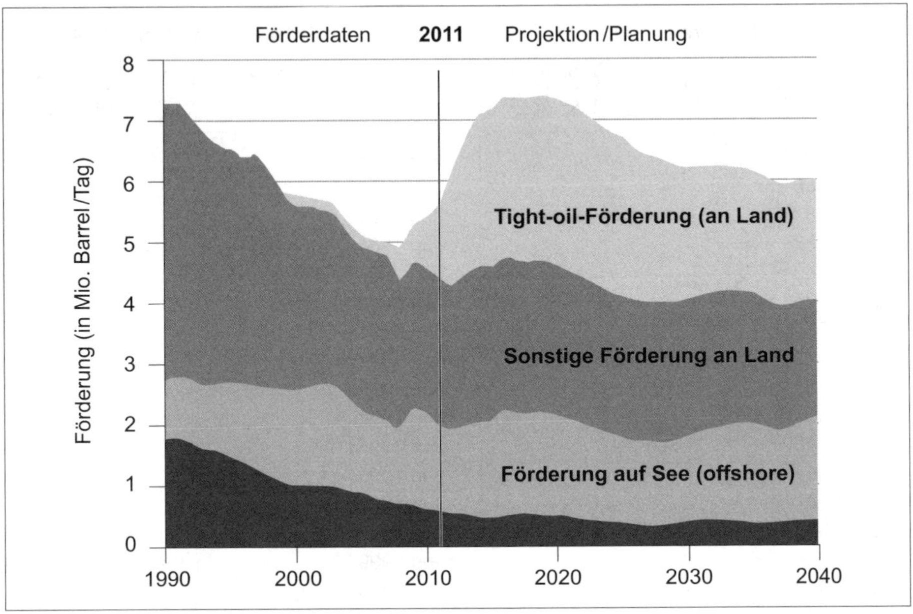

Tight oil („Gebundenes Erdöl")

- Erdöl, das diffus im Gestein verteilt und an dieses gebunden ist
- lässt sich nur durch *Fracking* gewinnen, eine seit den späten 1990er-Jahren eingesetzte Fördermethode, die es ermöglicht, Gas- und Ölvorkommen zu fördern, die in Gesteinsschichten gebunden sind
- Tight-oil-Förderung vor allem in North Dakota, Montana, Texas und Colorado

Anmerkung: 1 Barrel: rund 159 Liter

Quellen:
Abbildung: http//www.eia.gov/forecasts/aeo/er/executive_summary.cfm (Zugriff 29. 11. 2013);
Text: zusammengestellt nach: http://www.peak-oil.com/2013/02/der-tight-oil-boom-in-den-usa-ein-genauerer-blick (Zugriff 02. 11. 2013)

Die Aufgabe bezieht sich auf die folgenden **inhaltlichen Schwerpunkte:**
- Ökologische Prinzipien und zukunftsfähige Maßnahmen in der Industrie-, Land-, Forst- oder Fischereiwirtschaft im globalen ökonomischen Zusammenhang
  - Energieversorgung zwischen Ökologie, Ökonomie und Nachhaltigkeit
- Klima- und Vegetationszonen in ihrer unterschiedlichen Bedeutung für die Entwicklung von Räumen
  - Mechanisierung, Intensivierung und Spezialisierung als Kennzeichen einer industrialisierten Landwirtschaft in der gemäßigten Zone, den Subtropen und den Tropen
- Ernährungspotenzial für eine wachsende Weltbevölkerung zwischen Subsistenzwirtschaft und Agrobusiness
  - Merkmale des Agrobusiness

Lösungsvorschlag

Berücksichtigen Sie die Tipps für die Anfertigung der Abiturklausur (siehe S. 7 ff.). Denken Sie zum Beispiel daran, Ihre Ausführungen mithilfe von Zwischenüberschriften zu gliedern. Wenn Sie einen neuen Sachverhalt vorstellen, geben Sie am Ende des (Sinn-)Abschnitts die Materialbelege in Klammern an.

Teilaufgabe 1

Der Operator „lokalisieren" (Anforderungsbereich I) erfordert, zunächst die Einordnung des Raumbeispiels Iowa in Ihnen bekannte Orientierungsraster. Anschließend sollen Sie gemäß den Anforderungen an den Operator „kennzeichnen" (Anforderungsbereich II) einen Raum bzw. einen Sachverhalt auf der Grundlage bestimmter Kriterien begründet charakterisieren. In dieser Teilaufgabe sollen Sie verdeutlichen, welche Voraussetzungen für den Maisanbau in Iowa gegeben sind (M 1–M 5). Denken Sie daran, dass Sie bei der räumlichen Einordnung Lagekriterien anführen, die im Kontext der Aufgabe relevant sind; eine stereotype Einordnung mithilfe des Gradnetzes reicht nicht aus.

Geographische Lage

Iowa ist ein US-amerikanischer Bundesstaat, der im Zentrum der USA liegt. Er befindet sich in der **gemäßigten Zone** in den **landwirtschaftlich geprägten** Great Plains und somit im Kerngebiet der von Mai bis Juli auftretenden Tornados. Die größten Siedlungen sind die zentral gelegene Hauptstadt Des Moines und Cedar Rapids nordöstlich davon. Die östliche Grenze des Bundesstaates wird durch den Mississippi, die westliche durch den Missouri markiert. Die Hauptverkehrsachsen kreuzen sich von Osten nach

Westen und von Norden nach Süden verlaufend in der Hauptstadt (M 1).

Maisanbau in Iowa

Der Anteil der **ländlichen Bevölkerung** ist relativ hoch. Mit 1,3 Mio. Menschen leben nur 500 000 weniger in ländlichen Regionen als in den städtischen. Den Schwerpunkt der Landwirtschaft bildet der **Maisanbau**, denn etwa die Hälfte der Ackerfläche wird hierfür genutzt. Der Großteil wird durch **kleinere** und **mittelgroße Betriebe** bewirtschaftet: 44 % der Betriebe haben eine Fläche bis zu 99 acres, 33,7 % verfügen über 100 bis 499 acres. Die Landwirtschaft des Bundesstaates Iowa trägt 11 Mrd. US-$ zum **BIP** des Bundesstaates von insgesamt 157 Mrd. US-$ bei. Im Jahr 2013 wurde etwa ein Sechstel der Maisernte der ganzen USA in Iowa produziert, was den wirtschaftlichen Stellenwert dieser Branche unterstreicht (M 2, M 5).

Standortbedingungen für Mais

Die **Standortbedingungen** für Mais werden weitgehend erfüllt. Die Temperaturkurve verläuft entsprechend dem **Jahreszeitenklima** der gemäßigten Zone. Das Temperaturminimum liegt bei –7 °C im Januar, das Temperaturmaximum bei 25 °C im Juli. Die Jahresdurchschnittstemperatur liegt bei 9,9 °C. Zur Keimung von Mais ist eine Temperatur von 8–10 °C notwendig, in der **Vegetationsperiode** von Mai bis September sind 13,5 °C erforderlich. Beide Voraussetzungen sind in Iowa erfüllt (M 3, M 4).

Das Klima ist ganzjährig **humid**. Der Jahresniederschlag liegt bei 810 mm. Die niedrigsten Niederschlagswerte gibt es im Winter von Dezember bis Februar. Die meisten Niederschläge fallen im Sommer von Mai bis September. In der ersten Hälfte dieser Jahreszeit werden 100 mm, in der zweiten zwischen 85 und 90 mm erreicht (M 4).

Da der Mais ursprünglich in den Tropen und Subtropen verbreitet war, werden die optimalen Temperatur- und Niederschlagsbedingungen jedoch nicht erfüllt. Das Temperaturoptimum liegt zwischen 25 °C und 35 °C. Der Wasserbedarf für ein optimales Wachstum liegt zwischen 460 bis 560 mm. Der **Niederschlagswert** unterliegt im Zeitraum von 1980–2012 deutlichen **Schwankungen**. In einigen Jahren erreicht er in der Vegetationsperiode nicht einmal 460 mm, in anderen liegt er deutlich über 560 mm. Auffällig sind z. B. das Jahr 2012 mit einem geringen Niederschlag von nur 250 mm und die Jahre 1993 und 2010 mit einem deutlich höheren Niederschlagswert (M 3, M 4).

Zusammenfassend ist jedoch festzustellen, dass der Bundesstaat Iowa aufgrund der landwirtschaftlichen Prägung sowie der überwiegend passenden klimatischen Bedingungen für den Anbau von Mais geeignet ist.

Eignung Iowas für die Landwirtschaft

Teilaufgabe 2

Der Operator „erläutern“ (Anforderungsbereich II) verlangt von Ihnen, dass Sie aus dem Material entnehmbare Zusammenhänge verdeutlichen. In dieser Teilaufgabe sollen Sie die Entwicklung des Maisanbaus und der Maisnutzung in Iowa seit 1980 aufzeigen (M 2–M 10).

Veränderungen im Maisanbau und in der Maisnutzung

Seit 1980 werden folgende Entwicklungen im Maisanbau sowie in der Maisnutzung deutlich: Die Erntefläche unterliegt nur geringen Veränderungen, bis 2013 ist jedoch eine leichte Tendenz zur Verringerung der Fläche erkennbar. Nachdem diese bis 2000 von 13,3 auf 12,0 Mio. acres gesunken war, ist sie bis 2013 wieder auf 13,1 Mio. acres gewachsen. Die Maisernte hat sich dagegen nicht verringert, sondern ist im Gegenteil kontinuierlich von 37,2 auf 54,9 Mio. t gestiegen, was auf eine **Intensivierung** des Anbaus hinweist (M 5).

Der Maisertrag unterliegt in Abhängigkeit vom Niederschlag während der Vegetationsperiode Schwankungen. In den Jahren, in denen der Niederschlag über oder unter dem Optimum lag, ist auch ein Einschnitt im Ertrag sichtbar. Dieser Faktor ist vor allem bis zur Mitte der 1990er-Jahre relevant. In diesem Zeitraum treten **Ertragsschwankungen** von bis zu 40 dt/ha auf. Danach steigen die Erträge und es sind nur noch leichte Einbrüche erkennbar, z. B. im extrem niederschlagsarmen Jahr 2012. Trotz der geringen Niederschläge in einigen Jahren besteht aber nur ein geringer Bedarf an künstlicher Bewässerung. Der **Anteil an bewässerter Fläche** beträgt lediglich 0,6 % (M 2, M 4, M 5).

Genmais

Die Stabilisierung der Erträge trotz inkonstanter Niederschläge ist auf die Anwendung von **genmanipuliertem Saatgut** zurückzuführen, das die Pflanzen resistent gegen Schädlinge und Krankheiten, aber auch unempfindlicher gegen Temperatur- und Niederschlagsschwankungen macht. Der Anteil von gentechnisch verändertem Mais in Iowa lag im Jahr 2000 bei 30 %, zehn Jahre später ist dieser Anteil bereits verdreifacht worden. 2011 wurde zusätzlich der sog. *Enogen-Mais* für den Anbau in den USA zugelassen. Dies ist ein speziell für die **Bioethanolproduktion** gentechnisch optimierter Mais. Da Maiskörner stärkehaltig sind, sind sie für die Produktion dieses Biokraftstoffes geeignet (M 4, M 5, M 7).

2011, das Jahr der Einführung des *Enogen-Maises,* stellt den endgültigen Wendepunkt in der Veränderung der Maisnutzung dar. Während Mais in den 1990er-Jahren ausschließlich als Viehfutter, zum Export in die übrigen USA und ins Ausland sowie zur sonstigen Verarbeitung genutzt wurde, ist seit 2001/2002 die Produktion von Bioethanol hinzugekommen. Die zunächst sehr geringe Erntemenge von etwa 1 Mio. t ist seitdem stetig gewachsen und lag in den Jahren 2010–11 und 2011–12 bei ca. 30 Mio. t. Hierauf ist auch der Gesamtanstieg der Erntemenge von Mais von 2004 bis 2012 zurückzuführen, denn die Bioethanolproduktion nimmt inzwischen den größten Anteil ein, während die anderen Nutzungsarten deutlich geschrumpft sind. In den Jahren 2010–11 und 2011–12 machten diese etwa die Hälfte der Gesamterntemenge aus (M 6).

Der Wandel in der Nutzung von Mais ist vor allem auf die **US-amerikanische Energiepolitik** zurückzuführen, durch die die Produktion von Biokraftstoffen staatlich gefördert wird. Bereits 1978 wurden durch den *Energy Tax Act* eine Steuerbefreiung von Biokraftstoffen sowie Darlehen für den Anbau von Mais für die Bioethanolproduktion gewährt. Dieses Vorgehen wurde 2005 durch den *Energy Policy Act* weitergeführt. Zudem sieht das *Renewable Fuel Standard Program* eine steigende Beimischung von Biokraftstoffen zum herkömmlichen Benzin bis 2022 vor; im Rahmen dessen soll die Bioethanolproduktion verfünffacht werden. 2012 lag der nationale Durchschnitt der Bioethanol-Beimischung bei 8 %, in zehn der 50 Bundesstaaten war bereits ein Bioethanol-Anteil von 10 % vorgeschrieben (M 8). Energiepolitik

Die staatliche Förderung der Bioethanol-Produktion lässt sich einerseits durch ein wachsendes Bewusstsein für die Umwelt erklären. Die **Einsparung von Treibhausgasen** gegenüber aus Erdöl gewonnenem Benzin liegt bei 20–50 %. Andererseits ist eine Abnahme der **inländischen Erdölförderung** bei den konventionellen Fördermethoden um ca. 2 Mio. Barrel pro Tag von 1990 bis 2010 erkennbar. Folglich dient die Produktion von Bioethanol als Ausgleich, um die Nachfrage nach **Energierohstoffen** zu decken, denn das in den USA produzierte Bioethanol wird ausschließlich für den **inländischen Bedarf** genutzt (M 7, M 8, M 10).

Dem Maisanbau im Bundestaat Iowa kommt demnach eine besondere **(energie-)wirtschaftliche** Bedeutung zu. Sowohl die Erntefläche als auch die Erntemenge von Mais beträgt 2013 mehr als ein Siebtel der Gesamterntefläche und -menge in den USA. 6 Mrd. US-$ werden durch die Bioethanolproduktion zum BIP beigetragen und das **Pro-Kopf-Einkommen** ist in den ländlichen Regionen um 7 700 US-$ höher als im US-Vergleich. Mit 43 024 US-$ ist zudem nur ein geringer Unterschied zu den städtischen Regionen in Iowa (44 595 US-$ pro Kopf) erkennbar. Die Bedeutung für den **Arbeitsmarkt** wird durch die Anzahl von 63 532 Arbeitsplätzen deutlich, die direkt oder indirekt von der Bioethanolproduktion abhängig sind. Auf nationaler Ebene wirkt sich die erhöhte Nachfrage nach Mais für die Bioethanolproduktion auf den **Maispreis** aus, der zwar Schwankungen unterliegt, aber seit 2005 insgesamt deutlich gestiegen ist.

Als Produzent des Energierohstoffs Bioethanol mit kontinuierlich steigenden Produktionskapazitäten leistet Iowa zudem einen wichtigen Beitrag zur inländischen **Energieversorgung** (M 2, M 6–M 10).

Teilaufgabe 3

Der Operator „erörtern“ (Anforderungsbereich III) fordert von Ihnen das Abwägen zwischen Pro und Kontra mit dem Ziel einer abschließenden eigenen Urteilsbildung. In dieser Teilaufgabe wird von Ihnen erwartet, dass Sie die Zukunftsperspektiven des Maisanbaus in Iowa vor dem Hintergrund der aktuellen Entwicklungen im Energiesektor der USA begründet abwägen und beurteilen (M 2, M 5–M 10).

Zukunft des Maisanbaus

Die Zukunftsaussichten des Maisanbaus müssen vor dem Hintergrund ökonomischer und ökologischer Aspekte sowie der allgemeinen Entwicklung im Energiesektor der USA betrachtet werden.

Positive Aspekte

Für eine positive Zukunft sprechen sowohl die **Tradition** des Bundesstaates Iowa als Maisproduzent sowie die große Bedeutung der Landwirtschaft für die **regionale** und **nationale Wirtschaftsleistung**. Diese wird durch eine kontinuierliche Steigerung der Maisproduktion und der -erträge für die Bioethanolproduktion untermauert, die nicht zuletzt durch die **guten Anbaubedingungen** begünstigt wird. Dadurch leistet dieser Bereich der Landwirtschaft Iowas zusätzlich einen besonderen Beitrag zur **Energieversorgung des Landes**, wobei der Staat die Bioethanolproduktion aus Mais in Form von **Steuervergünstigungen** oder **Zuschüssen** je produzierten Liter fördert. Rückendeckung erhalten die Farmer zusätzlich vom Präsidenten Obama, der „überzeugt ist, dass Ethanol die Wirtschaft vorantreibt und ein **Schlüsselelement für erneuerbare Energiequellen** ist“. Die Tatsache, dass Ethanol aus **Biomasse** hergestellt und daher als **klimafreundlicher Treibstoff** eingeschätzt wird, stellt einen weiteren positiven Aspekt dar. Im Gegensatz zu fossilen Rohstoffen handelt es sich hier um einen **nachwachsenden Rohstoff**, der unbegrenzt verfügbar und nicht von technisch aufwendigen Fördermethoden abhängig ist. So werden weiterhin verbindliche Vorgaben zur Beimischung von Bioethanol zum herkömmlichen Benzin gemacht – 2013 wurde die vorgeschriebene Produktionsmenge von 51,5 Mrd. Litern nur knapp um 1,2 Mrd. Liter unterschritten –, was diesen Zweig zurzeit zu einer verlässlichen Einnahmequelle für die Farmer macht (M 2, M 5 – M 8, M 10).

Risiken

Auf der anderen Seite unterliegt die Produktion von Mais auch verschiedenen **Risiken**. Das Ansteigen des Maispreises könnte langfristig die Nachfrage nach Mais für die Bioethanolproduktion verringern, wenn kostengünstigere Alternativen verfügbar sind. Eine solche Konkurrenz ist durch die **Tight-Öl-Förderung** gegeben, bei der durch die Fracking-Methode in Gestein gebundene Ölvorkommen gefördert werden. Diese Fördermethode wird seit Ende der 1990er-Jahre eingesetzt und seit 2008 ist in diesem Bereich ein Anstieg zu verzeichnen. Diese Art der Ölförderung soll künftig weiter ausgebaut werden: Projektionen sehen den Höhepunkt der Tight-Öl-Förderung zwischen 2015 und 2020 – für diesen Zeitraum ist eine tägliche Fördermenge von ca. 2 Mio. Barrel geplant. Bis 2040 soll sie sich zu einer gleichwertigen Fördermethode entwickeln und ca. ein Drittel der Gesamtfördermenge von Öl in den USA ausmachen (M 9, M 10).

Zudem gibt es Anzeichen, dass die positive Stimmung zum nachwachsenden Rohstoff Mais in den nächsten Jahren kippen könnte. Bereits 2011 liefen die Steuererleichterungen für Farmer aus und der US-Senat befürwortete durch einen **Gesetzentwurf** die Abschaffung der staatlichen Förderung für die Bioethanol-Industrie. Ein Jahr später wurde darüber hinaus eine Klage von Industrieverbänden und Verbänden der Tierhalter gegen die festgeschriebene Beimischungspflicht von durchschnittlich 8 % Bioethanol auf Maisbasis zum herkömmlichen Benzin eingereicht. Wenn dieser Klage stattgegeben wird, könnte sowohl die **Existenz** der Farmer, die vom Maisanbau abhängig sind, als auch die der zahlreichen Arbeiter in der Bioethanolproduktion **gefährdet sein** (M 2, M 8).

In diesem Zusammenhang werden weitere Risiken für die Zukunft des Maisanbaus in Iowa deutlich. Die steigende Nachfrage nach Bioethanol hat zu einer Verringerung der Produktion für andere Nutzungen geführt, was zu einer Verknappung des Angebots – beispielsweise von Tierfuttermais bzw. Mais für die Verwendung in der Nahrungsmittelproduktion – und somit zu einer Preissteigerung beitragen könnte. Der Anbau von Energierohstoffen auf landwirtschaftlichen Nutzflächen, die dann für die Nahrungsmittelproduktion für eine wachsende Weltbevölkerung nicht mehr zur Verfügung stehen, ist ohnehin kritisch zu sehen. Problematisch ist außerdem die Art des Anbaus. Der Mais wird in großflächigen **Monokulturen** angepflanzt und seit 2013 beruht die Maisproduktion fast ausschließlich auf **genverändertem Mais**. Der Einsatz dieses Saatgutes ist zwar in den USA erlaubt, dennoch sind die Folgen noch nicht absehbar. Der Anbau in Monokulturen könnte die **Biodiversität** negativ beeinflussen sowie zu einer **Degradation** der Böden führen (M 5 – M 9).

Fazit

Zusammenfassend wird deutlich, dass eine weitere positive Entwicklung des Maisanbaus in Iowa mehr als fraglich ist, da die derzeitige Produktion sich vorrangig an den Entwicklungen im Energiesektor orientiert und Aspekte der **Nachhaltigkeit** hierdurch in den Hintergrund gedrängt werden. Der Maisanbau wird sicherlich weiterhin Bestand haben, dennoch könnten die Wachstumsraten sich verringern, sobald neue Entwicklungen im Energiesektor eintreten.

Leistungskurs Geographie (NRW) – Abiturprüfung 2015
Aufgabe 3

Thema
Jüngere Entwicklungstendenzen in deutschen Großstädten
– Das Beispiel Überseestadt in Bremen

Aufgabenstellung	Punkte
1. Lokalisieren Sie Bremen und kennzeichnen Sie die Entwicklung von Hafen, Stadt und Umland.	26
2. Erläutern Sie vor dem Hintergrund der bisherigen Stadtentwicklung das Projekt Überseestadt und die damit verbundenen Zielsetzungen.	30
3. Nehmen Sie Stellung zu den Chancen und Problemen der Überseestadt in Bremen.	24

Zugelassene Hilfsmittel
- der an der Schule in der Qualifikationsphase überwiegend verwendete Atlas, in einer für alle Prüflinge gleichen Auflage
- Wörterbuch zur deutschen Rechtschreibung
- Taschenrechner

Materialgrundlage

M 1 Atlaskarten nach Wahl

M 2 Hafengeschichte Bremen

Ausschnitt zeigt das Gelände der Überseestadt in Bremen weserabwärts (siehe M3 und M7)

bis 1827:	Versandung der Weser; Beeinträchtigung der Schifffahrt; Hochseeschiffe steuerten nicht mehr die Stadtmitte an; Erwerb Bremerhavens flussabwärts zur Sicherung der Hafenfunktion
1887–1906:	Begradigung der Weser und Bau neuer Hafenanlagen flussabwärts des Bremer Stadtkerns
1939–1945:	Zerstörung der Hafenanlagen, erhebliche Schäden
1950–1970:	Industrielle Entwicklung: Ansiedlung von Betrieben des Maschinenbaus, des Schiffbaus und der Lebensmittelindustrie
1970–1985:	Bau eines neuen Containerhafens in Bremerhaven; zunehmende Containerisierung und größerer Tiefgang der Schiffe; Verlagerung des Verkehrs von Bremen nach Bremerhaven
1979–1997:	Schließung von Werften (1979: Burmester Werft; 1983: AG Weser Werft/Verlust von 10 000 Arbeitsplätzen; 1997: Großwerft Bremer Vulkan AG/Verlust von 8 000 Arbeitsplätzen)

Quellen:
Luftbild: Detmar Schmoll / Studio B
Text: zusammengestellt aus: Bremen City Report, Jörg Ploger; LSE Research 26. 10. 2007

M 3 Chronik des alten Überseehafens

Überseehafen Mitte der 1950er-Jahre (Blickrichtung Nordwesten/ weserabwärts)

- 1906: Bau des „Überseehafens", eines Stückguthafens mit begrenzten Lagerflächen und relativ schmalen Hafenbecken 2,5 km nordwestlich des Stadtzentrums
- Ansiedlung von produzierendem und verarbeitendem Gewerbe
- 1945–1952: Beseitigung von Kriegsschäden und Wiederaufbau
- 1968: Beginn des Containerumschlags in Bremen – neue Schiffe mit mehr Kapazität und Tiefgang laufen Bremen an
- Ende der 1980er-Jahre: Ende des Stückgutumschlags im Überseehafen; erhebliche Baufälligkeit der Kaianlagen
- 1991: Schließung und Verfüllung des zentralen Beckens des Überseehafens

Quellen:
Luftaufnahme um 1960 der stadtbremischen Hafenanlagen, Bildarchiv Brodelpott e.v./ Bremen
Text: zusammengestellt nach: http://www.ueberseestadt-bremen.de/de/daten_fakten_ueberseestadt; http://de.wikipedia.org/wiki/Überseestadt (Zugriff jeweils am 19.01.14)

M 4 Stadt Bremen: Bevölkerung

1970	1980	1990	1997	2005	2013
592 593	555 118	551 219	546 968	546 852	548 547

zusammengestellt nach: Statistisches Landesamt Bremen

M 5 Bremen: Stadt-Umland-Wanderung (siehe Farbabbildungen)

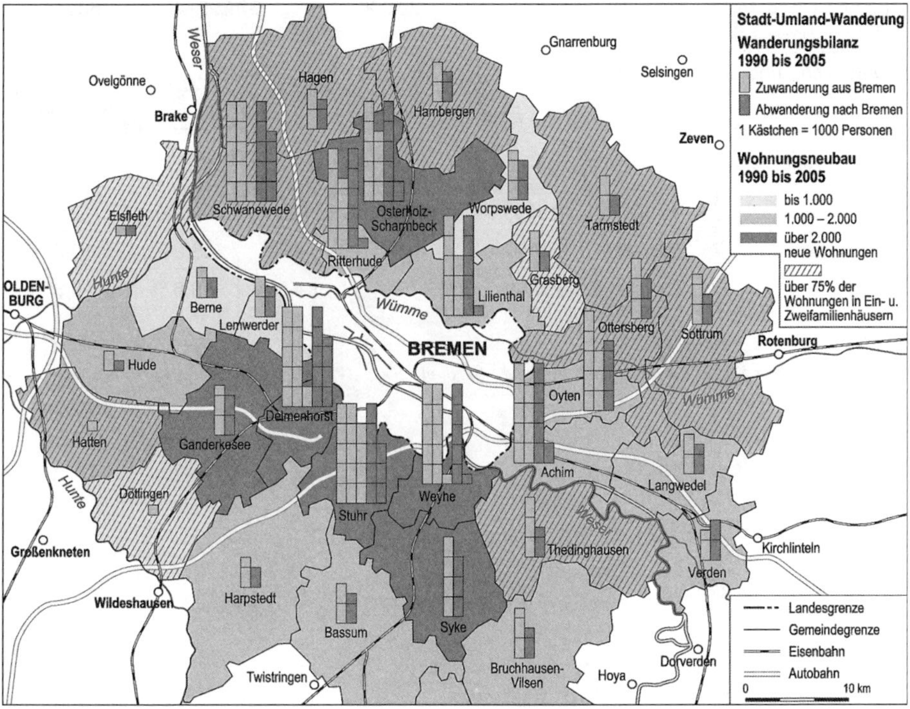

Quelle: © cartomedia, Karlsruhe

M 6 Ökonomische Daten

Erwerbstätige nach ausgewählten Wirtschaftsbereichen in der Stadt Bremen

Wirtschaftsbereich	1992	2002	2011
Land- und Forstwirtschaft; Fischerei	1 300	1 100	600
Produzierendes Gewerbe	86 000	63 200	53 000
Baugewerbe	16 500	15 500	12 100
Handel, Gastgewerbe und Verkehr	102 300	95 900	102 800
Finanzierung, Vermietung, Unternehmensdienstleistung	39 200	57 200	68 200
Öffentliche und private Dienstleister	93 500	94 200	105 300
Summe	**338 800**	**327 100**	**342 000**

Arbeitslosenquote

	1980	1983	1990	1997	2000	2012
Stadt Bremen	5,3 %	12,7 %	13,1 %	15,8 %	13,5 %	10,5 %
BRD	3,3 %*	8,1 %*	6,4 %*	11,4 %	9,6 %	6,8 %

* BRD alt

zusammengestellt nach: Statistisches Landesamt Bremen

M 7 Projekt Überseestadt: Informationen

- 2000: Bremer Senatsbeschluss „Entwicklungskonzeption zur Umstrukturierung der Alten Hafenreviere in Bremen“
- 2003: „Masterplan Überseestadt“ verabschiedet
- 300 ha Gesamtfläche
- Öffentliche Investitionen: ca. 350 Mio. € über den gesamten Entwicklungszeitraum bis 2025
- Erwartete private Investitionen: ca. 1 Mrd.
- Unternehmensbestand zum Beginn der Entwicklung Anfang der 2000er-Jahre: ca. 300 Unternehmen mit rund 6 000 Mitarbeitern
- Unternehmensbestand Ende 2012: ca. 660 Unternehmen mit rund 11 500 Mitarbeitern
- Einwohnerzahl Ende 2012: ca. 400. Unter Berücksichtigung aller für das Wohnen geeigneter Flächen bietet die Überseestadt das Potenzial für rund 2 700 bis 3 000 Einwohner

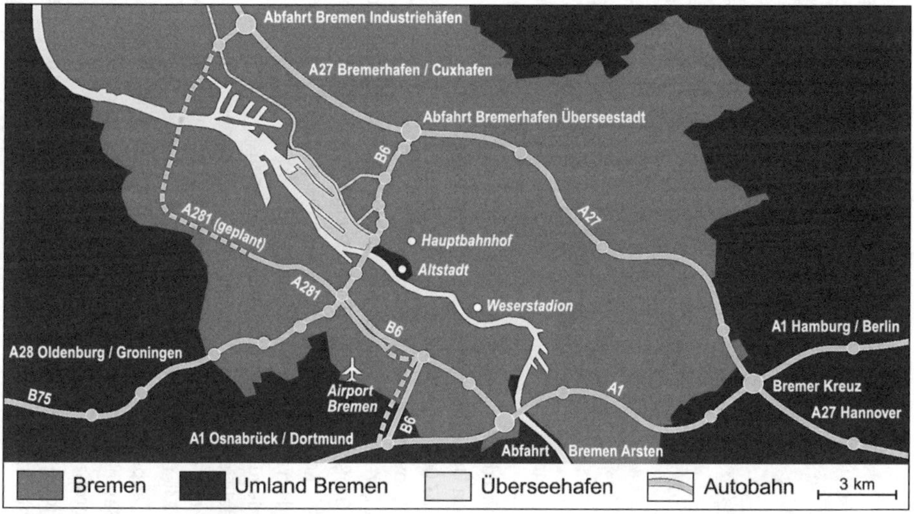

Quelle: WFB Wirtschaftsförderung Bremen

M 8 Das Projekt Überseestadt in Bremen (siehe Farbabbildungen)

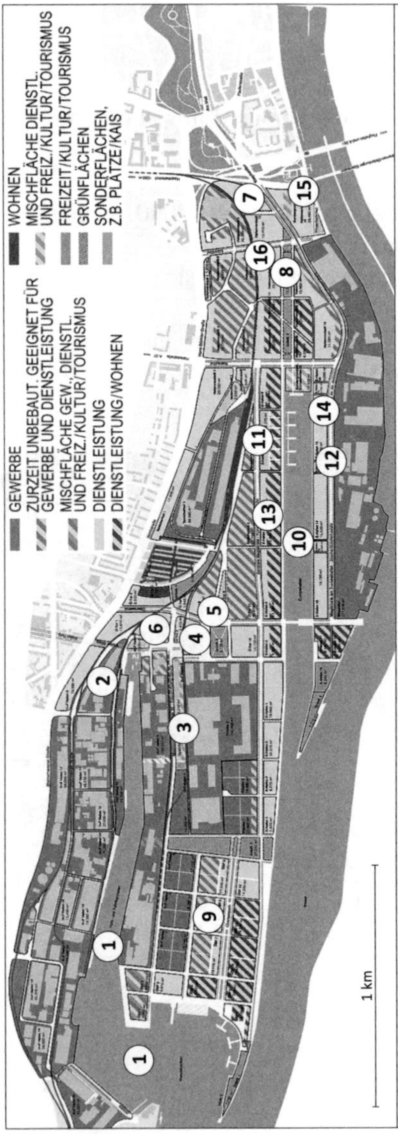

1 Holz- und Fabrikhafen; Anlauf von Seeschiffen weiterhin möglich
2 Dominanz von Unternehmen aus der Windenergiebranche
3 Speicher XI. 27 000 m² Nutzfläche u.a. für Dienstleister, die Hochschule für Künste, das Infocenter Überseestadt sowie das Hafenmuseum
4 Veranstaltungszentrum für Medienkongresse, Opern und Konzerte
5 Hafenhaus; Großraum-Lofts für IT-Unternehmen und Werbeagenturen – heute komplett vermietet
6 Mietfläche für Kommunikations- und Dienstleistungsunternehmen – heute komplett vermietet
7 Straßen- und Straßenbahnanbindung in die Bremer Innenstadt
8 Geplante Anlegung von großzügigen Grünflächen
9 Geplante Realisierung eines Nutzungsmix aus Wohnen, Arbeiten und Kultur/Freizeit auf 10 ha
10 Geplantes Areal mit modernen Arbeitswelten, Lofts und exklusiven Flächen direkt am Wasser
11 Realisierter Mietraum für Unternehmen auf 36 000 m² Nutzfläche – heute komplett vermietet
12 Kranhäuser; geplanter Bau von Büroflächen auf 5 500 m² in exklusiver Lage
13 Geplanter Bau eines Technikzentrums sowie Freizeitzentrums
14 Realisierte großzügige Nutzflächen für Unternehmen
15 Geplanter Hotel- und Theaterkomplex sowie Kreuzfahrtschiffanleger
16 Businesscenter mit Büroräumen – Großteil bereits vermietet

Quelle: WFB Wirtschaftsförderung Bremen, eine aktuelle Version findet sich jederzeit unter www.ueberseestadt-bremen.de

M 9 Bremen: Schuldenstand

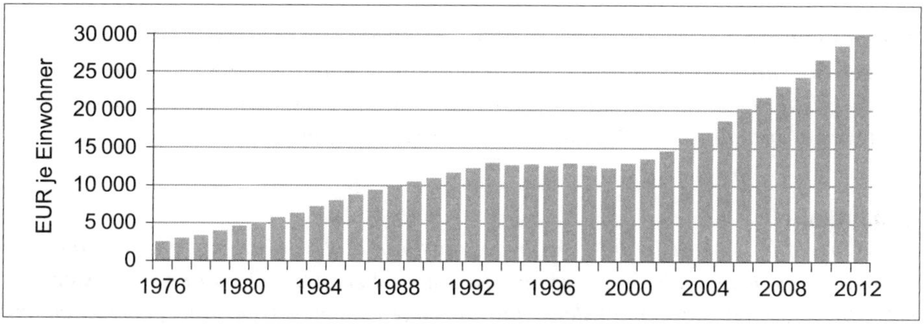

Quelle: Statistisches Jahrbuch 2013; Statistisches Landesamt Bremen

M 10 Bremen: Fördermaßnahmen

2007–2013	411 Millionen EUR aus EU-Fonds sowie aus öffentlicher und privater Hand
2014–2020	321 Millionen EUR aus EU-Fonds sowie aus öffentlicher und privater Hand

zusammengestellt nach: Statistisches Landesamt Bremen

Die Aufgabe bezieht sich auf die folgenden **inhaltlichen Schwerpunkte:**
- Wandel von Standortfaktoren in seiner Wirkung auf industrieräumliche Strukturen
  - Hauptphasen des industriellen Strukturwandels
  - Standortentscheidungen und -vernetzung (Cluster) im Zusammenhang mit harten und weichen Standortfaktoren
- Raumbedarf und Tragfähigkeit im Zusammenhang mit demographischen Prozessen
  - Ursachen und Folgen von Wanderungsbewegungen
- Siedlungsentwicklung in Abhängigkeit von soziokulturellen und politischen Leitbildern
  - Zentralität als Ausdruck funktionaler Verflechtung von Stadt und Umland

Lösungsvorschlag

Berücksichtigen Sie die Tipps für die Anfertigung der Abiturklausur (siehe S. 7 ff.). Denken Sie zum Beispiel daran, Ihre Ausführungen mithilfe von Zwischenüberschriften zu gliedern. Wenn Sie einen neuen Sachverhalt vorstellen, geben Sie am Ende des (Sinn-)Abschnitts die Materialbelege in Klammern an.

Teilaufgabe 1

Der Operator „lokalisieren" (Anforderungsbereich I) erfordert zunächst die Einordnung des Raumbeispiels Bremen in Ihnen bekannte Orientierungsraster. Anschließend sollen Sie gemäß den Anforderungen an den Operator „kennzeichnen" (Anforderungsbereich II), einen Raum bzw. einen Sachverhalt auf der Grundlage bestimmter Kriterien begründet charakterisieren. In dieser Teilaufgabe sollen Sie die Entwicklung von Hafen, Stadt und Umland aufzeigen (M 1–M 6).

Lage

Bremen ist eine Stadt im Nordwesten Deutschlands, die zusammen mit Bremerhaven das Bundesland Bremen bildet. Sie liegt an der Weser, die ca. 40 km flussabwärts in die Nordsee mündet. Außerdem ist die Stadt über zahlreiche Autobahnen und Eisenbahnlinien an das Fernverkehrsnetz angebunden (M 1).

Entwicklung des Hafens

Aufgrund der Lage an der Weser und der Nähe zu deren Mündung hat sich Bremen zur **Hafenstadt** entwickelt. Die Schifffahrt wurde jedoch schon im 19. Jahrhundert durch die Versandung der Weser beeinträchtigt, sodass Schiffe nicht mehr die Stadtmitte anlaufen konnten und die Hafenfunktion teilweise nach Bremerhaven verlegt wurde. Um die Stadt Bremen als Hafenstandort zu erhalten, wurde 1887 mit der **Begradigung der Weser** und dem **Bau neuer Hafenanlagen** flussabwärts begonnen. Im Zuge dessen entstand auch der sog. Überseehafen, der die Funktion eines Stückguthafens erfüllte, aber nur über begrenzte Lagerflächen und ein schmales Hafenbecken verfügte. Dennoch siedelten sich Firmen des **sekundären Sektors** hier an, eine Entwicklung, die auch nach dem Wiederaufbau nach dem Zweiten Weltkrieg anhielt. Die **industrielle Entwicklung** des Hafens Bremen war bis 1970 durch die Ansiedlung von Betrieben des Maschinenbaus, des Schiffbaus und der Lebensmittelindustrie geprägt. Ende der 1960er-Jahre wurde zunächst mit dem **Containerumschlag** in Bremen begonnen, die wachsende Containerisierung des Transports sowie der **größere Tiefgang** der Schiffe führten jedoch zu einer Verlagerung des Schiffsverkehrs nach Bremerhaven, wo nach 1970 ein neuer **Con-**

tainerhafen entstand. Die zunehmende Baufälligkeit der Hafenanlagen in Bremen sowie die mangelnde Konkurrenzfähigkeit setzte schließlich ab 1970 den **Deindustrialisierungsprozess** in Gang, der das Ende des Stückgutumschlags und die sukzessive Schließung des Hafens und der ansässigen Werften bedeutete (M 2, M 3).

Ökonomische und demographische Entwicklung

Die Deindustrialisierung wirkte sich maßgeblich auf die **ökonomische** und **demographische Entwicklung** der Stadt Bremen aus. Die Schließung der Werften zog den Verlust von insgesamt 18 000 Arbeitsplätzen nach sich. Allein die Schließung der AG Weser Werft führte zu Beginn der 1980er-Jahre zur Freisetzung von 10 000 Arbeitern. Die **Arbeitslosenquote** stieg von 1980–1983 von 5,3 % auf 12,7 %, und lag damit um mehr als 4 % über der damaligen Bundesarbeitslosenquote. Ein weiterer kontinuierlicher Anstieg der Arbeitslosigkeit war bis 1997 zu verzeichnen. In diesem Jahr wurde der Höchststand von 15,8% erreicht (M 2, M 6).

Die **Bevölkerung** Bremens entwickelte sich rückläufig: Seit 1970 ist die Bevölkerung um rund 45 000 gesunken. Die deutlichste Abnahme ist jedoch von 1970–1980 zu verzeichnen. Die Bevölkerung hat in diesem Zeitraum von 592 593 auf 555 118 Personen abgenommen. Bis 1990 ist ein weiterer Rückgang auf 551 219 Personen erkennbar (M 4).

Suburbanisierung

Die weitere Bevölkerungsabnahme in den Folgejahren ist nicht nur auf die ökonomische Entwicklung, sondern ab 1990 auch zunehmend auf die **Bevölkerungssuburbanisierung** in das niedersächsische Umland, durch den Wunsch nach „Wohnen im Grünen“ motiviert, zurückzuführen. Vor allem die Gemeinden, die an das Bundesland Bremen angrenzen und über Autobahnen, Bundesstraßen und Bahnlinien an das Bremer Zentrum angebunden sind, profitierten durch erhöhte **Zuwanderung** aus Bremen. Die Gemeinde Stuhr südlich von Bremen hatte beispielsweise eine positive Wanderungsbilanz von 6 000. Von den Gemeinden, in denen mehr als 75 % der Wohnungen **Ein- und Zweifamilienhäuser** sind, profitierten vor allem das nordwestlich gelegene Schwanewede mit einer Zuwanderung von 11 000 (Wanderungsbilanz +2 500). In allen umliegenden Gemeinden hat in den Jahren 1990 – 2005 der Neubau von Wohnungen stattgefunden, deren Anzahl in einigen Gemeinden, z. B. im nördlich gelegenen Osterholz-Scharmbeck, sogar über 2000 betrug. Diese **Wanderungsbewegungen** lassen den Schluss zu, dass die einkommensstärkeren Bevölkerungsgruppen, sich den Wunsch nach „Wohnen im Grünen“ vor allem in Gemeinden mit einer hohen Neubaurate sowie einem höheren Grad an Ein- und Zweifamilienhausbebauung erfüllt haben (M 5).

Zwischenfazit

Es wird deutlich, dass sich der **Deindustrialisierungsprozess** im Hafen Bremen in Zusammenhang mit der demographischen Entwicklung der Stadt negativ auf die **wirtschaftliche Situation** der Stadt auswirkt, sich aber gleichzeitig die Möglichkeit für eine **veränderte Raumnutzung** bietet.

Teilaufgabe 2

Der Operator „erläutern“ (Anforderungsbereich II) verlangt von Ihnen, dass Sie aus dem Material entnehmbare Zusammenhänge verdeutlichen. In dieser Teilaufgabe sollen Sie das Projekt „Überseestadt“ und die damit verbundenen Zielsetzungen verdeutlichen. Hierzu soll die bisherige Stadtentwicklung berücksichtigt werden. (M 2–M 6, M 7, M 8). Empfehlenswert ist es, sich detailliert mit dem Stand der Bebauung in der Überseestadt in Karte M 8 auseinanderzusetzen.

Revitalisierungsmaßnahmen im Hafen

Durch die Deindustrialisierung sind im Bereich des Hafens große **Brachflächen** entstanden, die einer neuen Nutzung zugeführt werden sollen. Im Jahr 2000 erging dazu ein Senatsbeschluss, um die „Entwicklungskonzeption zur Umstrukturierung der Alten Hafenreviere in Bremen“ auf den Weg zu bringen. Aufgrund der **Lage am Wasser** sowie in räumlicher Nähe zum Zentrum wurde das Potenzial für **Revitalisierungsmaßnahmen** erkannt. Für den Bereich des Überseehafens ist das Projekt Überseestadt entwickelt worden, für das 2003 der **Masterplan Überseestadt** verabschiedet wurde. Die Projektfläche, die im Zeitraum bis 2025 entwickelt werden soll, umfasst insgesamt 300 ha. Zu den 350 Mio. €, die aus **öffentlicher** Hand über den gesamten Entwicklungszeitraum investiert werden, werden eine weitere Mrd. € **Privatinvestitionen** erwartet (M 2, M 3, M 7).

Masterplan Überseestadt

Das Konzept Überseestadt sieht einen **Nutzungsmix** aus Wohnen, Arbeiten und Kultur/Freizeit vor; das Gebiet soll durch eine moderne Architektur geprägt werden. Über das Wasser ragende Kranhäuser sind ein Beispiel für die ausgefallene Bauweise. Markante Hochhäuser mit individuellen Grundrissen machen insgesamt die **physiognomische** Struktur der Überseestadt aus. Entlang des ehemaligen südlichen Hafenbeckens sollen beispielsweise Flächen für **Dienstleistungen** und **Wohnen** entstehen bzw. sind bereits entstanden. Mehr als 36 000 m^2 Mietraum für Unternehmen ist hier bereits realisiert und vermietet worden. Weitere Flächen für Unternehmen sind in Planung. Es gibt noch zahlreiche unbebaute Flächen, die ebenfalls für Dienstleistungen und Gewerbe geeignet sind. Darüber hinaus sollen auch hier weitere Wohnflächen entstehen (M 8).

Für den **Freizeitsektor** sind verschiedene Flächen für Erholung, Kultur und Tourismus vorgesehen. Hierzu zählen die Integration von **Grünflächen**, die sich vor allem in Wassernähe befinden, sowie ein Veranstaltungszentrum, u. a. für Opern und Konzerte und das Hafenmuseum. Letzteres soll im ehemaligen, zentral zwischen nördlichem und südlichem Hafenbecken gelegenen Speicher XI untergebracht werden, der außerdem auf den insgesamt 27 000 m^2 Nutzfläche Raum für das Infocenter Überseestadt, die Hochschule für Künste und weitere Dienstleister bietet. Im östlichen Bereich ist direkt an der Weser ein Hotel- und Theaterkomplex sowie ein Kreuzfahrtschiffanleger geplant. Die Anbindung an das Bremer Zentrum ist durch den **ÖPNV** gewährleistet. Lediglich der Holz- und Fabrikhafen im nordwestlichen Hafen wird seine Funktion behalten und kann weiterhin durch Seeschiffe angelaufen werden (M 8).

Zwischenbilanz des Projekts Überseestadt

Die Umsetzung des Projekts Überseestadt zielt einerseits darauf ab, den Standort Bremen wirtschaftlich zu stärken. Die Anzahl von Unternehmen hat sich seit Beginn der Entwicklung mehr als verdoppelt, die Zahl der Mitarbeiter hat sich annähernd verdoppelt. In 660 Unternehmen arbeiten inzwischen 11 500 Mitarbeiter. Die Unternehmen bieten Dienstleistungen in zukunftsorientierten Branchen wie IT oder Windenergie an. Diese Entwicklung spiegelt sich in der Zahl der **Erwerbstätigen** wider, denn seit 2002 ist diese im Dienstleistungsbereich insgesamt um fast 30 000 gestiegen, wovon zumindest ein Teil auf die Ansiedlung von Unternehmen in der Überseestadt zurückzuführen ist. Die **Arbeitslosenquote** ist seit Projektbeginn um 3 % auf 10,5 % (2012) gesunken. Andererseits soll attraktiver Wohnraum in der Stadt geschaffen werden, um der Bevölkerungssuburbanisierung entgegenzuwirken. Ende 2012 betrug die Einwohnerzahl in der Überseestadt 400, das Potenzial liegt bei 2 700 bis 3 000 Einwohnern. Der Trend zum Wohnen in der Stadt zeigt sich auch an der Bevölkerungsentwicklung der Stadt Bremen insgesamt: Von 2005 bis 2013 ist die Einwohnerzahl wieder von 546 852 auf 548 547 gestiegen (M 4, M 6 – M 8).

Teilaufgabe 3

Der Operator „kritisch Stellung nehmen“ (Anforderungsbereich III) verlangt von Ihnen das Abwägen unterschiedlicher Argumente mit dem Ziel, zu einer abschließenden begründeten Einschätzung eines Sachverhaltes zu kommen. In dieser Teilaufgabe wird von Ihnen erwartet, dass Sie die Chancen und Probleme der Überseestadt in Bremen gegeneinander abwägen. Abschließend sollen Sie auf der Grundlage Ihrer Argumentation ein begründetes Urteil formulieren (M 3, M 6–M 10).

Das Projekt Überseestadt ist eine **Revitalisierungsmaßnahme**, die sowohl Chancen als auch Probleme birgt.

Positive Entwicklungen

Durch den **Deindustrialisierungsprozess** und den **Funktionsverlust** des Hafens war dieser Teil der Stadt Bremen dem Verfall preisgegeben. Dieses Areal durch **Sanierung** und **Neubauten** einer neuen Nutzung zuzuführen, um den Stadtteil zu beleben, ist somit als sinnvolle Maßnahme zu bewerten. Die positiven Auswirkungen auf die ökonomische und die demographische Situation werden bereits deutlich, da innerhalb von nur zwölf Jahren zahlreiche Unternehmen des **Dienstleistungssektors** sowie neue **Bewohner** angesiedelt werden konnten. Dies spricht für die Attraktivität dieses Gebietes. Durch das „**Waterfront Development**“ wird den **aktuellen Leitbildern in der Stadtentwicklung** Rechnung getragen: Der Nutzungsmix aus Wohnen, Arbeiten und Freizeit lockt sowohl Unternehmen an, die Wert auf **weiche Standortfaktoren** legen, als auch neue Einwohner, die hochwertigen Wohnraum in einer attraktiven Umgebung suchen. Zudem ist dieses Gebiet ein attraktives Ausflugsziel für die Bevölkerung Bremens und des Bremer Umlandes sowie für Touristen. Dies trägt zu einer **Imageaufwertung** für den Stadtteil, aber auch für Bremen insgesamt bei, was sich bereits in der steigenden Zahl der Erwerbstätigen bzw. einer sinkenden Arbeitslosenquote und der steigenden Bevölkerungszahl zeigt. Auch finanziell gesehen ist das Projekt nicht zu unterschätzen. Der erwartete **Zufluss an privaten Investitionen** in Höhe von einer Mrd. € zeigt die hohe Akzeptanz des Projektes; dies kann sich positiv auf den Etat der Stadt auswirken (M 3, M 6–M 8).

Probleme

Dennoch könnte sich gerade die Finanzierung des Projektes als problematisch erweisen. Der **Schuldenstand** Bremens ist seit 1976 fast kontinuierlich gewachsen. Ein erheblicher Anstieg ist seit dem Jahr 2000 zu verzeichnen. Während in diesem Jahr noch auf jeden Einwohner ca. 13 000 € kamen, haben sich die Schulden pro Einwohner bis 2012 auf 30 000 € mehr als verdoppelt. Da die Überseestadt nur als Teilprojekt der Umstrukturierung der ehemaligen Hafengebiete zu sehen ist, die insgesamt hohe Kosten mit sich bringt, ist ein weiterer Anstieg des Schuldenstandes zu befürchten. Außerdem erhält Bremen **Finanzmittel aus EU-Fonds** sowie öffentlichen und privaten **Fördermaßnahmen**. Diese betrugen im Zeitraum von 2007 bis 2013 411 Mio. €, bis 2020 sollen weitere 321 Mio. € fließen. Sollten Teile dieser Gelder wegfallen oder private Investoren abspringen, wäre die Umsetzung der weiteren Planungen gefährdet (M 9, M 10).

Problematisch ist außerdem, dass durch das Konzept der Wohnraumentwicklung nicht alle Bevölkerungsgruppen angesprochen werden. Durch die Schaffung von hochwertigem Wohnraum mit moderner Architektur werden vor allem **einkommensstarke Bevölkerungsgruppen** in die Überseestadt gelockt. Dadurch könnte der Impuls für den Wohnungsmarkt in Bremen eher lokal begrenzt bleiben. Andere Bevölkerungsgruppen, die nur über ein geringes Einkommen verfügen oder für die bestimmte Bedürfnisse erfüllt werden müssen, z. B. Familien oder Senioren, werden bei der Planung des Wohnraums nicht berücksichtigt, sodass eine **soziale Durchmischung** eher unwahrscheinlich ist. Das Erreichen der maximalen Einwohnerzahl von ca. 3 000 könnte zwar die Einwohnerzahl Bremens weiter steigen lassen und den zuletzt positiven Trend in der Bevölkerungsentwicklung bestätigen, ein Rückzug von Bevölkerung aus dem Umland aufgrund dieses Projektes wird jedoch nur in begrenztem Umfang stattfinden (M 7, M 8).

Fazit

Die Neugestaltung des ehemaligen Bremer Überseehafens spiegelt aktuelle Entwicklungen in deutschen Großstädten wider, die bei der Ausarbeitung des **städtebaulichen Konzepts** berücksichtigt wurden. Dem Trend, Wohnen, Arbeiten und Freizeit miteinander zu verknüpfen, wird hierdurch Rechnung getragen. Es wird nicht nur **innenstadtnahes Wohnen** am Wasser mit hoher Wohnqualität realisiert, sondern auch ein **attraktives Umfeld für Unternehmen** und die Bevölkerung Bremens geschaffen. Auch wenn noch nicht abzusehen ist, ob die positiven Impulse für die Wirtschaft langfristig anhalten und die Bevölkerungszahl weiter steigt, ist diese Revitalisierungsmaßnahme notwendig, um die **Folgen des Strukturwandels** aufzufangen und das Image der Stadt aufzuwerten. Dies rechtfertigt die Höhe der Investitionen sowie die möglichen Probleme in der sozialstrukturellen Entwicklung.

Farbabbildungen

M 4 Wohlstand in Deutschland (GK 2013, Aufgabe 1)

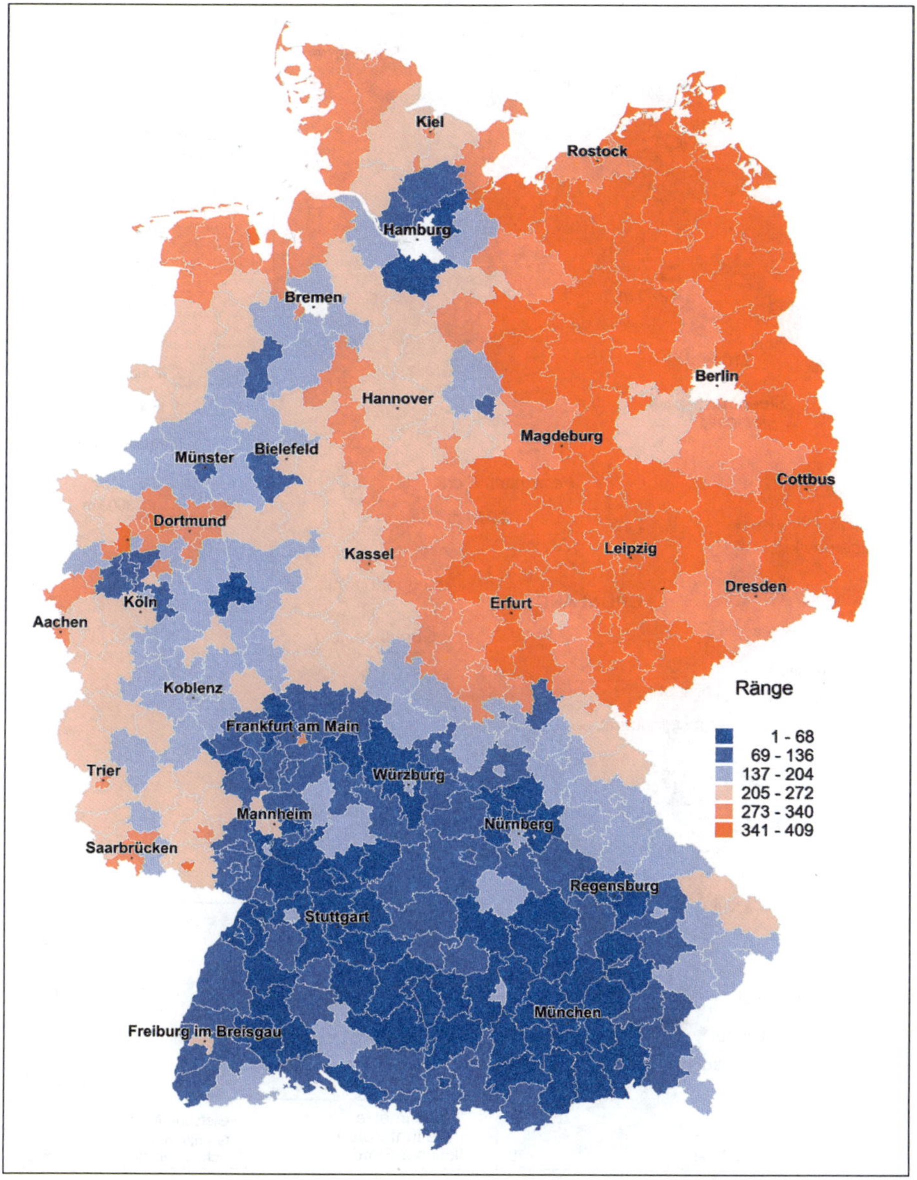

Untersucht und nach dem erreichten Rang geordnet wurden die 409 kreisfreien Städte und Kreise Deutschlands (ohne die drei Stadtstaaten) im Hinblick auf 39 ökonomische und strukturelle Indikatoren.

Quelle: IW Consult GmbH

M 8 Bodenbedeckung und Eisschmelze in Grönland (GK 2013, Aufgabe 2)

Quelle: © cartomedia, Karlsruhe

M 3 Der Galapagos-Archipel (LK 2012, Aufgabe 2)

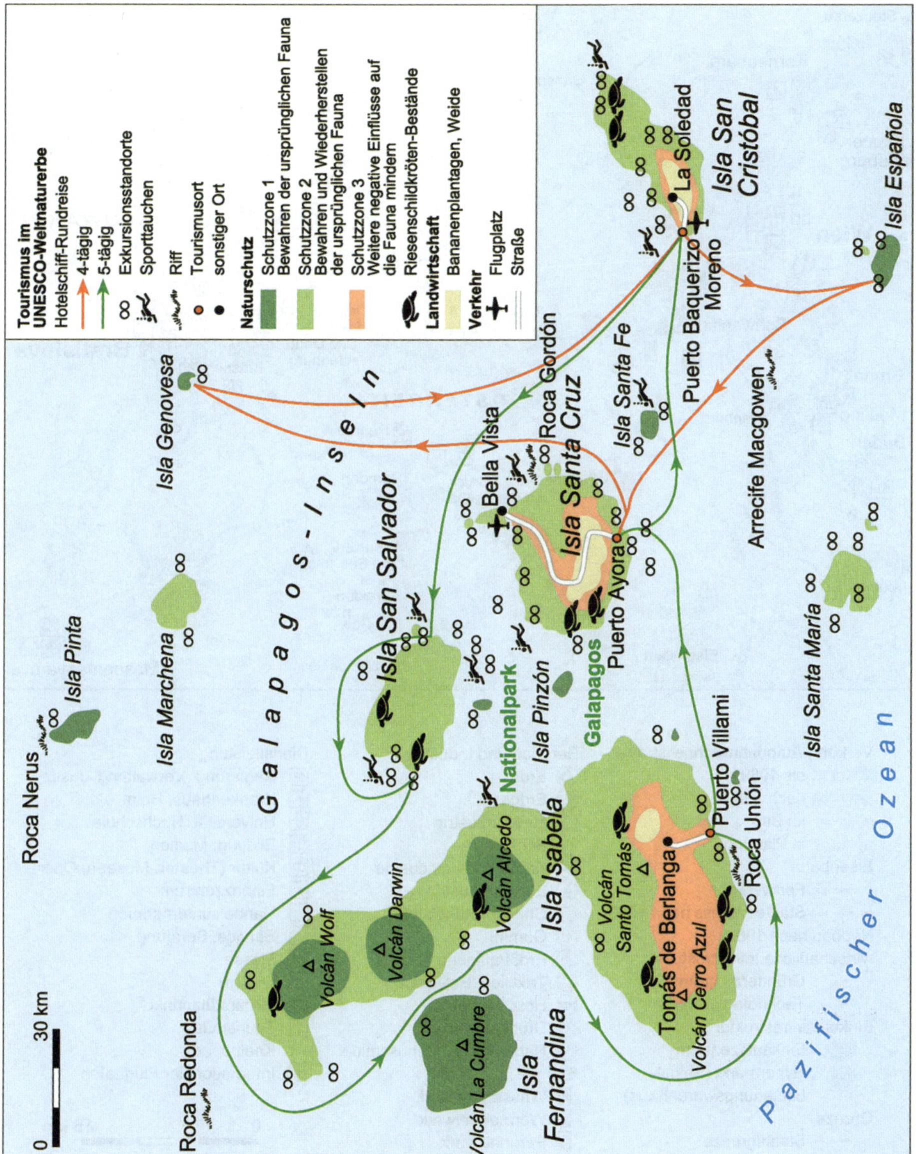

Quelle: © cartomedia, Karlsruhe

M 3 Das Dreiländereck Österreich / Slowakei / Ungarn 2010 (LK 2013, Aufgabe 2)

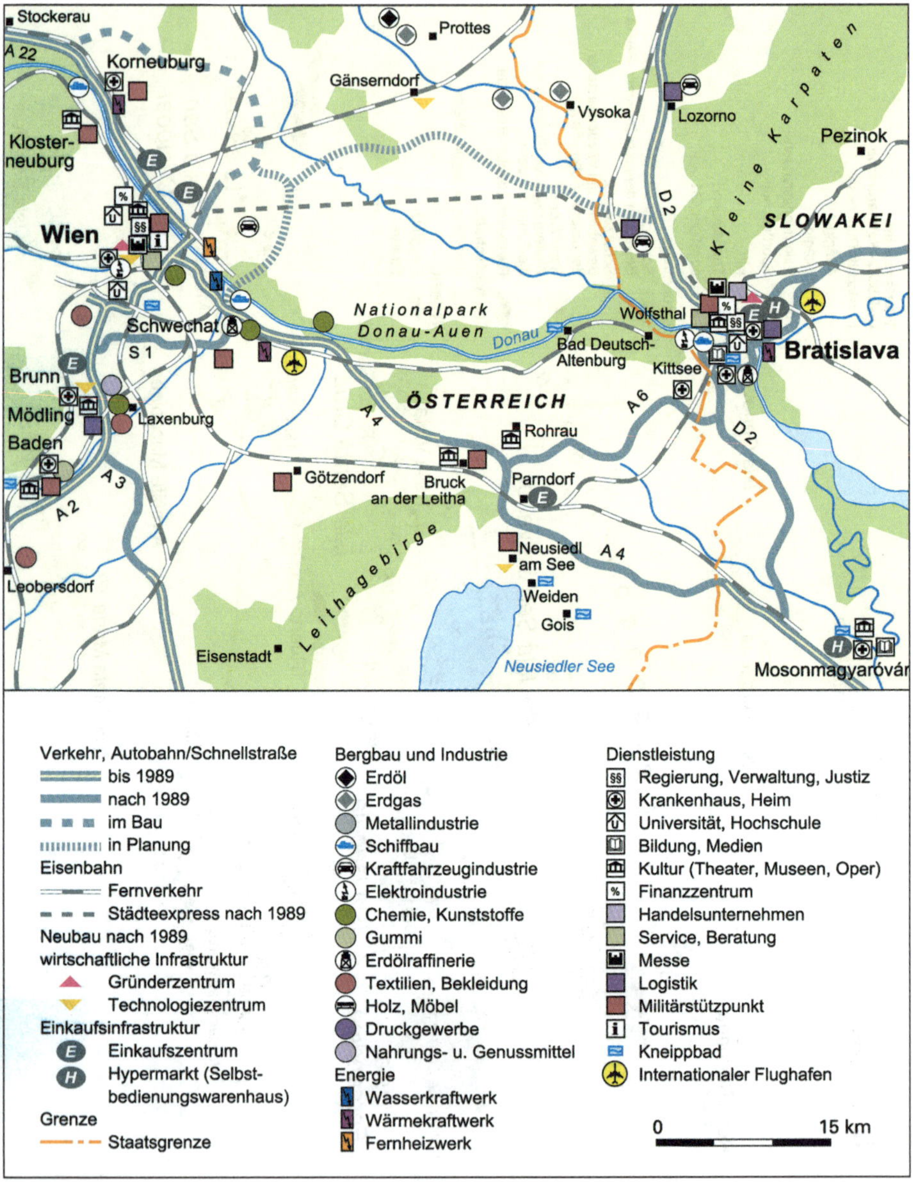

Quelle: © cartomedia, Karlsruhe

M 10 Twin City" Wien – Bratislava (LK 2013, Aufgabe 2)

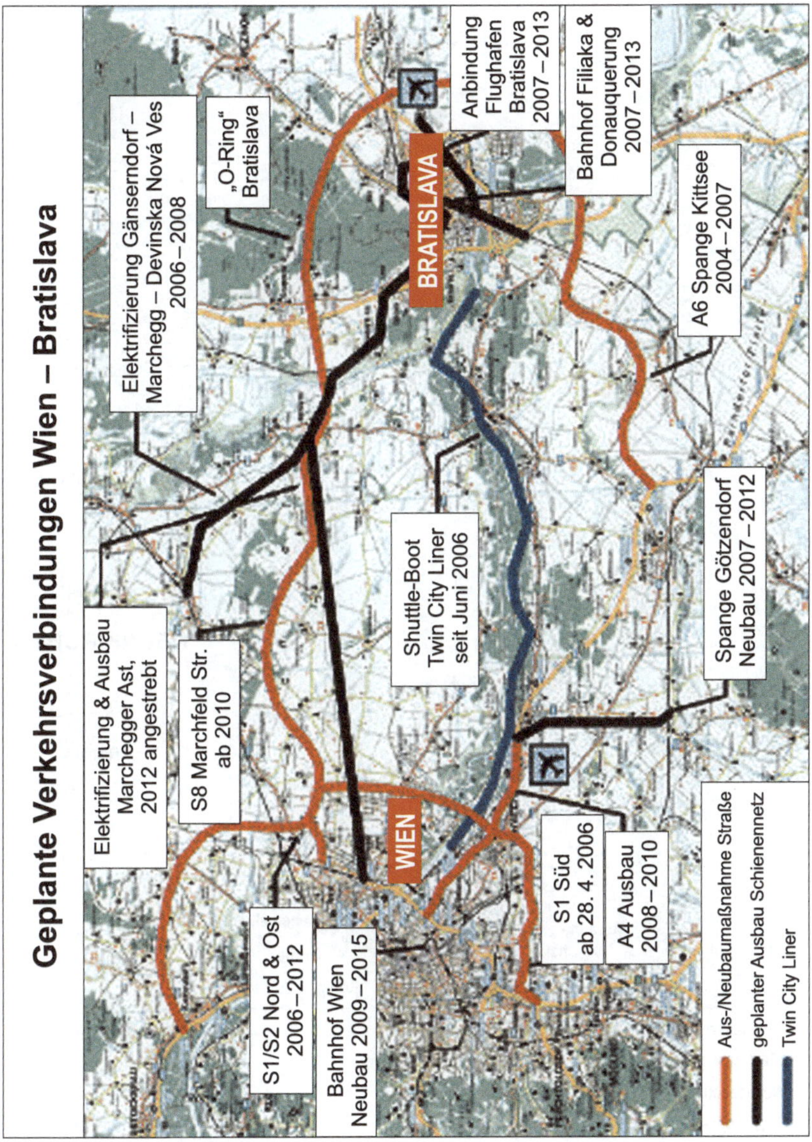

Quelle: BMVIT, Der Standard

M 4 Der westliche Teil der Stadt Neunkirchen 1980 (GK 2014, Aufgabe 1)

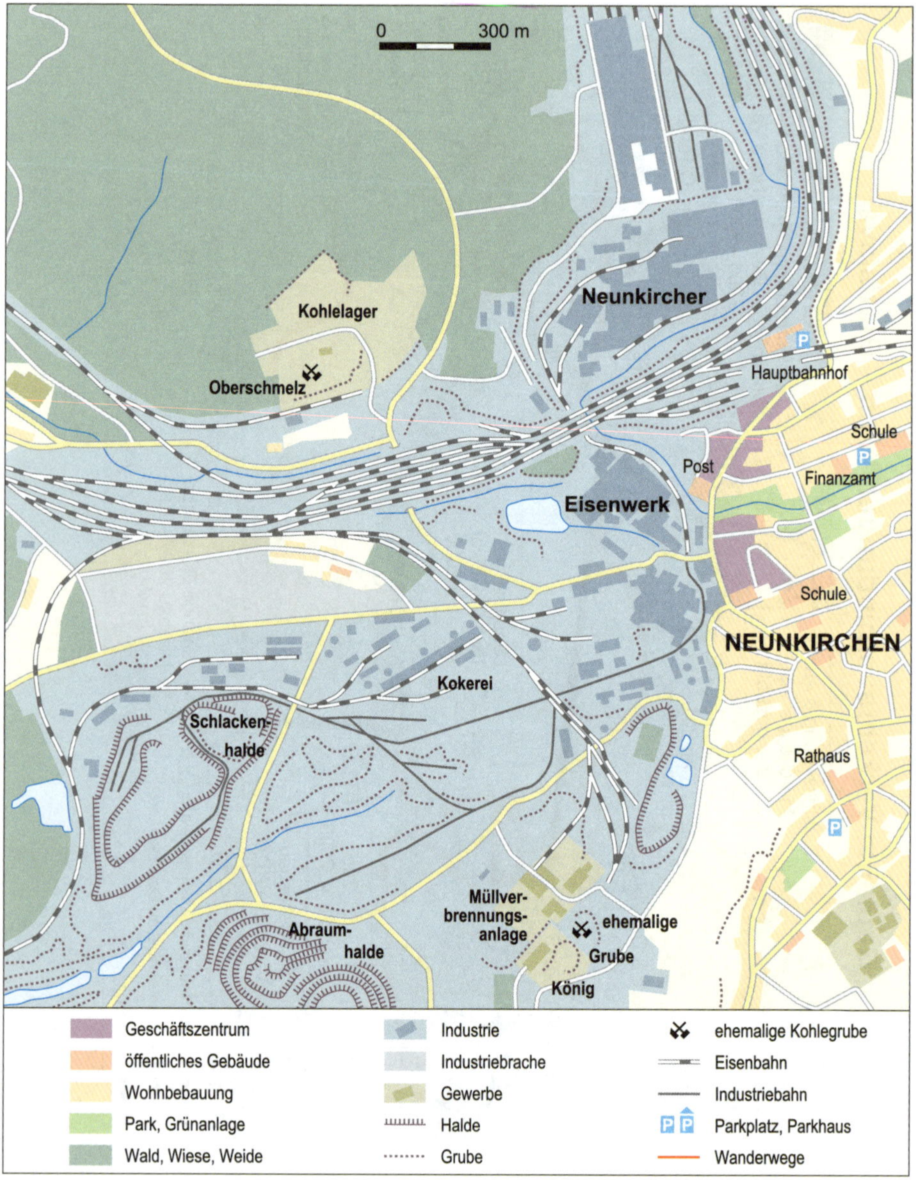

Quelle: © cartomedia, Karlsruhe

M 4 Der westliche Teil der Stadt Neunkirchen 2007 (GK 2014, Aufgabe 1)

Quelle: © cartomedia, Karlsruhe

M 2 Duisburger Hafen Ende der 1980er-Jahre (GK 2014, Aufgabe 2)

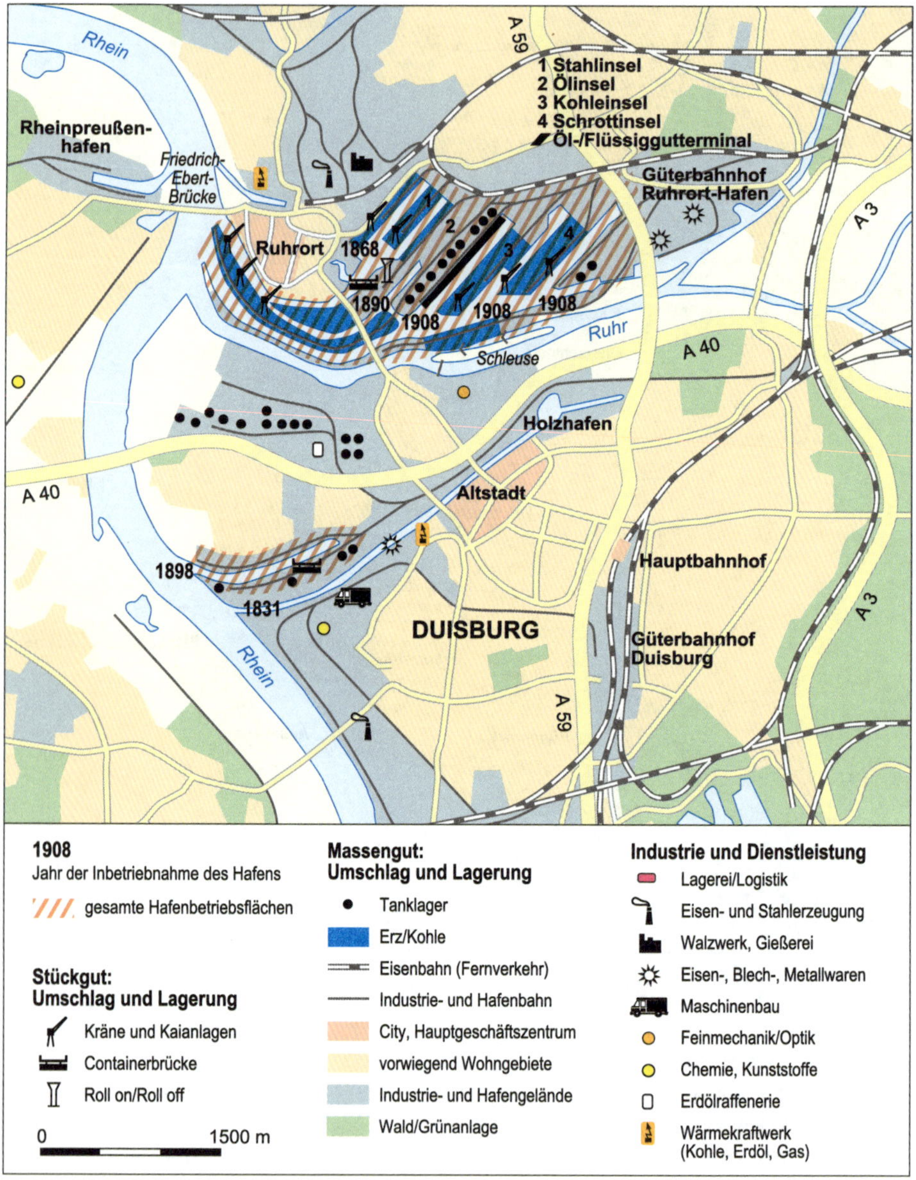

Quelle: © cartomedia, Karlsruhe

M 3 Duisburger Hafen Ende der 2000er-Jahre (GK 2014, Aufgabe 2)

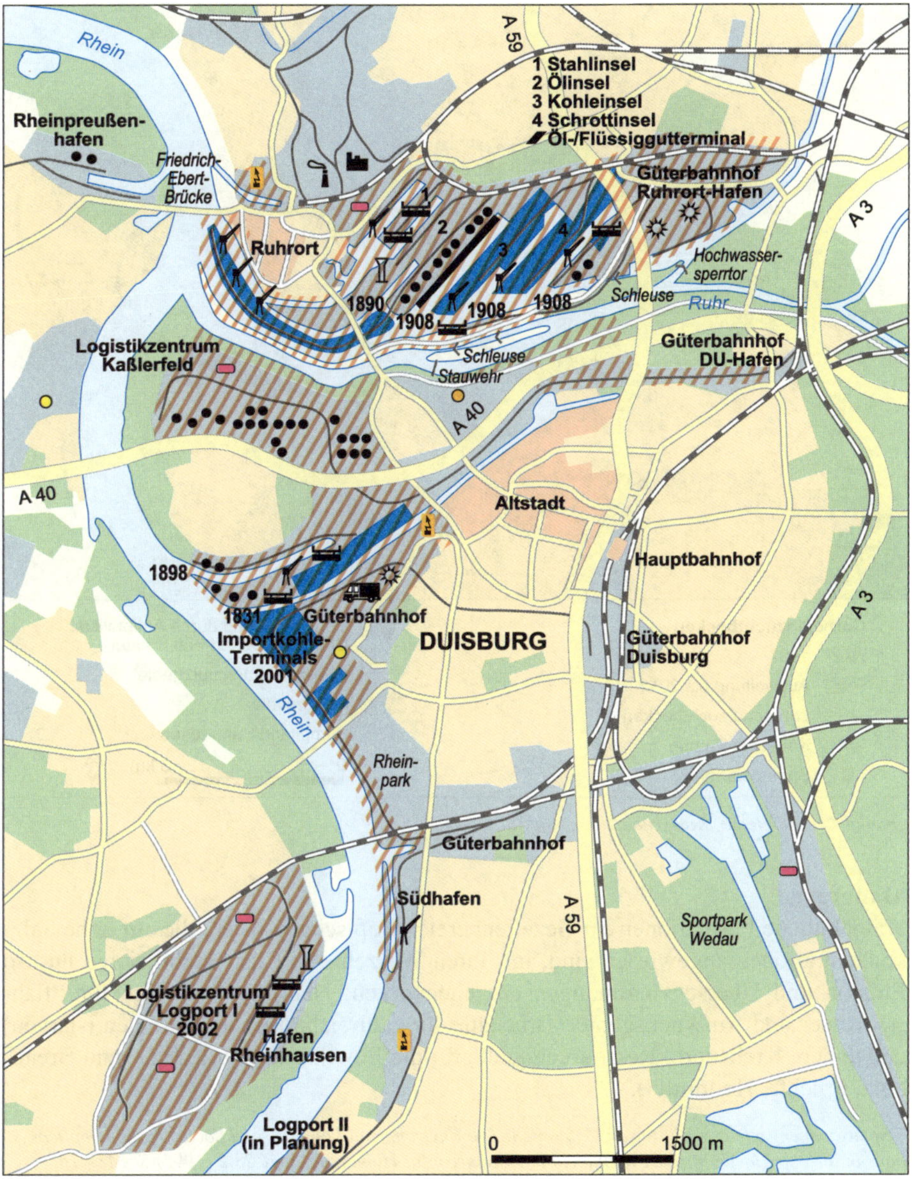

Quelle: © cartomedia, Karlsruhe

M 4 Landnutzung im Mündungsgebiet des Estero San Bernardo (GK 2014, Aufgabe 3)

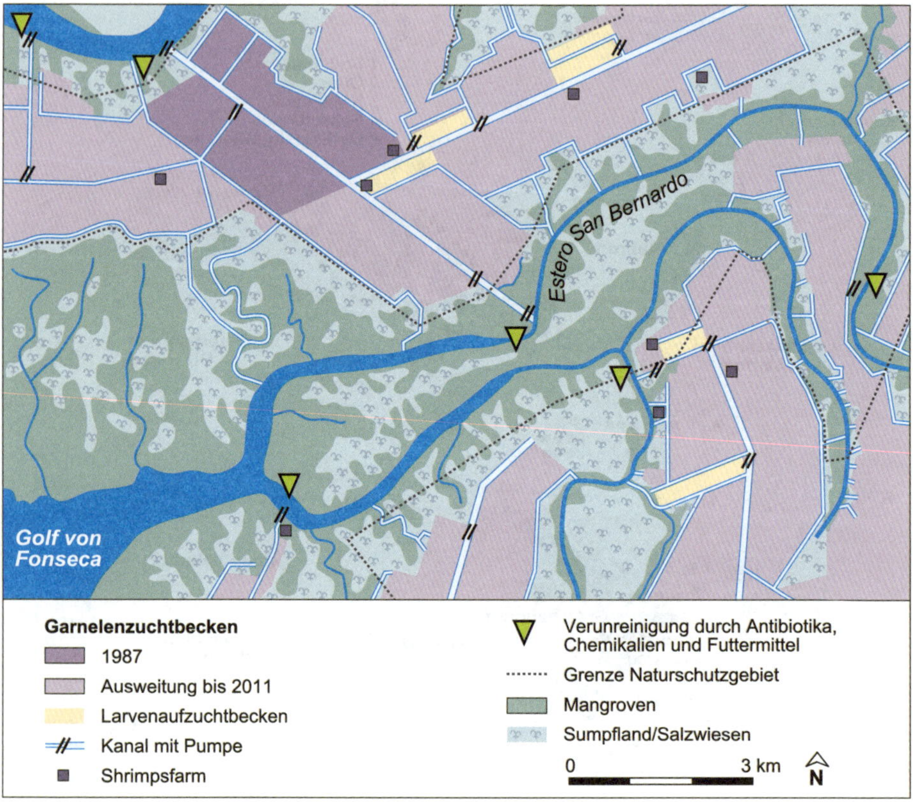

Quelle: © cartomedia, Karlsruhe

Mangroven:

Waldähnliche Formationen im Gezeitenbereich tropischer Küsten, die auf hohe Salzkonzentrationen angewiesen sind, mit ihren Wurzeln die Küste stabilisieren und so Erosion und Überschwemmungen entgegenwirken; Nahrungsgrundlage für Pflanzenfresser und Aufwuchsgebiet / Brutstätte für zahlreiche Fische, Garnelen (-larven) und andere Krebstiere; Ressourcenquelle für die Bevölkerung (u. a. Bau- und Brennholz, Früchte, Heilmittel).

Text zusammengestellt nach: Susan C. Stonich: The Environmental Quality and Social Justice Implications of Shrimp Mariculture Development in Honduras. In: Human Ecology 23,2 (1995) S. 143 – 168; Spalding, M., Blasco F., Field, C. (Hg.): World Mangrove Atlas, 1997

M 6 Stadtstruktur Rio de Janeiro 1985 (LK 2014, Aufgabe 1)

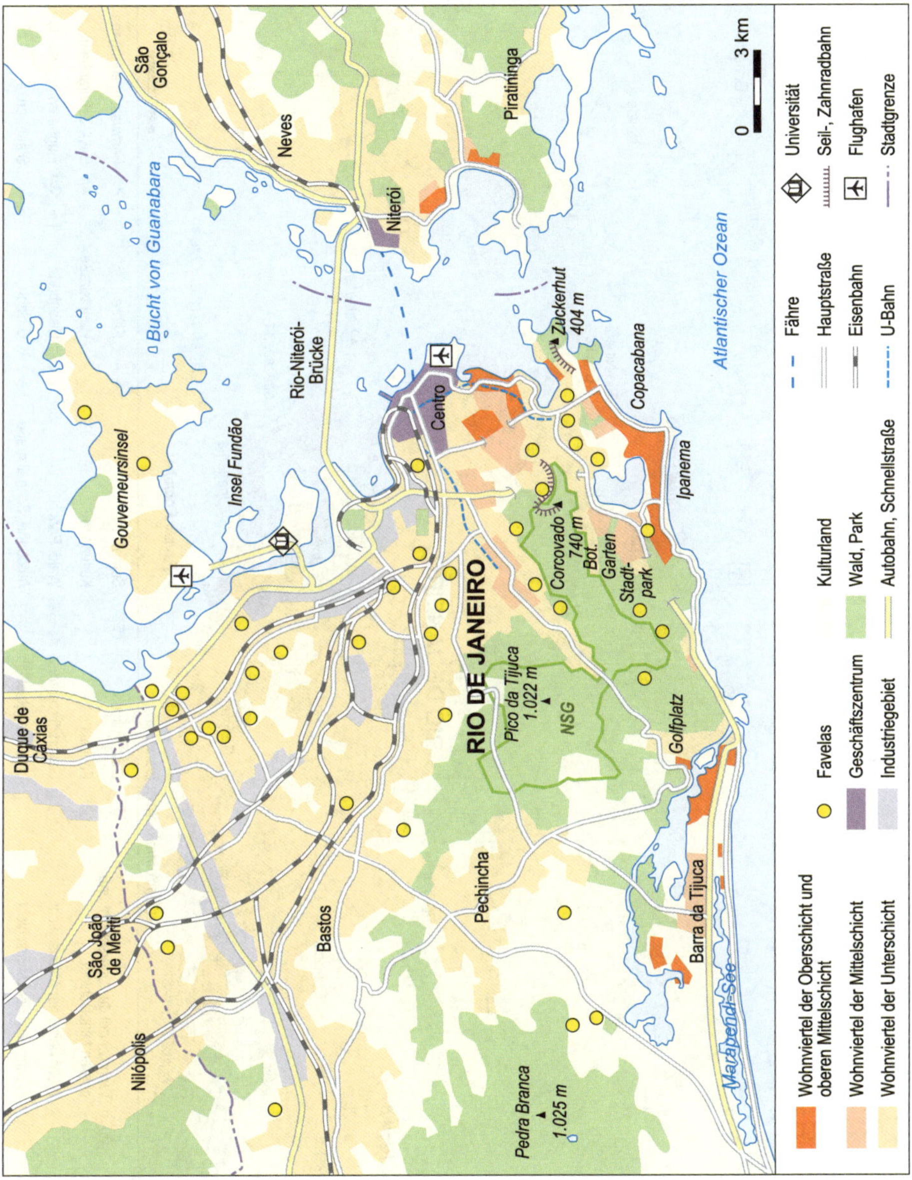

Quelle: © cartomedia, Karlsruhe

M 7 Stadtstruktur Rio de Janeiro 2007 (LK 2014, Aufgabe 1)

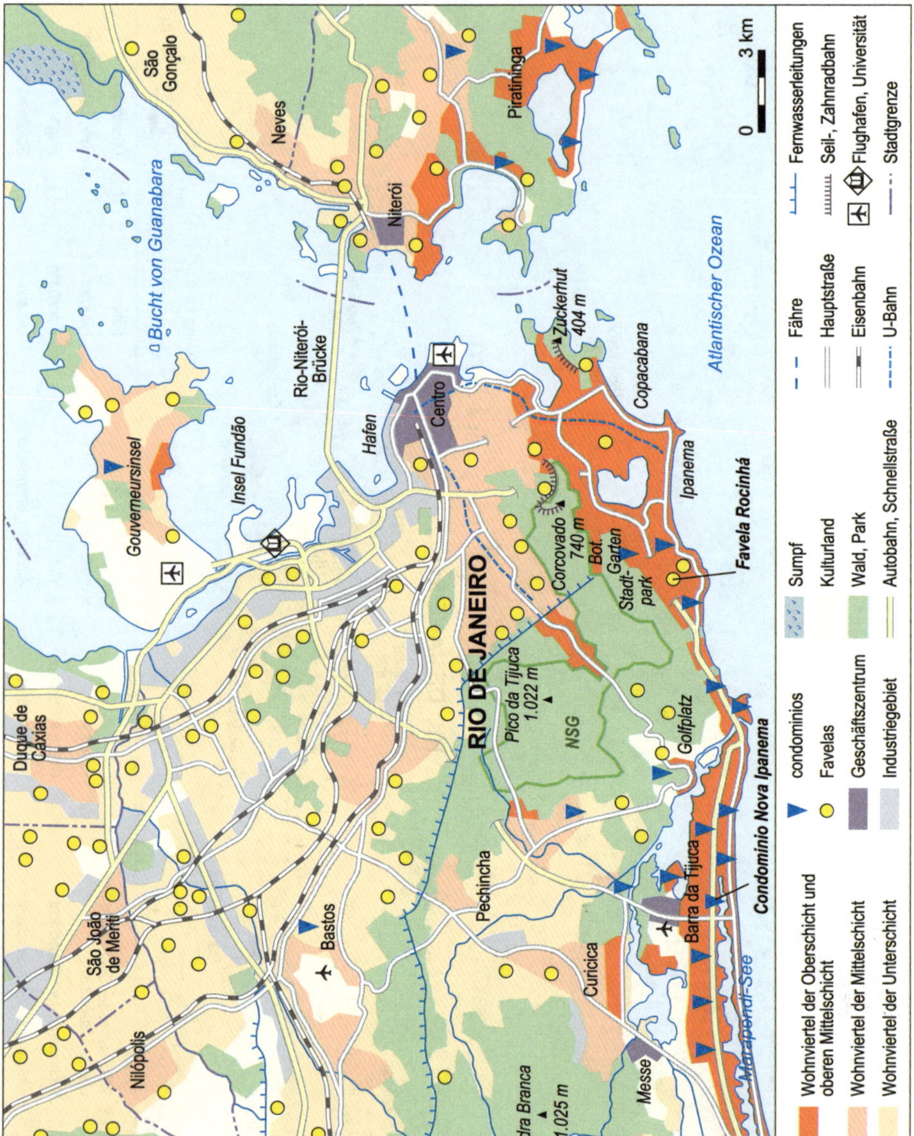

Quelle: © cartomedia, Karlsruhe

M 8 Condominio Nova Ipanema (LK 2014, Aufgabe 1)

Quelle: © cartomedia, Karsruhe, erstellt nach www.novaipanema.net und Martin Pöhler in Geographica Helvetica Nr. 4/57, 2002

Anmerkungen:

Condominio Nova Ipanema:

- 1985 Baubeginn, seitdem sukzessiver Ausbau
- Gesamteinwohnerzahl: 3 330 (2009)
- Fläche: ~ 0,3 km²
- Mitarbeiter: 40 (Verwaltung, Sicherheitsdienst, Hausmeister, Gärtner etc.)

zusammengestellt nach http://www.novaipanema.com.br

M 2 Luxemburg-Stadt 1952
(LK 2014, Aufgabe 2)

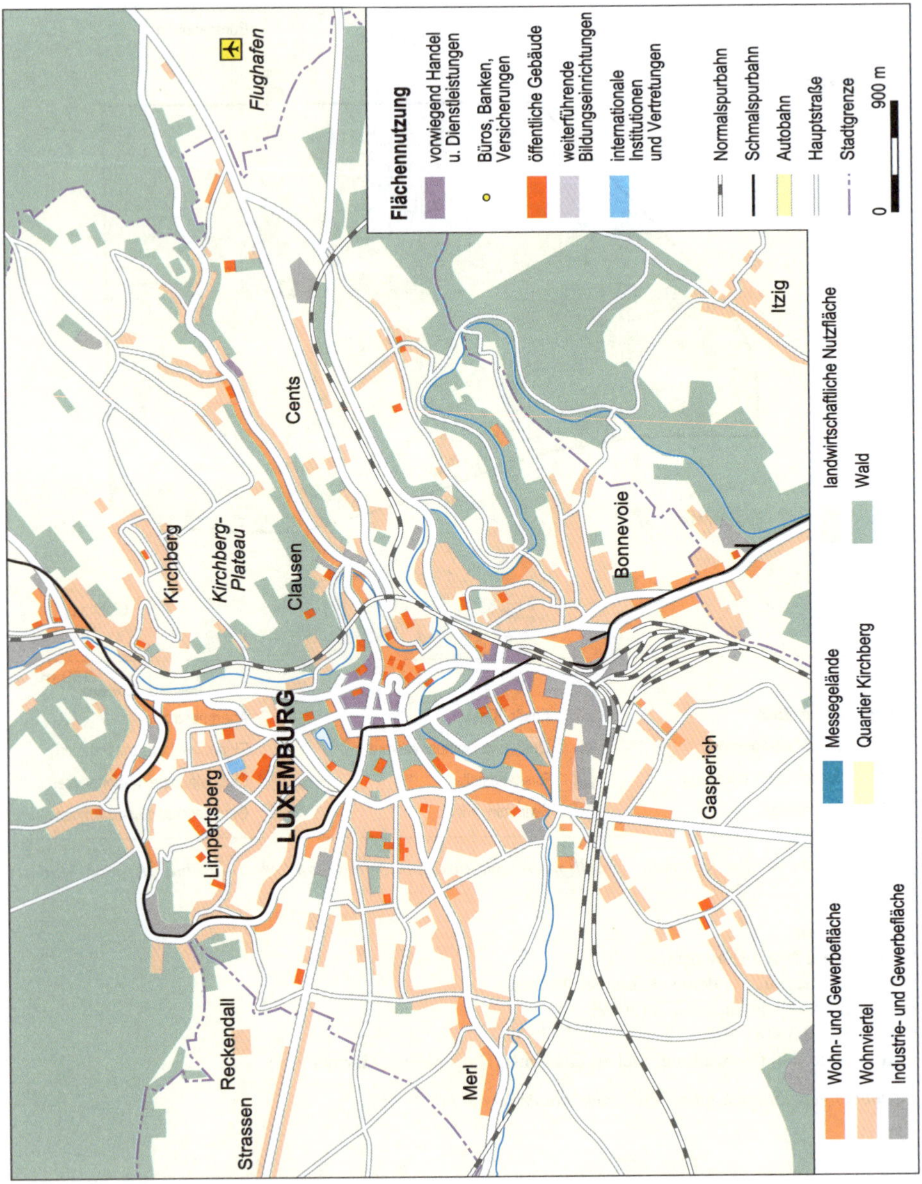

Quelle: © cartomedia, Karlsruhe

M 3 Luxemburg-Stadt 2010
(LK 2014, Aufgabe 2)

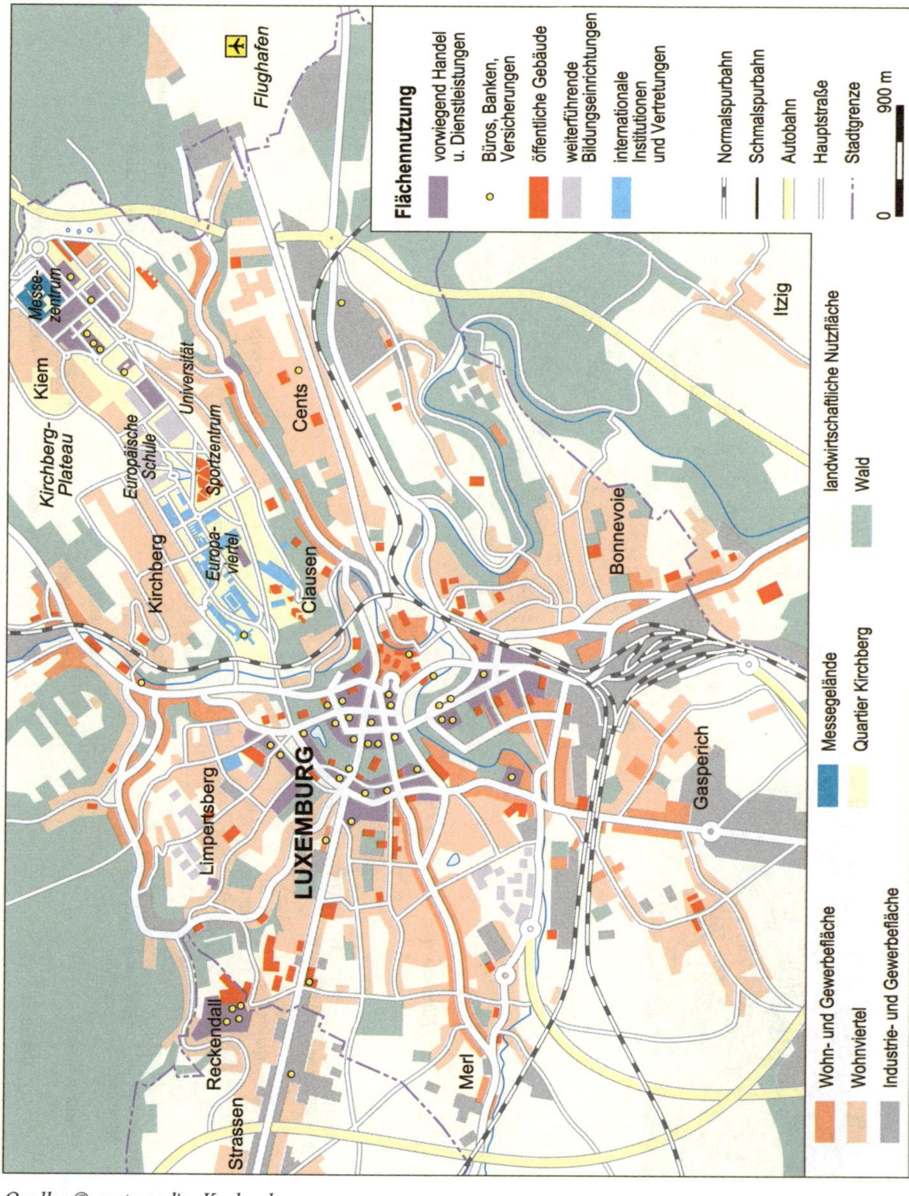

Quelle: © cartomedia, Karlsruhe

M 8 Das Quartier Kirchberg (LK 2014, Aufgabe 2)

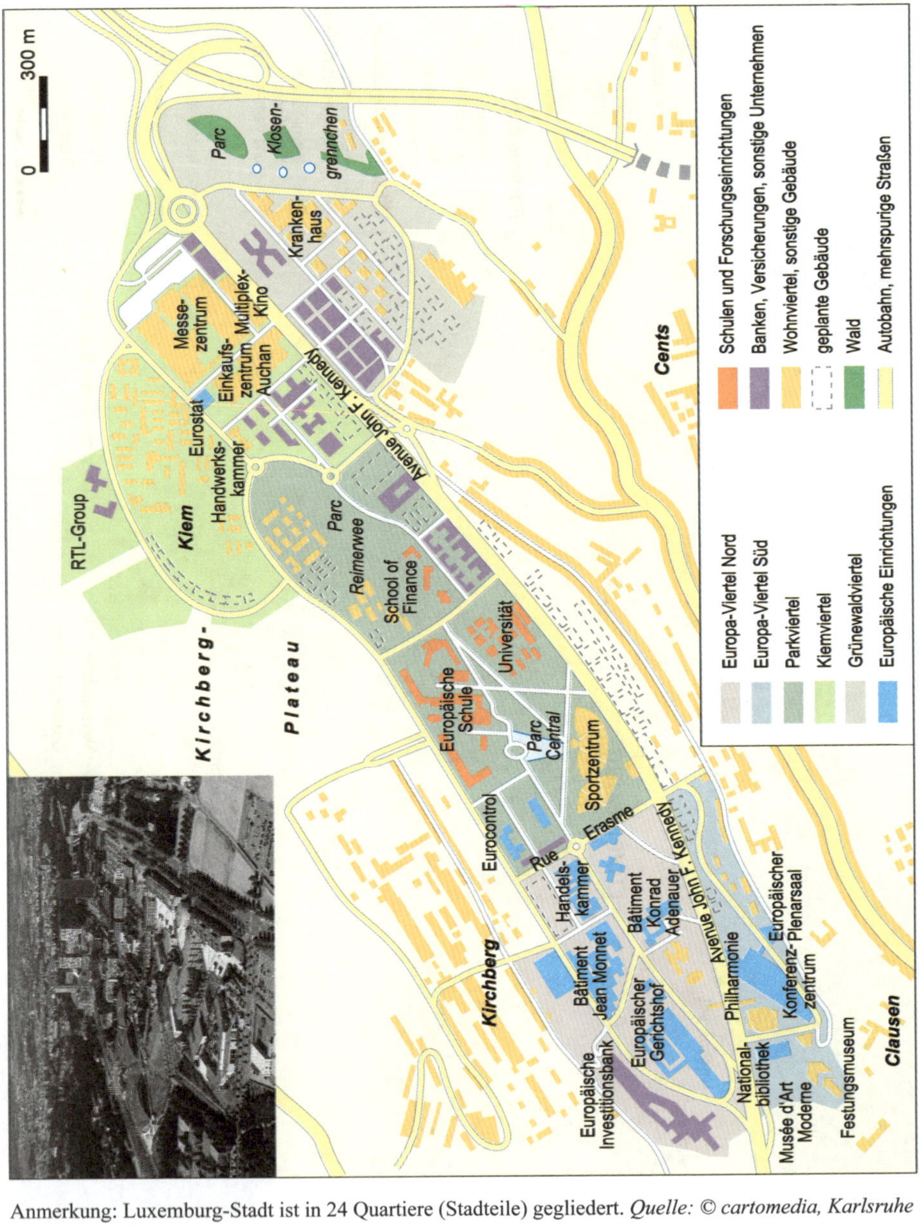

Anmerkung: Luxemburg-Stadt ist in 24 Quartiere (Stadteile) gegliedert. *Quelle: © cartomedia, Karlsruhe*

M 3 Die Region des „Office du Niger“ 2002 (LK 2014, Aufgabe 3)

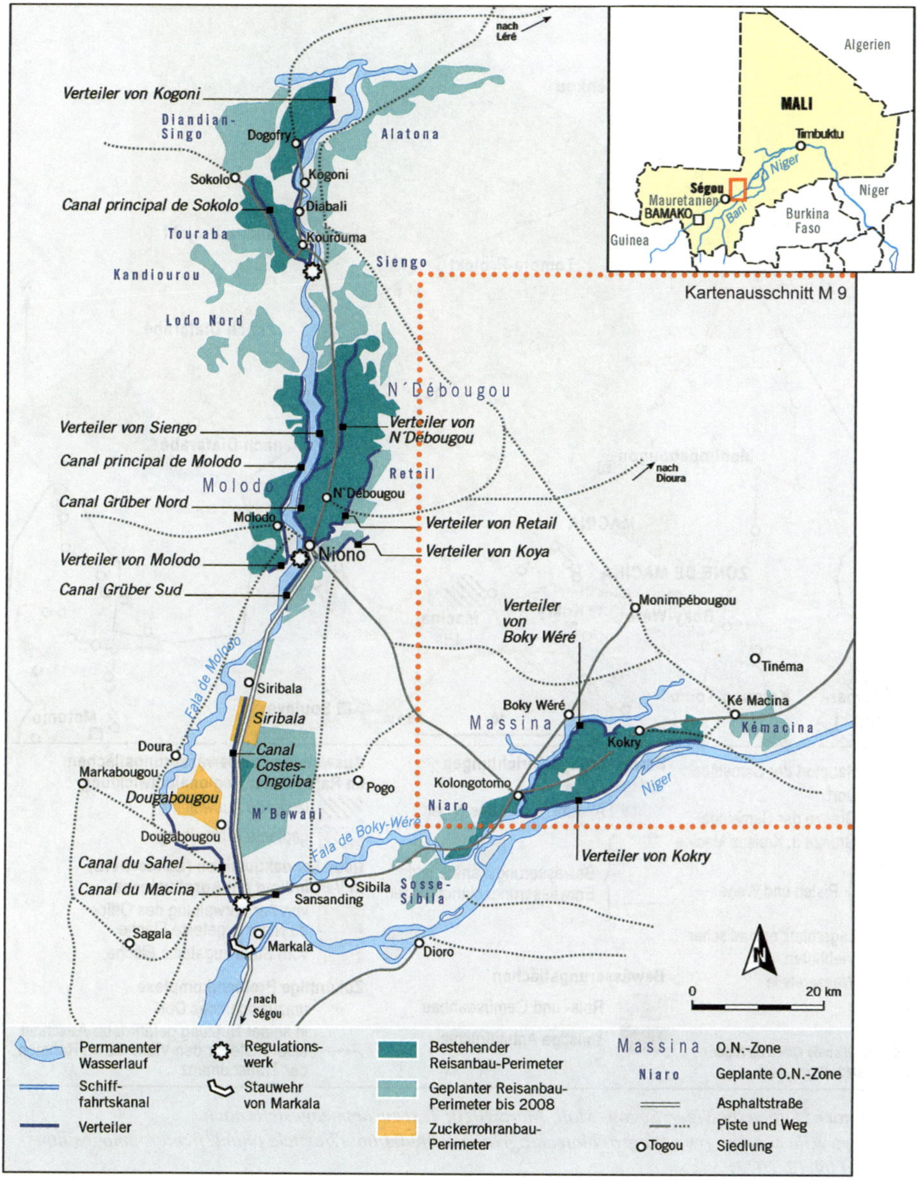

Krings, Thomas: Sahelländer. Darmstadt, WBG: 2006

M 9 Das Malibya-Projekt: Lage (LK 2014, Aufgabe 3)

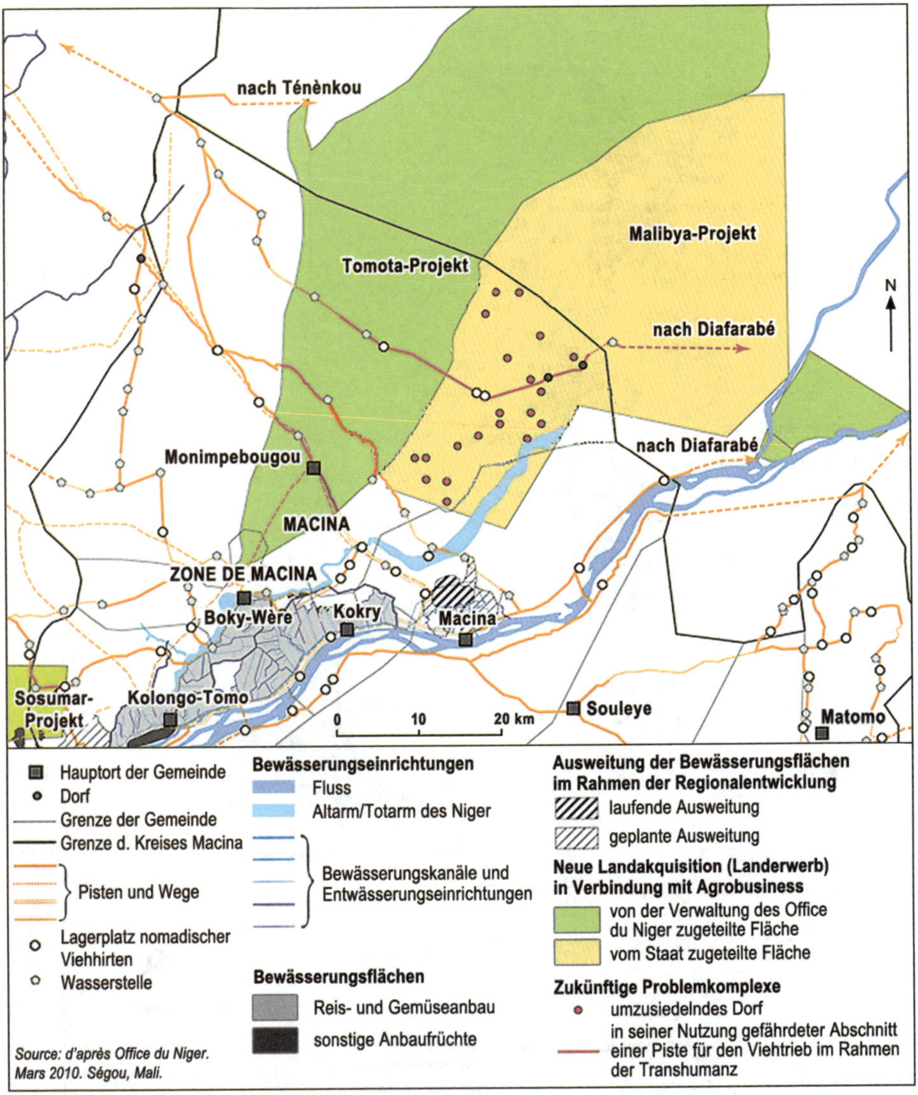

Karte nach: Office du Niger, Ségou, Mali, März 2010; Text zusammengestellt nach: http://www.jle.com/en/ revues/agro_biotech/agr/e-docs/00/04/66/97/article.phtml?fichier=images.htm (Zugriff 09. 12. 2012)

M 2 Berlin: Wirtschaftstandort um 1990 (GK 2015, Aufgabe 1)

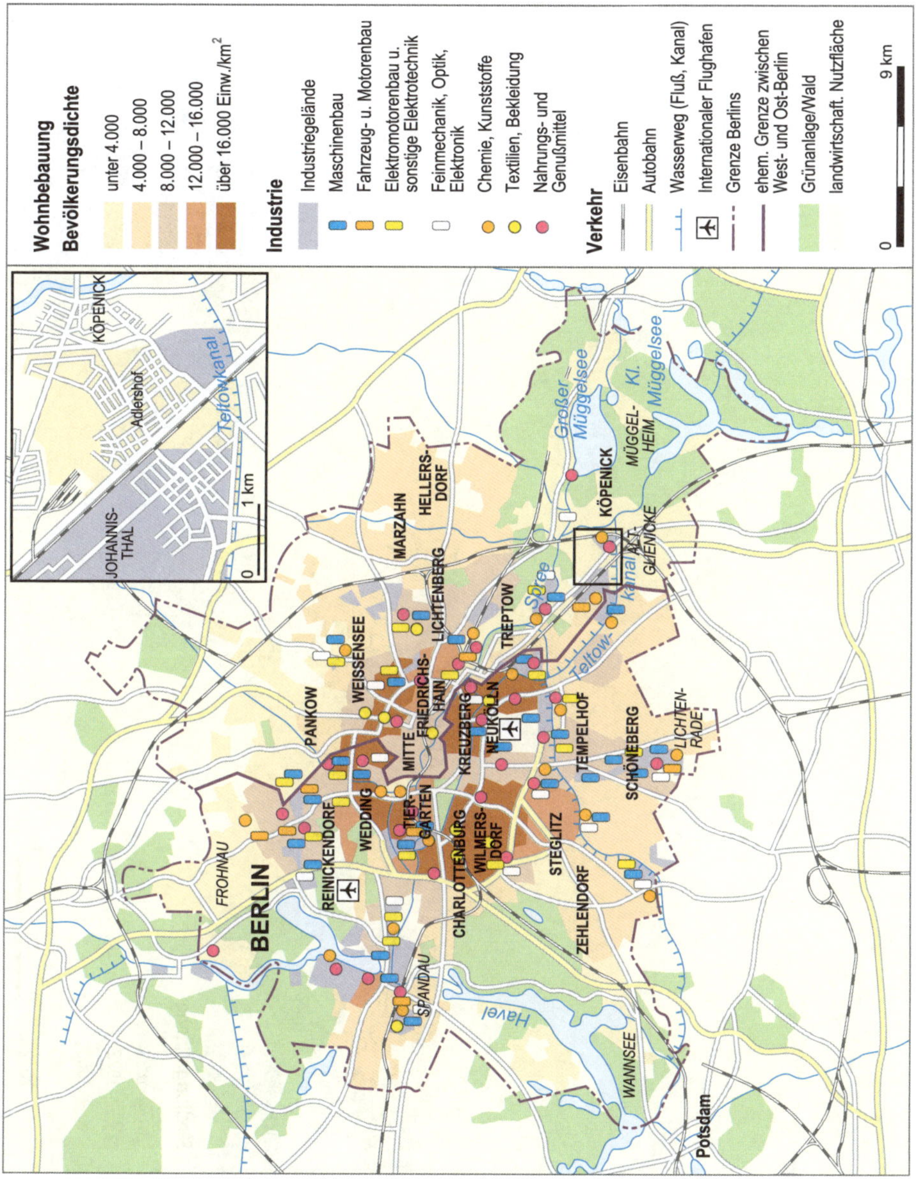

Anmerkung: Das Industriegelände westl. der Bahnlinie zeigt die Grenzen des heutigen Wissenschafts- und Technolgieparks (siehe M 5). Adlershof verfügt über einen S-Bahn-Anschluss.

Quelle: © cartomedia, Karlsruhe

M 4 Karachi: Siedlungsentwicklung (GK 2015, Aufgabe 2)

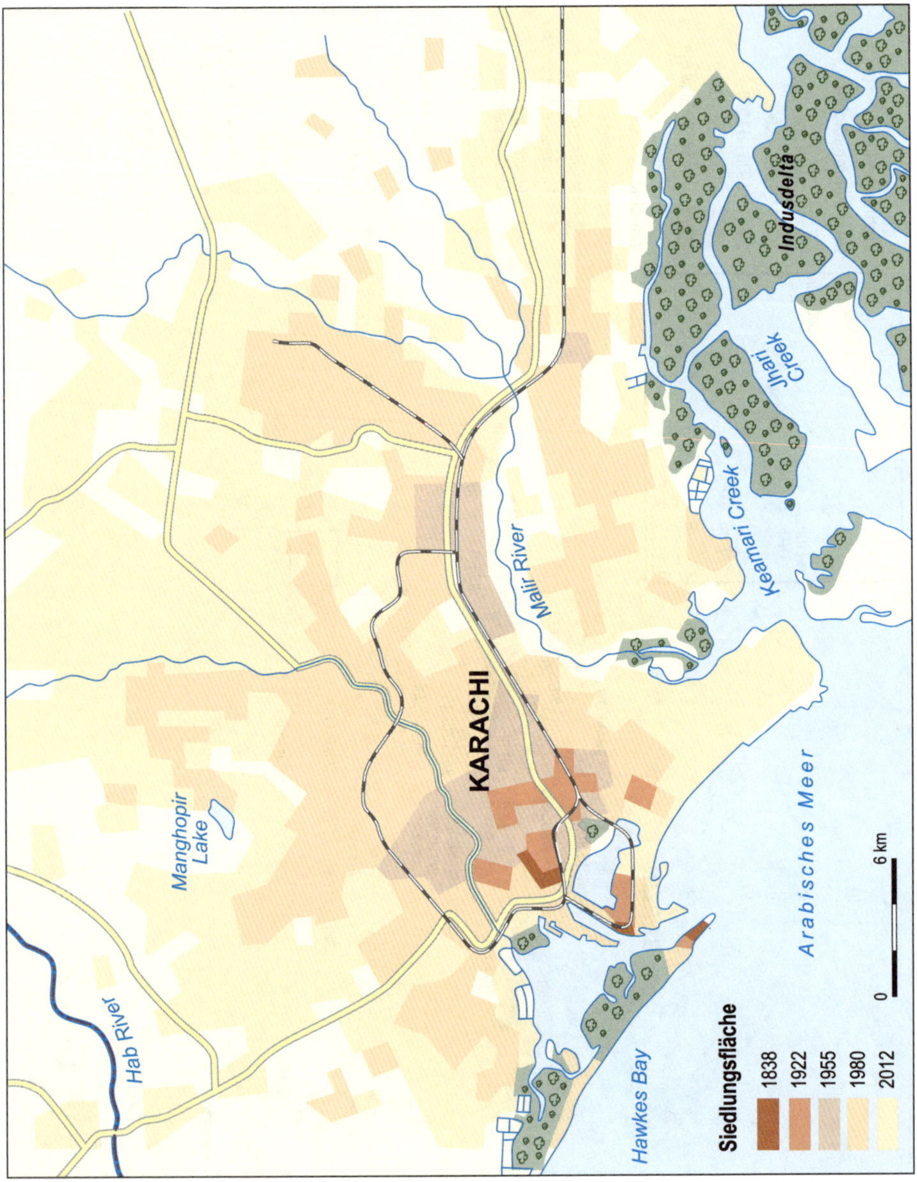

Quelle: © cartomedia, Karlsruhe

M 7 Karachi: Sozialräumliche und Funktionale Gliederung (GK 2015, Aufgabe 2)

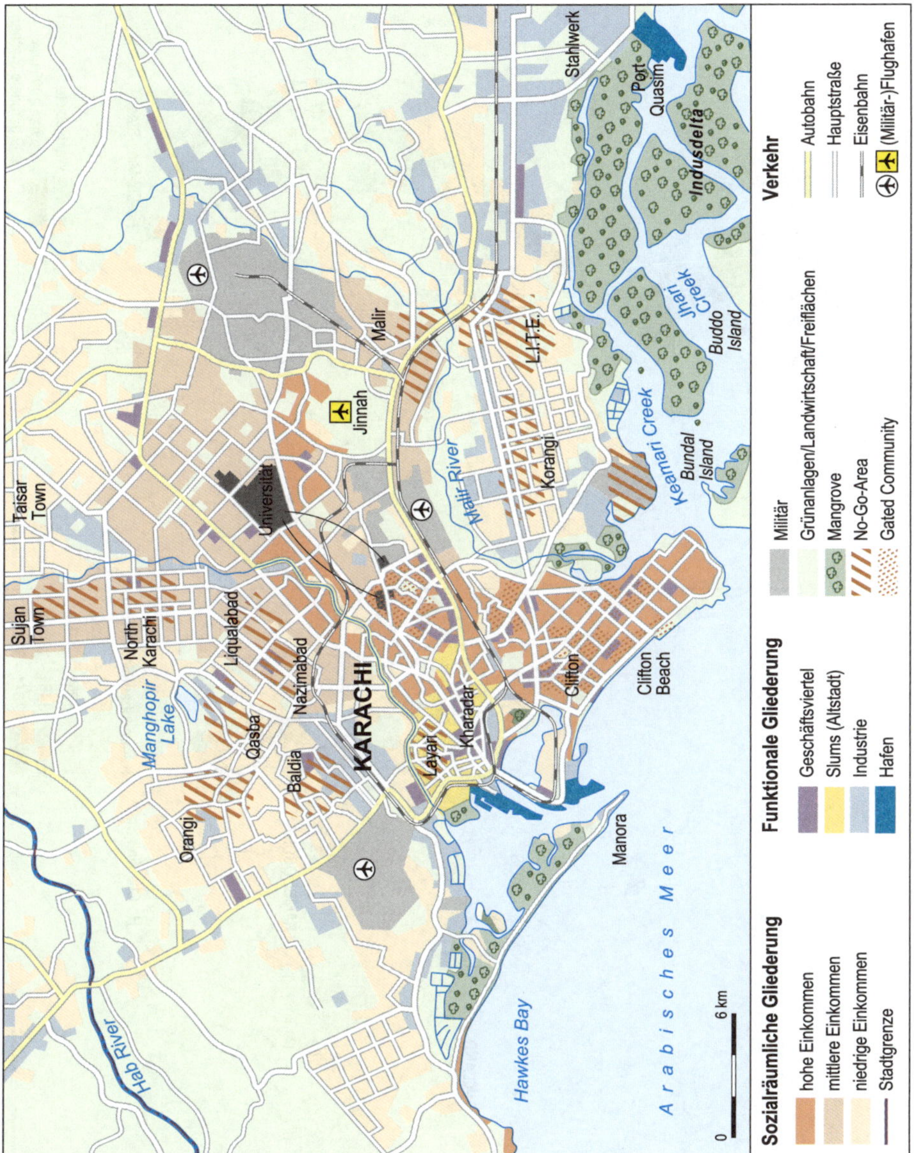

Quelle: © cartomedia, Karlsruhe

M 2 Kaffeeanbau und Waldgebiete in Vietnam (GK 2015, Aufgabe 3)

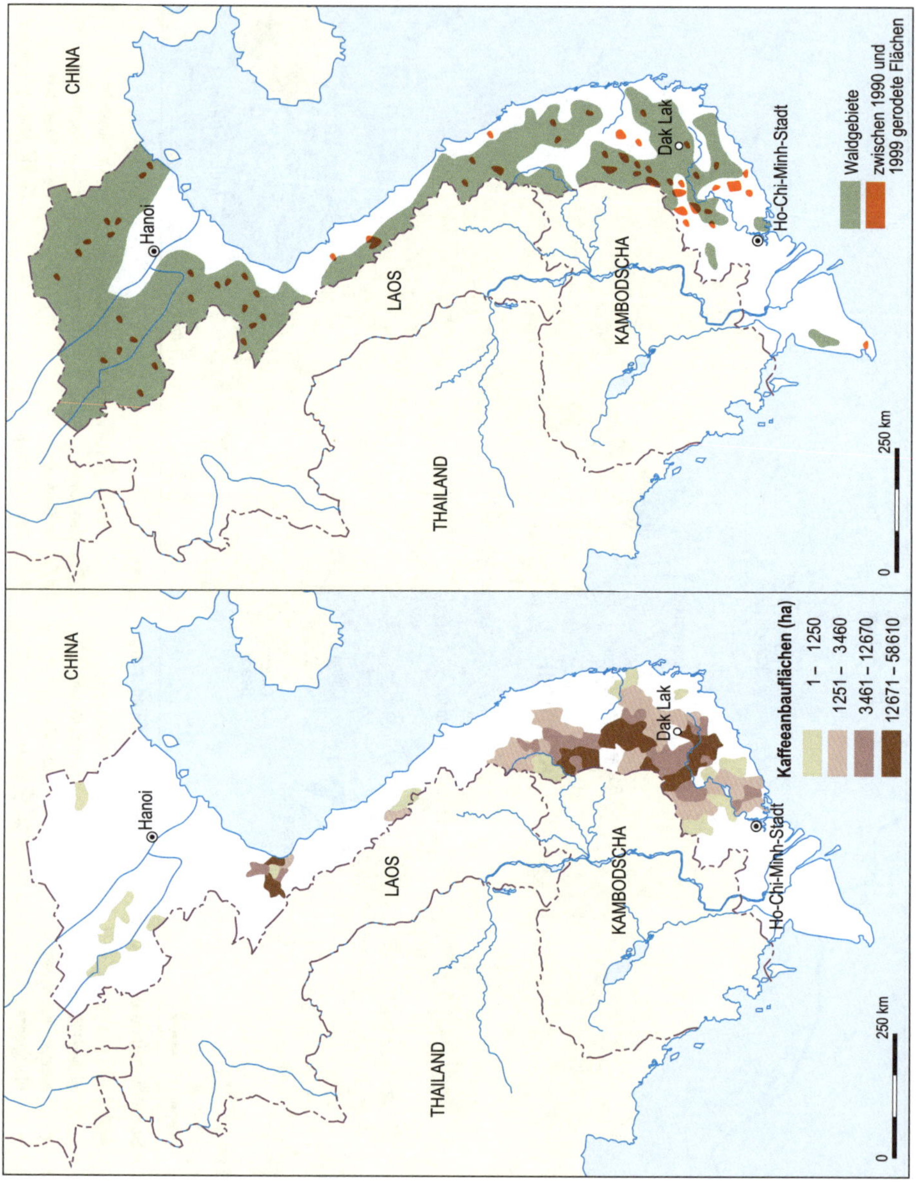

Quelle: © cartomedia, Karlsruhe

M 2 Region Norilsk 2012 (LK 2015, Aufgabe 1)

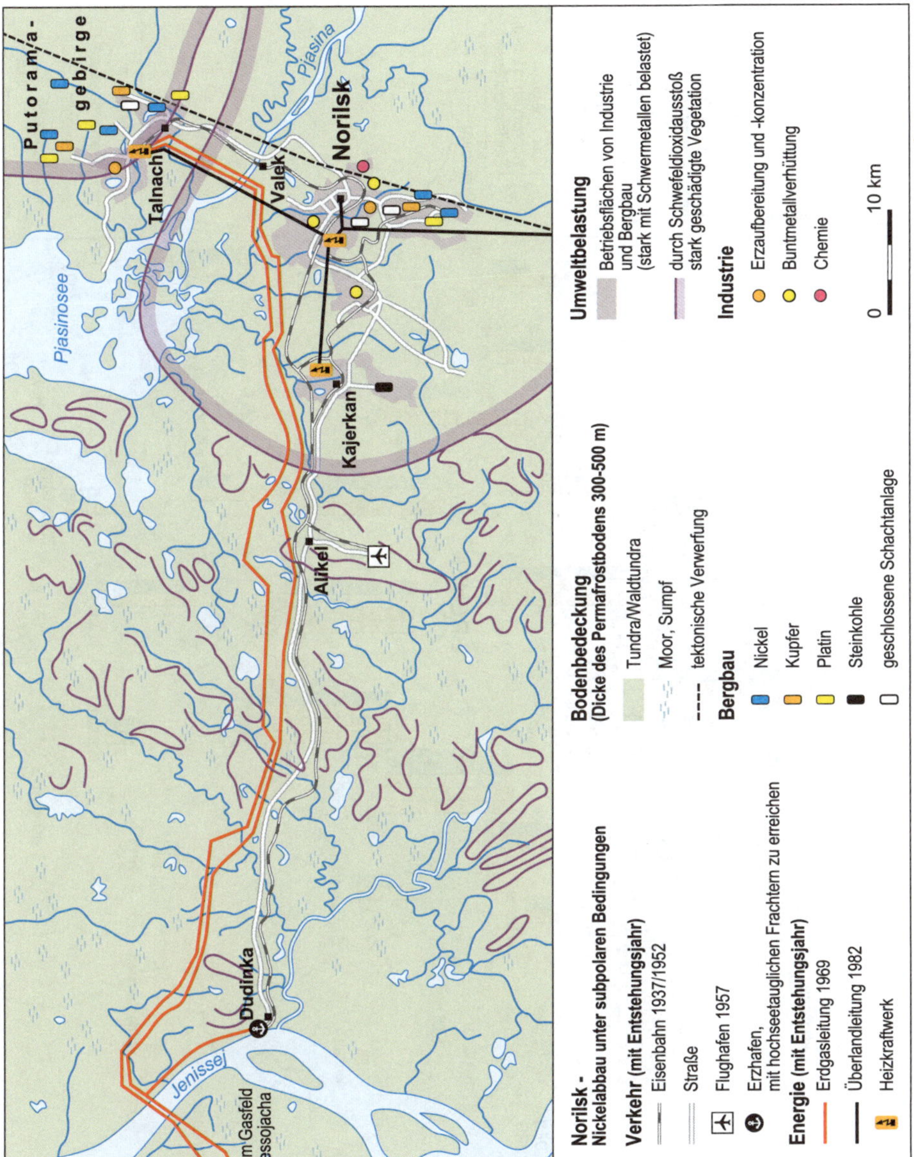

Quelle: © cartomedia, Karlsruhe

M 5 Bremen: Stadt-Umland-Wanderung (LK 2015, Aufgabe 3)

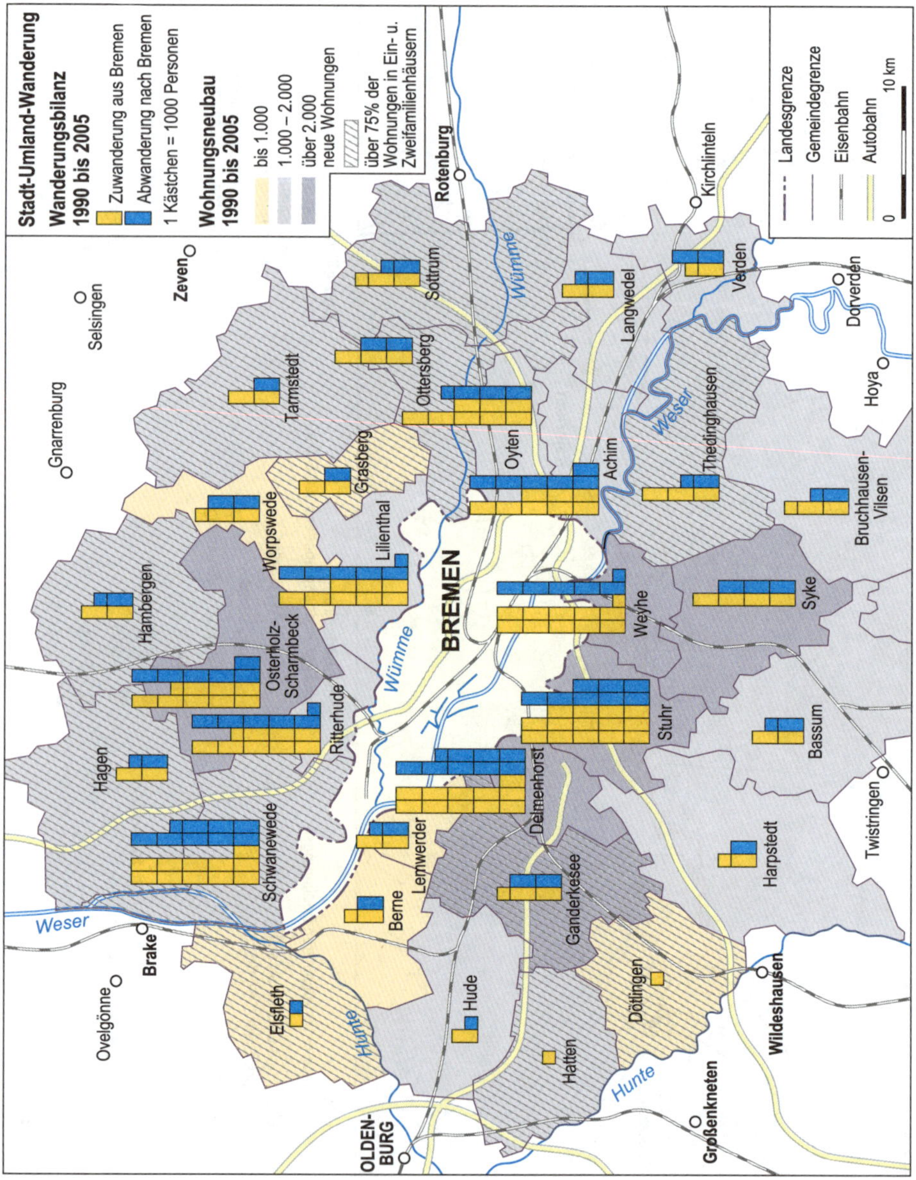

Quelle: © cartomedia, Karlsruhe

M 8 Das Projekt Überseestadt in Bremen (LK 2015, Aufgabe 3)

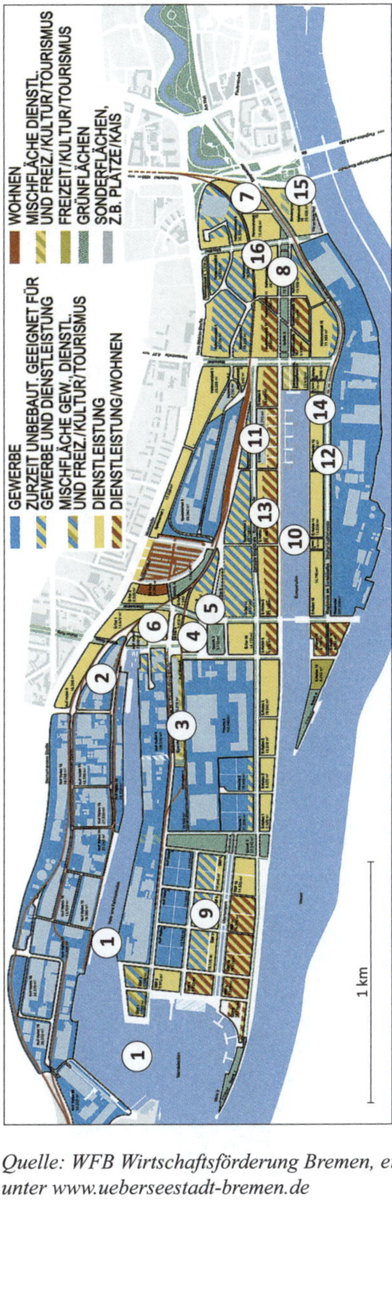

1 Holz- und Fabrikhafen; Anlauf von Seeschiffen weiterhin möglich
2 Dominanz von Unternehmen aus der Windenergiebranche
3 Speicher XI. 27 000 m² Nutzfläche u.a. für Dienstleister, die Hochschule für Künste, das Infocenter Überseestadt sowie das Hafenmuseum
4 Veranstaltungszentrum für Medienkongresse, Opern und Konzerte
5 Hafenhaus; Großraum-Lofts für IT-Unternehmen und Werbeagenturen – heute komplett vermietet
6 Mietfläche für Kommunikations- und Dienstleistungsunternehmen – heute komplett vermietet
7 Straßen- und Straßenbahnanbindung in die Bremer Innenstadt
8 Geplante Anlegung von großzügigen Grünflächen
9 Geplante Realisierung eines Nutzungsmix aus Wohnen, Arbeiten und Kultur/Freizeit auf 10 ha
10 Geplantes Areal mit modernen Arbeitswelten, Lofts und exklusiven Flächen direkt am Wasser
11 Realisierter Mietraum für Unternehmen auf 36 000 m² Nutzfläche – heute komplett vermietet
12 Kranhäuser; geplanter Bau von Büroflächen auf 5 500 m² in exklusiver Lage
13 Geplanter Bau eines Technikzentrums sowie Freizeitzentrums
14 Realisierte großzügige Nutzflächen für Unternehmen
15 Geplanter Hotel- und Theaterkomplex sowie Kreuzfahrtschiffanleger
16 Businesscenter mit Büroräumen – Großteil bereits vermietet

Quelle: WFB Wirtschaftsförderung Bremen, eine aktuelle Version findet sich jederzeit unter www.ueberseestadt-bremen.de